Práctica

TEXAS HSP Matemáticas

Grado 4

¡Visita *The Learning Site!*
www.harcourtschool.com

Printed in the United States of America

ISBN 13: 978-0-15-367297-2

ISBN 10: 0-15-367297-8

2 3 4 5 6 7 8 9 10 073 18 17 16 15 14 13 12 11 10 09 08

Contenido

UNIDAD 1: ENTENDER LOS NÚMEROS ENTEROS Y LAS OPERACIONES

UNIDAD 2: OPERACIONES DE MULTIPLICACIÓN Y DE DIVISIÓN

UNIDAD 3: MULTIPLICAR POR NÚMEROS DE 1 Y 2 DÍGITOS

Capítulo 7: Entender la multiplicación

Capítulo 8: Multiplicar por números de 1 dígito

Capítulo 9: Multiplicar por números de 2 dígitos

UNIDAD 4: GEOMETRÍA

Capítulo 10: Figuras geométricas de una y dos dimensiones

Capítulo 11: Transformaciones, simetría y congruencia

Capítulo 12: Figuras geométricas de tres dimensiones

UNIDAD 5: DIVIDE ENTRE DIVISORES DE 1 DÍGITO

Capítulo 13: Entender la división

UNIDAD 8: MEDIDAS

Capítulo 21: Medición convencional

Capítulo 22: Medidas métricas

Capítulo 23: Perímetro y área

Capítulo 24: Volumen

Repaso en espiral

Nombre ____________________

Valor posicional hasta las centenas de millar

Escribe cada número de otras dos formas.

1. 50,000 + 3,000 + 700 + 5

____

____

2. ochocientos mil novecientos treinta y siete

____

____

3. 420,068

____

____

4. 78,641

____

____

Completa.

5. 290,515 = doscientos noventa ________ quinientos quince =
__________ + 90,000 + __________ + 10 + 5

6. __________ + 10,000 + 3,000 + 100 + 80 + 9 = 413,1 ______
= cuatrocientos trece mil, __________ ochenta y nueve

Escribe el valor del dígito subrayado en cada número.

7. 70<u>5</u>,239 ________

8. 4<u>1</u>7,208 ________

9. 914,3<u>2</u>5 ________

10. 360,04<u>4</u> ________

Resolución de problemas y preparación para el TAKS

11. En 2005 había 20,556 bulldogs inscritos en el *American Kennel Club*. ¿Cómo representas el número de dos maneras?

____

____

12. En 2005, el labrador retriever fue la raza más popular en el *American Kennel Club* con 137,867 inscritos. Escribe el número de otras dos maneras.

____

____

13. ¿Qué valor tiene el dígito 9 en 390,215?

A 9 cientos

B 9 mil

C 90 mil

D 900 mil

14. En febrero, ochenta y cinco mil seiscientas trece personas fueron a la exhibición canina Westminster. ¿Cuál es el número en forma normal?

F 850,630 **H** 850,613

G 85,630 **J** 85,613

Nombre ______________________

Representar millones

Resuelve.

1. ¿Cuántos cientos hay en 100,000? ______
2. ¿Cuántos miles hay en 10,000? ______
3. ¿Cuántos miles hay en 1,000,000? ______
4. ¿Cuántos cientos hay en 10,000? ______
5. ¿Cuántos cientos hay en 1,000,000? ______
6. ¿Cuántos miles hay en 100,000? ______

Di si cada número es lo suficientemente grande para ser millones o más.

Escribe *sí* o *no*.

7. el número de personas en un estadio de béisbol para ver un juego ______
8. la distancia en millas a la estrella más cercana fuera de nuestro sistema solar ______
9. el número de hojas de los árboles en un bosque ______
10. la distancia en pies de un extremo a otro de una piscina ______
11. el número de carros que tiene la gente en los Estados Unidos ______
12. el número de viajes que puede hacer un autobús en un día ______
13. el número de bolsas de basura que puede llenar una familia en un mes ______
14. la distancia en millas de una ciudad a otra en tu estado ______
15. el número de estudiantes en Estados Unidos ______
16. el número de millas que deberías viajar para llegar al Sol ______
17. el número de galones de agua en el océano ______
18. el número de estrellas en la Vía Láctea ______

Elige el número donde el dígito 5 tiene el valor más grande.

19. 435,767 ó 450,767 ______
20. 510,000 ó 5,100,000 ______
21. 125,000,000 ó 521,000,000 ______
22. 435,003 ó 4,300,500 ______
23. 1,511,672 ó 115,672 ______
24. 40,005,400 ó 350,400,300 ______
25. 135,322,000 ó 9,450,322 ______
26. 35,000,000 ó 3,500,000 ______

Nombre ____________________

Lección 1.3

Valor posicional hasta los millones

Escribe cada número de dos formas.

1. noventa y cinco millones tres mil dieciséis

____

____

2. cuatrocientos ochenta y cinco millones cincuenta y dos mil ciento ocho

____

____

____

3. 507,340,015

____

____

____

4. 20,000,000 + 500,000 + 60,000 + 1,000 + 300 + 40

____

____

____

Usa el número 78,024,593.

5. Escribe el nombre del período que tiene los dígitos 24. _______________

6. Escribe el dígito que está en el lugar de diez millones. _______________

7. Escribe el valor del dígito 8.

____

8. Escribe el nombre del período que tiene el dígito 5. _______________

Halla la suma. Después escribe la respuesta en forma normal.

9. 7 miles 3 centenas 4 unidades + 8 diez miles 1 mil 5 centenas

____

Resolución de problemas y preparación para el TAKS

10. La distancia promedio de la Tierra a la Luna es 92,955,807 millas. ¿Qué valor tiene el dígito 2?

____

____

11. La distancia promedio de la Tierra al Sol es ciento cuarenta y nueve millones, seiscientos mil kilómetros. Escribe el número de forma normal?

____

12. ¿Qué valor tiene el dígito 8 en 407,380,510?

A 8,000,000 **C** 80,000

B 800,000 **D** 8,000

13. ¿Qué valor tiene el dígito 4 en 43,902,655?

F 400 mil **H** 40 millón

G 4 millón **J** 400 millón

Nombre ______________________________

Comparar números enteros

Usa la recta numérica para comparar. Escribe el número más pequeño.

1. 3,660 o 3,590 ______

2. 3,707 o 3,777 ______

3. 3,950 o 3,905 ______

Compara. Escribe $<$, $>$ o $=$ para cada ○.

4. 5,155 ○ 5,751

5. 6,810 ○ 6,279

6. 45,166 ○ 39,867

7. 72,942 ○ 74,288

8. 891,023 ○ 806,321

9. 673,219 ○ 73,551

10. 3,467,284 ○ 481,105

11. 613,500 ○ 1,611,311

12. 4,000,111 ○ 41,011

ÁLGEBRA Halla todos los dígitos que pueden reemplazar a cada □.

13. $781 \neq 78\square$ ______

14. $2{,}4\square5 \neq 2{,}465$ ______

15. $\square{,}119 \neq 9{,}119$ ______

Resolución de problemas y preparación para el TAKS

USA DATOS Para los ejercicios 16 y 17, usa la tabla.

Las montañas más altas	
Montaña	**Altura (en pies)**
Everest	29,028
McKinley	20,320
Logan	19,551

16. ¿Cuál montaña es más alta, Logan o McKinley?

______

17. ¿Cuál montaña mide más de 29,000 pies?

______

18. ¿Cuál número es el más grande?

A 34,544
B 304,544
C 43,450
D 345,144

19. Ernie quiere conseguir $140 a la semana en la campaña de levantar fondos para la escuela. En cuatro semanas consigue $147, $129, $163 y $142. ¿Cuál total fue menor que el objetivo semanal de Ernie?

F $147 **H** $129
G $163 **J** $142

Nombre ______________________

Ordenar números enteros

Escribe los números en orden del mayor al menor.

1. 74,421; 57,034; 58,925 ______

2. 2,917,033; 2,891,022; 2,805,567 ______

3. 409,351; 419,531; 417,011 ______

4. 25,327,077; 25,998; 2,532,707 ______

5. 621,456; 621,045,066; 6,021,456 ______

6. 309,423; 305,125; 309,761 ______

7. 4,358,190; 4,349,778; 897,455 ______

8. 5,090,115; 50,009,115; 509,155 ______

ÁLGEBRA Halla todos los dígitos que pueden reemplazar a cada □.

9. $389 < 3\square 7 < 399$ ______

10. $5{,}601 < 5{,}\square 01 < 5{,}901$ ______

11. $39{,}560 > 3\square{,}570 > 34{,}580$ ______

12. $178{,}345 > 1\square 8{,}345 > 148{,}345$ ______

Resolución de problemas y preparación para el TAKS

USA DATOS Para los ejercicios 13 y 14, usa la tabla.

Los lagos más grandes (área en millas cuadradas)	
Victoria	26,828
Huron	23,000
Superior	31,700
Mar Caspio	19,551

13. ¿Cuál lago tiene el área más pequeña? ______

14. Escribe los nombres de los lagos en orden del área más pequeña al área más grande. ______

15. Las ventas de carros en cuatro semanas son: $179,384, $264,635, $228,775 y $281,413. ¿Cuál cantidad es la más grande? ______

16. ¿Cuál muestra los números en orden del mayor al menor?

A 92,944; 92,299; 92,449

B 159,872; 159,728; 159,287

C 731,422; 731,242; 731,244

D 487,096; 487,609; 487,960

Nombre ___________________________________

Taller de resolución de problemas
Estrategia: Usar el razonamiento lógico

Resolución de problemas • Práctica de estrategias

Usa el razonamiento lógico para resolver.

1. La tienda del estadio vende camisetas del equipo viernes, sábado y domingo. El número de camisetas vendidas en los tres días fue 473, 618 y 556. El viernes fue el día que se vendieron menos camisetas. El sábado se vendieron más de 600 camisetas. ¿Cuántas camisetas se vendieron cada día?

____

2. A Rachel, Anton y Lamont les gustan diferentes equipos de béisbol. Los equipos son los Yankees, las Medias Rojas y las Medias Blancas. El equipo favorito de Anton no tiene un color en el nombre. A Lamont no le gusta las Medias Blancas. ¿Cuál equipo le gusta más a cada uno?

____

Práctica de estrategias mixtas

3. Beth, Paulo, Liz, Maya y Rob están en la fila para entrar al cine. Beth está frente a Maya. Maya no es la última en la fila. Rob está primero. Liz está después de Maya. Paulo no es el último. ¿En qué orden están?

____

4. El Sr. Katz compró un autógrafo de Alex Rodríguez por $755. Para pagar el valor exacto usó billetes de $50, $20 y $5. El número total de billetes que usó es menor que 20. ¿Qué combinación de billetes usaría el Sr. Katz?

____

USA DATOS Para los ejercicios 5 y 6, usa la información de la ilustración.

5. Claire compró dos artículos. Gastó menos de $100 en ambos. ¿Cuáles dos artículos compró?

____

6. Alex quiere ahorrar dinero para comprar el palo de hockey. Ya tiene $8. Ahorra dos veces la cantidad de dinero cada semana. Después de 2 semanas tiene $40. ¿Cuánto crees que tardará Alex en ahorrar $72?

____

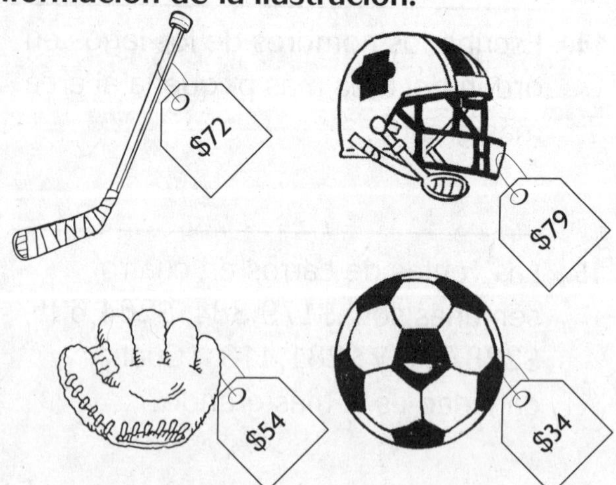

Nombre ______________________________ Lección 2.1

Álgebra: Relacionar la suma y la resta

Escribe una operación relacionada. Úsala para completar el enunciado numérico.

1. $\square - 7 = 8$ ______

2. $4 + \square = 13$ ______

3. $\square + 9 = 14$ ______

4. $8 + \square = 11$ ______

5. $\square - 4 = 8$ ______

6. $17 - \square = 9$ ______

7. $\square - 5 = 5$

8. $13 - \square = 5$

9. $\square + 7 = 16$

Escribe la familia de operaciones para cada grupo de números.

10. 6, 8, 14

______
______
______
______

11. 7, 5, 12

______
______
______
______

12. 9, 6, 15

______
______
______
______

Resolución de problemas y preparación para el TAKS

13. Byron puede hacer 12 abdominales. Malik puede hacer 7 abdominales. ¿Cuántos abdominales más puede hacer Byron que Malik? ¿Qué operaciones relacionadas puedes usar para resolver este problema?

______
______

14. Byron puede hacer 12 abdominales. Malik puede hacer 7 abdominales. Selma hace más abdominales que Malik pero menos que Byron. ¿Cuáles son los cuatro números posibles de abdominales que Selma podría haber hecho?

______
______

15. ¿Cuál de los siguientes grupos de números no se puede usar para formar una familia de operaciones?

A 25, 10, 15
B 2, 2, 4
C 15, 9, 6
D 7, 2, 15

16. ¿Cuál de los siguientes grupos de números se puede usar para formar una familia de operaciones?

F 5, 6, 11
G 11, 12, 13
H 7, 6, 12
J 19, 9, 11

Nombre ______________________________

Redondear números enteros al 10, 100 y 1,000 más cercano

Redondea cada número al valor posicional del dígito subrayado.

1. $\underline{7}$,803 ____________

2. $\underline{4}$,097 ____________

3. 23,6$\underline{7}$2 ____________

4. 627,$\underline{4}$32 ____________

5. 34,809,$\underline{5}$16 ____________

6. 671,52$\underline{3}$,890 ____________

Redondea cada número a la decena, centena y millar más cercano.

7. 6,086,341

____

____

____

8. 79,014,878

____

____

____

9. 821,460,934

____

____

____

Resolución de problemas y preparación para el TAKS

USA DATOS Para los ejercicios 10 y 11, usa la tabla.

10. ¿Cuál estado tiene una población que redondea a 5,364,000?

____

11. ¿Cuál es la población de Maryland redondeando al millar más cercano?

____

Población de los estados en el censo del 2000

Estado	Población
Maryland	5,296,486
Tennessee	5,689,283
Wisconsin	5,363,675

12. El hermano de Jen manejó 45,000 millas el año pasado. ¿Cuál podría ser el número exacto de millas que él manejó?

A 44,399

B 44,098

C 44,890

D 45,987

13. Un número redondeado al millar más cercano es 560,000. ¿Cuál es el dígito que falta? 560, □95

____

Nombre ______________________________

Lección 2.3

Cálculo mental: Patrones de suma y resta

Usa el cálculo mental para completar el patrón.

1. ______ + 8 = 17

90 + ______ = 170

900 + 800 = ______

9,000 + 8,000 = ______

2. ______ − 4 = 8

120 − 40 = ______

1,200 − ______ = 800

12,000 − 4,000 = ______

3. ______ − 3 = 7

100 − ______ = 70

______ − 300 = 700

10,000 − 3,000 = ______

4. 7 + 9 = ______

70 + ______ = 160

700 + 900 = ______

______ + 9,000 = 16,000

5. 8 + ______ = 11

80 + ______ = 110

______ + 300 = 1,100

______ + 3,000 = 11,000

6. ______ − 5 = 9

140 − 50 = ______

1,400 − ______ = 900

______ − 5,000 = 9,000

Usa patrones de cálculo mental para hallar la suma o la diferencia.

7. 600 + 700 ______

8. 180 − 90 ______

9. 6,000 + 9,000 ______

10. 13,000 − 5,000 ______

11. 12,000 + 10,000 ______

12. 700 − 600 ______

13. 130,000 + 70,000 ______

14. 15,000 − 8,000 ______

Resolución de problemas y preparación para el TAKS

15. En 2001 hay 400 conejos en el zoológico. En 2002 hay 1,200 conejos en el zoológico. ¿Cuántos conejos más hay en el 2002 que en el 2001?

____

16. Hay 600 bolígrafos en una caja. ¿Cuántos bolígrafos hay en 2 cajas?

____

17. ¿Cuál número completa el enunciado ■ + 3,000 = 12,000?

A 90,000

B 9,000

C 8,000

D 900

18. Hay 14,000 periódicos impresos el martes por la mañana. El martes por la tarde sólo se han vendido 8,000. ¿Cuántos periódicos no se han vendido?

____

Nombre ____________________

Cálculo mental: Estimar sumas y diferencias

Usa el redondeo para estimar.

1. $6{,}356 + 1{,}675$

2. $8{,}267 - 2{,}761$

3. $38{,}707 + 28{,}392$

4. $75{,}428 - 19{,}577$

5. $187 + 519$

6. $6{,}489 - 1{,}807$

7. $24{,}655 + 51{,}683$

8. $61{,}075 - 29{,}732$

Usa números compatibles para estimar.

9. $5{,}432 - 652$ ____________

10. $45{,}221 + 6{,}167$ ____________

11. $392 + 47 + 89$ ____________

Ajusta la estimación para que esté más cercano a la suma exacta o a la diferencia.

12. $6{,}285 + 2{,}167$
Estimación: 8,000
____

13. $42{,}819 - 11{,}786$
Estimación: 30,000
____

14. $17{,}835 + 45{,}199$
Estimación: 65,000
____

Resolución de problemas y preparación para el TAKS

15. El sábado, 3,251 personas visitan el zoológico de San Diego. El domingo hay 2,987 visitantes. Aproximadamente, ¿cuántas personas visitaron el zoológico entre sábado y domingo?
____

16. Un avión viaja 5,742 km esta semana y 1,623 km la próxima semana. Aproximadamente, ¿cuántos kilómetros más viaja el avión esta semana que la próxima?
____

17. Carolyn compra un carro que tiene 13,867 millas. En un año, maneja 9,276 millas. ¿Cuál es la mejor estimación para saber cuántas millas tiene el carro ahora?

A 23,000 millas
B 24,000 millas
C 25,000 millas
D 26,000 millas

18. Durante su caminata diaria, Eddie generalmente anda 1,258 pasos. Estima el número de pasos que Eddie anda el martes si hace 29 pasos más de lo normal.
____

Nombre ______________________

Estrategias de cálculo mental

Suma o resta mentalmente. Di la estrategia que usaste.

1. 73 + 15 ________

2. 87 − 48 ________

3. 57 + 91 ________

4. 152 − 68 ________

5. 542 + 148 ________

6. 515 − 151 ________

7. 799 − 231 ________

8. 387 + 73 ________

9. 945 − 425 ________

10. 452 + 339 ________

11. 396 + 265 ________

12. 594 − 496 ________

Resolución de problemas y preparación para el TAKS

13. Vicky tiene 32 tarjetas de béisbol y 29 tarjetas de fútbol. Usa el cálculo mental para hallar cuántas tarjetas tiene en total.

____

14. Kareem lanza 78 en el primer juego de bolos y 52 en el segundo juego. Usa el cálculo mental para hallar la diferencia.

____

15. Jason vende 27 boletos el lunes y 32 el martes. Suma 3 a 27 para hallar la suma mentalmente. ¿Cómo debería ajustar la suma para hallar el total?

A Sumar 3 a la suma

B Sumar 4 a la suma

C Restar 3 de la suma

D Restar 4 de la suma

16. Haley compra un bate y un guante de béisbol que cuestan $25 y $42. Ella resta $2 de $42 para hallar el total mentalmente. ¿Cómo debería Haley ajustar la suma para hallar el total?

F Sumar $2 a la suma

G Restar $2 de la suma

H Sumar $5 a la suma

J Restar $5 de la suma

Nombre ______________________________

Taller de resolución de problemas
Destreza: ¿Estimación o respuesta exacta?

Resolución de problemas • Práctica de la destreza

Explica si estimas o hallas una respuesta exacta. Después resuelve el problema.

1. Un avión tiene 5 secciones de asientos para un total de 1,175 pasajeros. Hoy las secciones tuvieron 187, 210, 194, 115 y 208 pasajeros. ¿Estaba lleno a capacidad el avión?

   ____

   ____

2. Un avión pequeño lleva 130 galones de combustible. Necesita 120 galones para hacer un viaje de 45 millas. ¿Tiene el avión suficiente combustible para hacer el viaje?

   ____

   ____

3. Un cine tiene en total 415 sillas. Hay sentados 187 adultos y 213 niños. ¿Cuántas sillas vacías hay?

   ____

   ____

4. Bob maneja 27 millas de ida y vuelta todos los días por tres días. ¿Ha viajado Bob más, o menos que 250 millas?

   ____

   ____

Aplicaciones mixtas

5. El cine vendió 213 boletos el lunes, 187 el martes y 98 el miércoles. ¿En los tres días se vendieron más, o menos que 600 boletos?

   ____

6. El cine vendió 209 boletos para "Canyon Trail" y 94 boletos para "A light in the Sky". ¿Cuántos boletos más se vendieron para "Canyon Trail" que para "A light in the Sky"?

   ____

7. Sara vende 87 boletos para una función benéfica. Josh vende 43 boletos. Marc vende 28 boletos. ¿Cuántos boletos más vende Sara que Marc y Josh juntos?

   ____

8. Un álbum de estampillas tiene 126 estampillas. Otro álbum tiene 67 estampillas. A cada álbum le caben más de 150 estampillas. ¿Cuántas estampillas más le caben a ambos álbumes juntos?

   ____

Nombre ____________________

Sumar y restar números de 4 dígitos

Estima. Después halla la suma o diferencia.

1. $\begin{array}{r} 414 \\ +727 \\ \hline \end{array}$

2. $\begin{array}{r} 784 \\ -149 \\ \hline \end{array}$

3. $\begin{array}{r} 5{,}305 \\ +848 \\ \hline \end{array}$

4. $\begin{array}{r} 7{,}322 \\ -616 \\ \hline \end{array}$

5. $\begin{array}{r} 2{,}673 \\ +4{,}548 \\ \hline \end{array}$

6. $\begin{array}{r} 3{,}357 \\ +1{,}219 \\ \hline \end{array}$

7. $\begin{array}{r} 8{,}452 \\ -2{,}621 \\ \hline \end{array}$

8. $\begin{array}{r} 9{,}344 \\ -5{,}667 \\ \hline \end{array}$

9. $\begin{array}{r} 4{,}955 \\ +978 \\ \hline \end{array}$

10. $\begin{array}{r} 9{,}999 \\ -901 \\ \hline \end{array}$

11. $\begin{array}{r} 7{,}593 \\ +1{,}475 \\ \hline \end{array}$

12. $\begin{array}{r} 8{,}891 \\ -1{,}490 \\ \hline \end{array}$

13. $\begin{array}{r} 3{,}069 \\ +956 \\ \hline \end{array}$

14. $\begin{array}{r} 6{,}560 \\ -5{,}699 \\ \hline \end{array}$

15. $\begin{array}{r} 1{,}948 \\ -1{,}052 \\ \hline \end{array}$

16. $\begin{array}{r} 7{,}326 \\ +2{,}673 \\ \hline \end{array}$

ÁLGEBRA Halla el dígito que falta.

17. $\begin{array}{r} 9\square 8 \\ +247 \\ \hline 1{,}175 \end{array}$

18. $\begin{array}{r} 7{,}895 \\ -\ 1{,}23\square \\ \hline 6{,}661 \end{array}$

19. $\begin{array}{r} \square{,}689 \\ -\ 726 \\ \hline 3{,}963 \end{array}$

20. $\begin{array}{r} 1{,}357 \\ +7\square 6 \\ \hline 2{,}113 \end{array}$

Resolución de problemas y preparación para el TAKS

21. Jan manejó 324 millas el lunes y 483 millas el martes. ¿Cuántas millas manejó en total?

____

22. Un equipo de béisbol anotó 759 carreras en una temporada. La próxima temporada el equipo anotó 823 carreras. ¿Cuántas carreras anotó en total?

____

23. Un avión volará en total 4,080 millas en este viaje. Hasta ahora ha volado 1,576 millas. ¿Cuántas millas más deberá viajar el avión?

A 2,504 millas más

B 2,514 millas más

C 2,594 millas más

D 5,656 millas más

24. Hay 5,873 fanáticos en el primer juego de fútbol. Hay 3,985 fanáticos en el segundo juego. ¿Cuántas fanáticos más hay en el primer juego? Explica.

____

____

____

Nombre ____________________

Lección 2.8

Restar con ceros

Estima. Después halla la diferencia.

1. 3,078 − 678 = ____

2. 760 − 194 = ____

3. 6,004 − 452 = ____

4. 7,030 − 4,265 = ____

5. 8,056 − 2,109 = ____

6. 9,000 − 2,708 = ____

7. 4,890 − 1,405 = ____

8. 6,902 − 3,440 = ____

9. 670 − 413 ____

10. 4,700 − 876 ____

11. 5,030 − 2,125 ____

Elige dos números de la caja para hacer cada diferencia.

4,200	4,000	3,020	3,402	424

12. 3,776 ____

13. 1,180 ____

14. 2,596 ____

15. 598 ____

Resolución de problemas y preparación para el TAKS

16. Una de las erupciones volcánicas más grandes ocurrió en 1883 en la isla indonesa de Krakatoa. ¿Cuántos años antes del 2006 ocurrió esta erupción?

____

17. Jessie estima que la distancia de Nueva York a San Diego es 3,000 millas. La distancia real es 2,755 millas. ¿Cuál es la diferencia entre la estimación de Jessie y la distancia real?

____

18. Helena inicia un viaje con 4,345 millas en su carro. Termina el viaje con 8,050 millas. ¿Cuántas millas viajó Helena?

A 12,395
B 4,705
C 3,805
D 3,705

19. El pico de una montaña alcanza los 3,400 pies de elevación. Un alpinista hasta ahora ha escalado 1,987 pies. ¿Cuántos pies más necesita subir el alpinista para alcanzar la cima del pico?

____

Nombre ______________________

Elegir un método

Halla la suma o diferencia. Escribe el método que usaste.

1. 256,684
 + 157,925

 ______

2. 845,002
 − 32,000

 ______

3. 5,369,021
 + 1,488,627

 ______

4. 390,451
 − 189,693

 ______

5. 4,244,500
 + 110,001

 ______

6. 7,056,634
 + 869,378

 ______

7. 5,351,842
 − 1,409,876

 ______

8. 6,411,809
 − 411,809

 ______

ÁLGEBRA Halla el dígito que falta.

9. 3 2□, 1 6 4
 + 6 5 1, 2 4 7
 9 7 4, 4 1 1

10. 7 2 2, □8 5
 − 1 3 4, 7 6 1
 5 8 8, 1 2 4

11. 3 1 4, 6 7 8
 − 1□ 2, 6 5 7
 1 8 2, 0 2 1

12. 7, 1□ 9, 2 3 6
 + 1, 2 9 2, 4 5 9
 8, 4 8 1, 6 9 5

Resolución de problemas y preparación para el TAKS

13. Callisto, una luna de Júpiter, está a 1,883,000 kilómetros de Júpiter. La otra luna de Júpiter, Ganymede, está a 1,070,000 kilómetros de Júpiter. ¿Cuál es la diferencia de estas dos distancias?

 ______

14. Jessie anota 304,700 puntos en un juego de video. Raquel anota 294,750 puntos. ¿Cuántos puntos más anota Jessie que Raquel?

 ______

15. El avión A viaja 108,495 millas. El avión B viaja 97,452 millas. ¿Cuántas millas viajan ambos aviones en total?

 A 195,847 millas

 B 205,847 millas

 C 205,887 millas

 D 205,947 millas

16. El año pasado asistieron 456,197 fanáticos a los juegos de las ligas menores de béisbol. Este año asistieron 387,044 fanáticos. ¿Cuál es el número total de fanáticos que asistieron este año y el pasado?

 ______

Nombre ______________________

Lección 3.1

Propiedades de la suma

Halla el número que falta. Di qué propiedad usaste.

1. $\square + 0 = 0 + 23$ ______

2. $15 + 5 = \square + 15$ ______

3. $12 + (2 + 7) = (\square + 2) + 7$ ______

4. $\square + 7 = 7 + 36$ ______

5. $\square + 45 = 45 + 0$ ______

6. $(22 + \square) + 11 = 22 + (44 + 11)$ ______

Cambia el orden o agrupa los sumandos para que puedas sumar mentalmente. Halla la suma. Di qué propiedad usaste.

7. $120 + 37 + 280$

8. $25 + 25 + 30$

9. $60 + 82 + 40$

10. $28 + 21 + 32 + 19$

11. $66 + 27 + 44$

12. $133 + 25 + 247$

13. $45 + 22 + 25$

14. $61 + 57 + 39 + 23$

Resolución de problemas y preparación para el TAKS

USA DATOS Para los ejercicios 15 y 16, usa la tabla.

15. Usa la propiedad asociativa para hallar el número total de canicas en la colección de Sam.

16. Sam planea comprar otras 15 canicas de rayas. ¿Cuántas canicas tendrá en la colección?

Colección de canicas de Sam	
Tipo	**Número**
Damas chinas azules	32
Ojos de gato	81
De puntos	18
De rayas	59

17. ¿Cuál muestra la propiedad de identidad de la suma?

A $16 + 0 = 16$ **C** $29 + 29 = 58$

B $12 + 1 = 13$ **D** $1 + 1 = 2$

18. ¿Cuál muestra la propiedad conmutativa de la suma?

F $11 + 9 = 20$ **H** $20 + 20 = 40$

G $0 + 7 = 0$ **J** $5 + 7 = 7 + 5$

Nombre ______________________ Lección 3.2

Escribir y evaluar expresiones

Halla el valor de cada expresión.

1. $12 - (4 + 3)$ ______

2. $5 + (15 - 3)$ ______

3. $17 - ■$ if $■ = 8$ ______

4. $5 + (m - 2)$ if $m = 12$ ______

5. $(18 + 22) - 15$ ______

6. $(31 - 16) - 8$ ______

7. $■ + 25$ if $■ = 9$ ______

8. $b - (31 + 5)$ if $b = 52$ ______

Escribe una expresión con una variable. Di lo que representa la variable.

9. Sally regala 5 manzanas.

______

10. Ali tenía 9 peces y compró algunos más.

______

11. Theresa depositó $15 en su cuenta de banco.

______

12. Glenn regaló algunas de sus 20 insignias.

______

Escribe palabras para emparejar cada expresión.

13. $t - 5$

______

14. $12 + k$

______

Resolución de problemas y preparación para el TAKS

15. Escribe palabras para emparejar la expresión $t + 3 - 1$ donde t representa los tomates para la ensalada.

______

16. Escribe palabras para emparejar la expresión $y + 4$ donde y representa el tiempo que Josef practicó el piano el sábado.

______

17. Edie corrió 2 millas más que Joan. ¿Qué expresión muestra qué tan lejos corrió Joan?

A $e + 2$

B $2 + e$

C $e + 3$

D $e - 2$

18. Hay 6 gatitos en un armario. La mamá gata se lleva 3. Escribe una expresión que muestre cuántos gatitos quedan en el armario.

______

Nombre ______________________________

Ecuaciones de suma y resta

Escribe una ecuación para cada uno. Elige la variable desconocida. Di lo que representa la variable.

1. Rickie tiene 15 carros de modelo. Algunos son rojos y 8 son azules.

____

2. Wendy tiene \$12. La mamá le dio algunos más, por lo que ahora tiene \$17.

____

Resuelve la ecuación.

3. $19 - 4 = n$

   $n =$ ______

4. $6 + ■ = 19$

   $■ =$ ______

5. $r - 12 = 21$

   $r =$ ______

6. $t + 14 = 31$

   $t =$ ______

Escribe palabras para emparejar la ecuación.

7. $b + 5 = 12$

____

____

8. $a - 9 = 2$

____

____

9. $16 - w = 4$

____

____

10. $y + 7 = 29$

____

____

Resolución de problemas y preparación para el TAKS

11. Ocho perros para ciegos se graduaron en febrero, 5 en mayo y 9 en noviembre. Escribe y resuelve una ecuación que indique cuántos perros se graduaron en total.

____

12. En mayo se graduaron trece perros. Había 5 perros para ciegos, 4 perros de servicio y algunos perros de seguimiento. Escribe una ecuación que indique el número total de perros que se graduaron en mayo.

____

13. Jed vio 10 minutos de reseñas y una película de perros de 50 minutos. ¿Cuál ecuación te dice el total de tiempo que estuvo Jed en el cine?

A $10 + 50 = t$ **C** $t - 10 = 50$

B $50 - t = 10$ **D** $t + 10 = 50$

14. El libro de dibujos favorito de Haley tiene 27 páginas. 11 páginas tienen dibujos de perros. El resto tiene dibujos de pájaros. ¿Cuál ecuación se puede usar para hallar cuántas páginas tienen pájaros?

F $27 + 11 = b$ **H** $b - 11 = 27$

G $27 - b = 11$ **J** $b + 11 = 27$

Nombre _______________________________________ **Lección 3.4**

Taller de resolución de problemas
Estrategia: Trabajar desde el final hasta el principio
Resolución de problemas • Práctica de estrategias

Trabaja desde el final hasta el principio para resolver.

1. Leon llegó a la reserva a las 11:00 a.m. En la mañana empleó 45 minutos alimentando los animales en su casa y manejó 2 horas hasta llegar a la reserva. ¿A qué hora empezó?

____

2. Kit leyó un libro de 25 páginas sobre los leones. Siete páginas fueron acerca de cacería, 15 sobre el hábitat y el resto sobre las manadas. ¿Cuántas páginas eran sobre las manadas?

____

3. Doce leones en una manada no fueron a cazar. Cuando regresaron más leones de cazar, eran 21. ¿Cuántos leones fueron de cacería?

____

4. Polly almorzó y después caminó 15 minutos hasta donde Cher. Montaron en bicicleta por 35 minutos y después estudiaron por 20 minutos. Si terminaron a las 2:30, ¿a qué hora terminó de almorzar Polly?

____

Práctica de estrategias mixtas

5. Enviaron cinco manadas a otra reserva. Dos regresaron. Ahora hay 17 manadas. ¿Cuántas había antes de enviar las 5 manadas?

____

6. Los equipos rojo, azul, verde y café están en fila para sus tareas. El equipo café está delante del rojo. El equipo azul no es el último. El equipo verde está primero. ¿Cuál es el último equipo?

____

7. **USA DATOS Usa la información de la tabla para hacer una gráfica de barras.**

Población de leones	
Edad	**Número**
cachorros	18
adolescentes	14
maduro	2
viejos	7

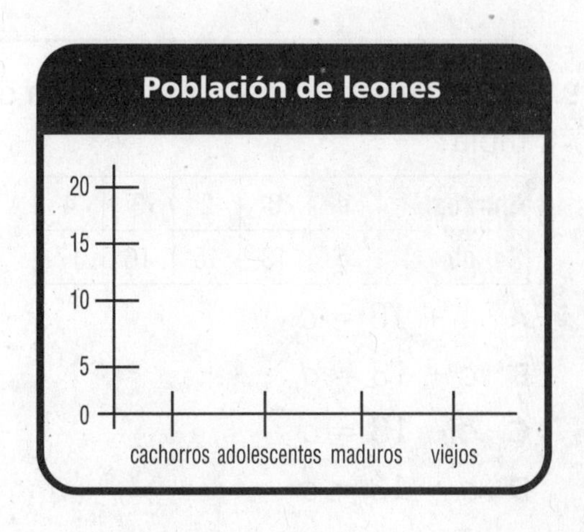

Nombre ____________________

Lección 3.5

Pares ordenados en una tabla

Halla una regla. Usa la regla para hallar los dos siguientes pares ordenados.

1.

Entrada	*f*	10	15	20	25	30
Salida	*g*	5	10	15	■	■

____

2.

Entrada	*c*	88	86	84	■	■
Salida	*d*	66	64	62	60	58

____

3.

Entrada	*s*	■	■	9	5	1
Salida	*t*	70	66	62	58	54

____

4.

Entrada	*x*	15	14	13	12	11
Salida	*y*	■	■	28	27	26

____

Usa la regla y la ecuación para hacer una tabla de entradas y salidas.

5. Suma 7 a *m*.

Entrada	*m*	■	■	■	■
Salida	*n*	■	■	■	■

6. Resta 14 de *a*.

Entrada	*a*	■	■	■	■
Salida	*b*	■	■	■	■

Resolución de problemas y preparación para el TAKS

USA DATOS Para los ejercicios 7 y 8, usa una tabla de entradas y salidas.

7. Una figura se hace de una fila de cuadrados. Un cuadrado tiene un perímetro de 4. Dos cuadrados tienen un perímetro de 6 y así sucesivamente. Termina la tabla de entradas y salidas para mostrar el patrón.

Entrada	*s*	1	2	3	4	5
Salida	*p*	4	6	■	■	■

____

8. ¿Cuál será el perímetro de 10 cuadrados en una fila?

____

9. ¿Qué ecuación describe la regla de la tabla?

Entrada	*c*	0	2	3	4
Salida	*d*	13	15	16	17

A $d + 13 = c$

B $c + 13 = d$

C $c - 13 = d$

D $d - 13 = c$

10. Escribe una regla para la tabla.

Entrada	*r*	0	1	3	5	7
Salida	*s*	4	5	7	9	11

____

Nombre ___________________________ **Lección 4.1**

Álgebra: Relacionar la suma y la multiplicación

Escribe enunciados de suma y multiplicación relacionados para cada uno.

1.

____

____

2.

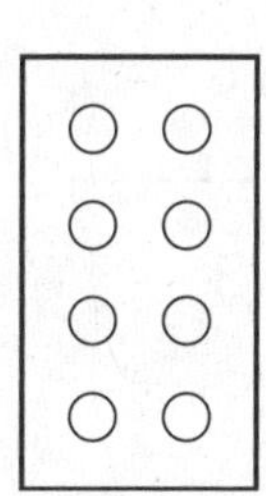
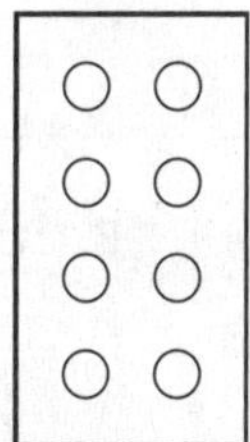

____

____

3.

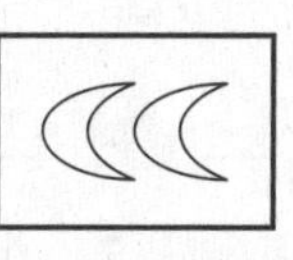

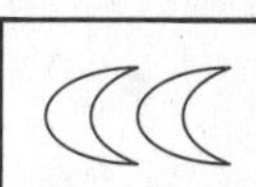
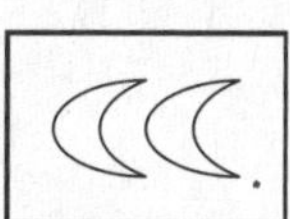

____

____

Escribe el enunciado de suma y multiplicación relacionado.

Haz un dibujo que muestre el enunciado.

4. $3 + 3 + 3 + 3 = 12$

____

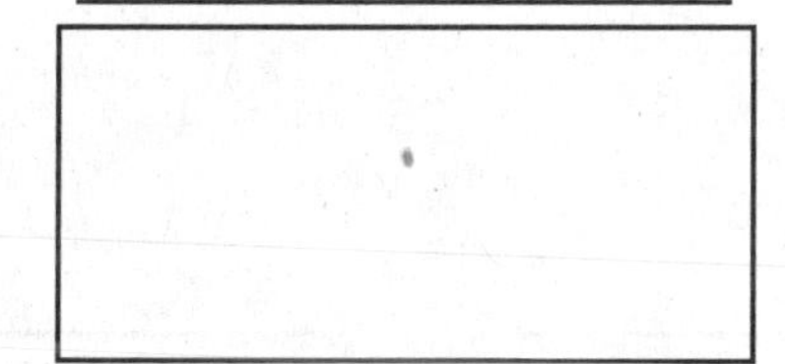

5. 2 grupos de 5 es igual a 10.

____

6. $4 \times 2 = 8$

____

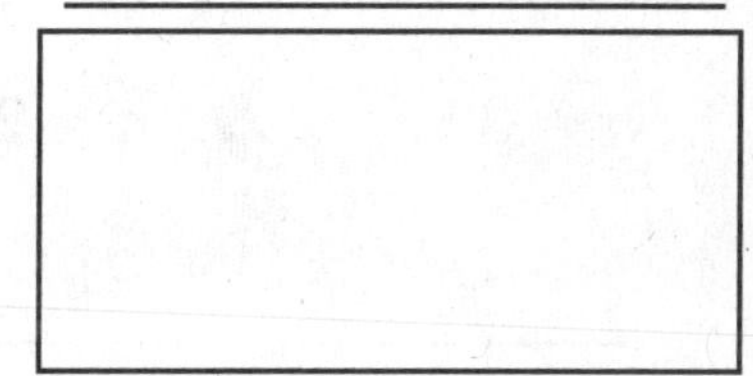

Resolución de problemas y preparación para el TAKS

7. Sue maneja 36 millas a la feria. Cada 4 millas, ve una señal para la feria. ¿Cuántas señales en total verá en su viaje?

____

8. La Sra. Longo llevó 6 niños a la feria. Le compró a cada uno un peluche que costó $5. ¿Cuánto gastó la Sra. Longo en peluches?

____

9. Un parque de diversiones tiene 4 carros. En cada carro caben 4 personas. ¿Cuántas personas pueden ir en una vuelta?

A 4

B 8

C 12

D 16

10. Cada boleto en la feria cuesta $2. ¿Cuánto cuestan 9 boletos?

F $2

G $9

H $11

J $18

Nombre ____________________

Operaciones de multiplicación hasta el 5

Halla el producto.

1. 4×8 ______
2. 3×7 ______
3. 2×9 ______
4. 5×7 ______
5. 0×2 ______

6. 3×9 ______
7. 4×1 ______
8. 5×8 ______
9. 5×5 ______
10. 3×8 ______

11. 3×3 ______
12. 2×8 ______
13. 4×7 ______
14. 5×3 ______
15. 2×2 ______

16. 5×0 ______
17. 2×1 ______
18. 5×4 ______
19. 4×4 ______
20. 3×6 ______

ÁLGEBRA Halla el valor de $3 \times n$ para cada valor de n.

21. $n = 3$ ______
22. $n = 2$ ______
23. $n = 0$ ______
24. $n = 5$ ______
25. $n = 4$ ______

Resolución de problemas y preparación para el TAKS

26. Adam compra 5 sándwiches a $5 cada uno. ¿Cuánto dinero gastó Adam en total en los sándwiches?

______

27. El mostrador de bebidas en la actividad de asado vende 4 bebidas por minuto. ¿Cuántas bebidas venderá en 9 minutos?

______

28. Jeff pone todos sus carros de juguete en 3 filas. Pone 8 carros en cada fila. ¿Cuántos carros tiene Jeff en total?

______

29. Brian hace 5 llamadas por teléfono todos los días durante 9 días. ¿Cuántas llamadas hace Brian en 9 días?

______

Nombre ____________________

Operaciones de multiplicación hasta el 10

Halla el producto. Muestra la estrategia que usaste.

1. 8×8 ______
2. 9×7 ______
3. 6×9 ______
4. 8×4 ______

5. 8×3
6. 7×7
7. 10×7
8. 8×6

ÁLGEBRA Halla el valor de las monedas.

9.

Monedas de 5¢	1	3	5	7	9
Centavos	5	■	■	■	■

______

10.

Monedas de 10¢	1	2	6	9
Centavos	10	■	■	■

______

Resolución de problemas y preparación para el TAKS

11. Seis personas se pueden sentar en una mesa de picnic. ¿Cuántas personas se pueden sentar en 8 mesas de picnic?

______

12. Jo tiene 9 monedas de 10¢. Puede comprar 4 lápices con una moneda de 10¢. ¿Cuántos lápices puede comprar Jo?

______

13. Explica cómo se usa una tabla de multiplicación para hallar 4 x 7.

______
______
______
______
______

14. Margo compra 4 manzanas cada semana. ¿Cuántas manzanas compra en 10 semanas?

A 6
B 10
C 16
D 60

Nombre ____________________

Tabla de multiplicación hasta el 12

Halla el producto. Muestra la estrategia que usaste.

1. 11×2 ________

2. 8×11 ________

3. 7×12 ________

4. 9×12 ________

Para los ejercicios 5 y 6, usa la tabla de multiplicación.

5. ¿Cuáles son los múltiplos de 6?

____

____

____

6. ¿Cuáles son los múltiplos de 9?

____

____

____

×	0	1	2	3	4	5	6	7	8	9	10	11	12
0	0	0	0	0	0	0	0	0	0	0	0	0	0
1	0	1	2	3	4	5	6	7	8	9	10	11	12
2	0	2	4	6	8	10	12	14	16	18	20	22	24
3	0	3	6	9	12	15	18	21	24	27	30	33	36
4	0	4	8	12	16	20	24	28	32	36	40	44	48
5	0	5	10	15	20	25	30	35	40	45	50	55	60
6	0	6	12	18	24	30	36	42	48	54	60	66	72
7	0	7	14	21	28	35	42	49	56	63	70	77	84
8	0	8	16	24	32	40	48	56	64	72	80	88	96
9	0	9	18	27	36	45	54	63	72	81	90	99	108
10	0	10	20	30	40	50	60	70	80	90	100	110	120
11	0	11	22	33	44	55	66	77	88	99	110	121	132
12	0	12	24	36	48	60	72	84	96	108	120	132	144

ÁLGEBRA Usa la regla para hallar los números que faltan.

7. Multiplica la entrada por 9.

Entrada	Salida
2	☐
4	☐
6	☐
8	☐

8. Multiplica la entrada por 6.

Entrada	Salida
7	☐
8	☐
☐	54
10	☐

9. Multiplica la entrada por 10.

Entrada	Salida
1	☐
☐	20
5	☐
7	☐

Nombre ____________________

Taller de resolución de problemas
Estrategia: Adivinar y comprobar

Resolución de problemas • Práctica de estrategias

Adivina y comprueba para resolver

1. Donna y Max pintaron una cerca hecha de postes. Donna pintó el doble de postes de los que pintó Max. Juntos, pintaron 36 postes. ¿Cuántos postes pintó Max?

____

2. Erin compra su almuerzo todos los días. El sándwich y la leche cuestan $6. El sándwich cuesta el doble que la leche. ¿Cuánto cuesta cada ítem?

____

3. Un paquete contiene una hoja grande y una hoja pequeña de calcomanías. La hoja grande tiene el doble de calcomanías que la pequeña. Hay en total 24 calcomanías en el paquete. ¿Cuántas calcomanías hay en la hoja pequeña?

____

Práctica de estrategias mixtas

4. **USA DATOS** Ruby camina todos los días después de clases y anota qué tan lejos camina. Si el patrón continúa, ¿cuántas cuadras caminará Ruby el sábado y el domingo?

____

Programa de caminata de Ruby

Día	Número de bloques
Lunes	2
Martes	4
Miércoles	6
Jueves	8
Viernes	10
Sábado	■
Domingo	■

5. Mira el ejercicio 2. Escribe un problema similar.

____

____

____

____

6. Mel está pensando en dos números impares que sumados dan un total de 14. ¿Cuál será el número que Mel está pensando?

____

Nombre ______________________________ Lección 5.1

Álgebra: Relacionar la multiplicación y la división

Escribe la familia de operaciones para el conjunto de números.

1. 4, 2, 8

2. 7, 2, 14

3. 8, 9, 72

4. 6, 1, 6

Halla el valor de la variable. Después escribe un enunciado relacionado.

5. $4 \times 7 = c$
$c =$ ____

6. $81 \div m = 9$
$m =$ ____

7. $16 \div j = 4$
$j =$ ____

8. $8 \times n = 16$
$n =$ ____

9. $64 \div 8 = r$
$r =$ ____

10. $7 \times 8 = w$
$w =$ ____

11. $9 \times 5 = p$
$p =$ ____

12. $10 \times 3 = a$
$a =$ ____

Resolución de problemas y preparación para el TAKS

13. Laura colorea cada dibujo en sus 5 libros para colorear. Hay 9 dibujos en cada libro. ¿Cuántos dibujos colorea Laura en total?

14. Carlos tiene 63 crayolas. Las pone en 7 grupos iguales para que sus compañeros de clase las usen. ¿Cuántas crayolas hay en cada grupo?

15. Una caja de crayolas tiene 72. Hay 9 filas de crayolas iguales en la caja. ¿Cuántas crayolas hay en cada fila?

A 7 **C** 9

B 8 **D** 10

16. El Sr. Lee hace un dibujo con 3 crayolas diferentes. Un estudiante usa 4 crayolas diferentes para hacer otro dibujo. ¿Cuántas crayolas se usaron para hacer ambos dibujos?

F 12 **H** 9

G 15 **J** 10

Nombre ______________________

Lección 5.2

Operaciones de división hasta el 5

Halla el cociente.

1. $35 \div 5$ ______
2. $36 \div 4$ ______
3. $14 \div 2$ ______
4. $18 \div 3$ ______
5. $30 \div 3$ ______
6. $1 \div 1$ ______
7. $16 \div 4$ ______
8. $4 \div 4$ ______
9. $16 \div 2$ ______
10. $10 \div 2$ ______
11. $5\overline{)25}$
12. $3\overline{)6}$
13. $5\overline{)20}$
14. $5\overline{)45}$
15. $3\overline{)24}$

ÁLGEBRA Halla los números que faltan.

16. $18 \div 2 = \square$
17. $15 \div 3 = \square$
18. $8 \div \square = 2$
19. $\square \div 2 = 5$
20. $32 \div 4 = \square$
21. $16 \div \square = 8$
22. $\square \div 1 = 3$
23. $12 \div 4 = \square$

Resolución de problemas y preparación para el TAKS

24. La Sra. Jones usará camionetas para llevar de paseo a 45 estudiantes. En cada camioneta caben 9 estudiantes. ¿Cuántas camionetas necesitará la Sra. Jones para el paseo?

____

25. Un avión pequeño tiene en total 27 asientos. Hay 3 asientos en cada fila. ¿Cuántas filas hay en el avión?

____

26. Joanie divide una bolsa de 36 canicas en partes iguales entre 4 amigos. ¿Cuántas canicas recibe cada uno?

   A 36
   B 9
   C 8
   D 4

27. Annie emplea 3 horas cada vez que corta el césped. ¿Cuántas veces puede cortar el césped en 12 horas?

   F 12
   G 6
   H 4
   J 3

Nombre ______________________ **Lección 5.3**

Operaciones de división hasta el 10

Halla el cociente. Muestra la estrategia que usaste.

1. $48 \div 8$ **2.** $8\overline{)56}$ **3.** $10 \div 5$ **4.** $9\overline{)81}$

Escribe la operación de multiplicación o división relacionada. Después halla el cociente.

5. $64 \div 8$ **6.** $54 \div 9$ **7.** $72 \div 9$ **8.** $24 \div 6$

ÁLGEBRA Halla el dividendo o divisor que falta.

9. $■ \div 6 = 3 + 4$ ■ = ____

10. $45 \div ■ = 5 + 4$ ■ = ____

11. $■ \div 6 = 5 + 1$ ■ = ____

Resolución de problemas y preparación para el TAKS

12. Mike guardó 63 libros de la biblioteca. Sólo 7 libros caben en cada estante. ¿Cuántos estantes usó Mike?

13. Hay 9 naranjas en un frutero. Sue, Jeff y Tina toman un número igual de naranjas. ¿Cuántas naranjas toma cada persona?

14. Pam está a 56 millas de Houston, Texas. Si ve una señal de descanso cada 8 millas, ¿cuántas señales verá Pam de camino a Houston?

A 5 **C** 7
B 6 **D** 8

15. Usa una recta numérica para hallar $60 \div 10$. Describe el patrón que usaste.

Nombre ____________________

Lección 5.4

Operaciones de división hasta el 12

Usa la tabla de multiplicación para hallar el cociente. Escribe un enunciado de multiplicación relacionado.

1. 60 ÷ 12

______

______

2. 90 ÷ 10

______

______

3. 99 ÷ 11

______

______

4. 96 ÷ 8

______

______

5. 77 ÷ 7

______

______

6. 121 ÷ 11

______

______

7. 144 ÷ 12

______

______

8. 90 ÷ 9

______

______

×	0	1	2	3	4	5	6	7	8	9	10	11	12
0	0	0	0	0	0	0	0	0	0	0	0	0	0
1	0	1	2	3	4	5	6	7	8	9	10	11	12
2	0	2	4	6	8	10	12	14	16	18	20	22	24
3	0	3	6	9	12	15	18	21	24	27	30	33	36
4	0	4	8	12	16	20	24	28	32	36	40	44	48
5	0	5	10	15	20	25	30	35	40	45	50	55	60
6	0	6	12	18	24	30	36	42	48	54	60	66	72
7	0	7	14	21	28	35	42	49	56	63	70	77	84
8	0	8	16	24	32	40	48	56	64	72	80	88	96
9	0	9	18	27	36	45	54	63	72	81	90	99	108
10	0	10	20	30	40	50	60	70	80	90	100	110	120
11	0	11	22	33	44	55	66	77	88	99	110	121	132
12	0	12	24	36	48	60	72	84	96	108	120	132	144

ÁLGEBRA Halla el cociente o el divisor que falta.

9. 84 ÷ 12 = ■

■ = ____

10. 132 ÷ ■ = 12

■ = ____

11. 72 ÷ ■ = 6

■ = ____

12. 88 ÷ ■ = 11

■ = ____

Resolución de problemas y preparación para el TAKS

13. Eli pintó 11 franjas en cada una de las banderas que hizo. Pintó 77 franjas en total. ¿Cuántas banderas hizo?

____

14. Hay 52 banderas en el desfile. La fila del frente tiene 8 banderas. Cada una de las otras filas tiene 11 banderas. ¿Cuántas filas tienen 11 banderas?

____

15. Nick compra 12 cajas de crayolas. Hay 8 crayolas en cada caja. ¿Cuántas crayolas compra Nick?

A 12 **C** 48

B 24 **D** 96

16. ¿Qué número falta en el enunciado numérico?

66 ÷ ■ = 6

F 7 **H** 11

G 9 **J** 13

Nombre ____________________

Taller de resolución de problemas
Destreza: Elegir la operación

Resolución de problemas • Práctica de destrezas

Di qué operación usarías para resolver el problema. Después resuelve el problema.

1. Sally lleva 24 galones de jugo al picnic de la escuela. Los estudiantes en el picnic beben 2 galones de jugo cada hora. ¿Cuántas horas les tomará a los estudiantes beberse todo el jugo?

 ____

2. Cada estudiante de la clase de Lori lleva 12 galletas para la venta de horneados. Hay 12 estudiantes en la clase de Lori. ¿Cuántas galletas tiene la clase para la venta de horneados?

 ____

Aplicaciones mixtas

3. Greg vende 108 panecillos en la venta de horneados. Vendió los panecillos en bolsas de 12. ¿Cuántas bolsas de panecillos vendió? ¿Describe la familia de operaciones que usaste?

 ____

4. Julie quiere saber cuántos libros usará durante el año escolar. Las asignaturas que estudia son matemáticas, ciencia y lectura. Cada asignatura tiene 2 libros. Escribe un enunciado numérico para mostrar cuántos libros usará Julie este año.

 ____

USA DATOS Usa la información de la tabla.

Ventas finales de la venta de horneados	
magdalenas	147
galletas	211
porción de pastel	54
porción de torta	39
brownies	97

5. En la venta de horneados, 9 personas compran porciones de pastel. Cada persona compra el mismo número de porciones a $2 cada una. ¿Cuántas porciones compra cada persona?

 ____

6. ¿Cuántas galletas, brownies y magdalenas se vendieron en total?

 ____

Factores y múltiplos

Usa matrices para hallar los factores de cada producto. Escribe los factores.

1. 12 ______ ______

2. 18 ______ ______

3. 30 ______ ______

4. 21 ______ ______

Haz una lista de los primeros diez múltiplos de cada número.

5. 11 ______ ______

6. 4 ______ ______

7. 9 ______ ______

8. 7 ______ ______

¿Es 8 un factor para cada número? Escribe *sí* o *no*.

9. 16 ______

10. 35 ______

11. 56 ______

12. 96 ______

¿Es 32 un múltiplos para cada número? Escribe *sí* o *no*.

13. 1 ______

14. 16 ______

15. 13 ______

16. 8 ______

Resolución de problemas y preparación para el TAKS

17. Tammy quiere hacer un patrón de múltiplos de 2 que sean también factores de 16. ¿Cuáles serán los números en el patrón de Tammy?

______

18. ¿Cuáles múltiplos de 4 son también factores de 36?

______

19. ¿Cuál múltiplo de 7 es un factor de 49?

A 1

B 4

C 7

D 9

20. Fred pone 16 tazas en una mesa en filas iguales. ¿De qué maneras puede ordenar las tazas?

______

Nombre ______________________________

Lección 6.1

Patrones en la tabla de multiplicación

Halla el número cuadrado.

1. 9×9 ________

2. 5×5 ________

3. 10×10 ________

4. 4×4 ________

5. 2×2 ________

Para los ejercicios 6 y 7, usa la tabla de multiplicación.

6. ¿Qué patrón ves en los múltiplos de 11?

____

____

____

7. ¿Qué patrón ves en los múltiplos de 9?

____

____

____

×	0	1	2	3	4	5	6	7	8	9	10	11	12
0	0	0	0	0	0	0	0	0	0	0	0	0	0
1	0	1	2	3	4	5	6	7	8	9	10	11	12
2	0	2	4	6	8	10	12	14	16	18	20	22	24
3	0	3	6	9	12	15	18	21	24	27	30	33	36
4	0	4	8	12	16	20	24	28	32	36	40	44	48
5	0	5	10	15	20	25	30	35	40	45	50	55	60
6	0	6	12	18	24	30	36	42	48	54	60	66	72
7	0	7	14	21	28	35	42	49	56	63	70	77	84
8	0	8	16	24	32	40	48	56	64	72	80	88	96
9	0	9	18	27	36	45	54	63	72	81	90	99	108
10	0	10	20	30	40	50	60	70	80	90	100	110	120
11	0	11	22	33	44	55	66	77	88	99	110	121	132
12	0	12	24	36	48	60	72	84	96	108	120	132	144

Resolución de problemas y preparación para el TAKS

8. Niko tiene un número cuadrado que es menor que 50. Los dígitos suman 9. ¿Cuál número tiene Niko?

____

9. Para hacer un patrón, usa la regla en que cada número es 1 menos que 3 veces el número. ¿Cuál es el 4to. número en el patrón?

____

10. ¿Qué número tiene múltiplos con un patrón que se repite de 5 y 0 en el lugar de las unidades?

A 1

B 5

C 10

D 20

11. ¿Los múltiplos de cuál número son tres veces los múltiplos de 4?

F 8

G 12

H 40

J 84

Nombre ____________________

Patrones de números

Halla una regla. Después halla los próximos dos números en el patrón.

1. 108, 99, 90, 81, ■, ■

2. 2, 4, 6, 8, ■, ■

3. 2, 4, 8, 16, ■, ■

4. 85, 88, 82, 85, 79, 82, ■, ■

ÁLGEBRA Halla una regla. Después halla los números que faltan en el patrón.

5. 2, 6, 10, ■, 18, 22, 26, ■

6. 545, 540, 535, ■, 525, ■

7. 600, 590, 592, 582, 584, ■, ■

8. 400, 410, 409, ■, 418, ■

Usa la regla para hacer un patrón de números.
Escribe los primeros cuatro números del patrón.

9. Regla: Sumar 7. Comenzar con 14.

10. Regla: Restar 6. Comenzar con 72.

11. Regla: Sumar 2, restar 5. Comenzar con 98.

12. Regla: Multiplicar por 2, restar 1. Comenzar con 2.

Resolución de problemas y preparación para el TAKS

13. Mira el siguiente patrón de números. Si la regla es multiplicar por 2, ¿cuál es el próximo número?

    3, 6, 12, □

14. Usa el patrón 6, 9, 18, 21. ¿Cuál es la regla si el próximo número del patrón es 42?

15. De los siguientes, ¿cuál describe una regla para este patrón?

    3, 8, 5, 10, 7, 12

    A Regla 3, restar 5
    B Regla 5, restar 3
    C Regla 5, restar 2
    D Regla 5, restar 3

16. ¿Cuáles podrían ser los próximos dos números en este patrón?

    192, 96, 48, 24, □, □

Nombre ____________________

Taller de resolución de problemas

Estrategia: Buscar un patrón

Resolución de problemas • Práctica de estrategias

Busca un patrón para resolver.

1. Una matriz de bloques de 3 por 3 se pintó de tal forma que cada fila de por medio, empezando con la fila 1, comienza con un bloque rojo y las filas alternas comienzan con un bloque negro. ¿La fila 12 empieza con rojo o negro?

____

2. ¿Cuáles serán las próximas tres figuras en el patrón?

____

3. El primer día del calendario de marzo es sábado. Marzo tiene 31 días. ¿En qué día de la semana termina marzo?

____

4. ¿Cuántos bloques se necesitan para construir un patrón para los peldaños de una escalera que tiene una base de 10 y una altura de 10 y cada peldaño tiene un bloque de alto y un bloque de profundidad?

____

Práctica de estrategias mixtas

5. **USA DATOS** Si continúa el patrón, ¿cuánto costaría cada púa de 5 pulgadas si compras 10,000?

____

Ofertas para contratistas en la ferretería Ralph			
Púas	10	100	1,000
1 pulgada	10 centavos c/u	8 centavos c/u	6 centavos c/u
10 pulgadas	15 centavos c/u	13 centavos c/u	10 centavos c/u
15 pulgadas	20 centavos c/u	16 centavos c/u	12 centavos c/u

6. Jules compró 5 tortugas a $2 cada una. ¿Cuánto gastó Jules en tortugas?

____

7. Dorothy compró guantes con un billete de $20 dólares. Los guantes costaron $6. ¿Cuánto cambio recibió Dorothy?

____

Nombre ______________________

Propiedades de la multiplicación

Usa las propiedades y el cálculo mental para hallar el producto.

1. $3 \times 4 \times 2$ ________
2. $4 \times 5 \times 5$ ________
3. $7 \times 4 \times 0$ ________
4. $7 \times 12 \times 1$ ________

Halla el número que falta. Nombra la propiedad que usaste.

5. $(5 \times 3) \times 4 = 5 \times (\blacksquare \times 4)$ ________
6. $3 \times 5 = 5 \times \blacksquare$ ________
7. $8 \times \blacksquare = (2 \times 10) + (6 \times 2)$ ________
8. $3 \times (7 - \blacksquare) = 3$ ________
9. $8 \times (5 - 3 - 2) = \blacksquare$ ________
10. $3 \times (2 \times 4) = \blacksquare \times (2 \times 3)$ ________

Haz un modelo y usa la propiedad distributiva para hallar el producto.

11. 14×6 ________
12. 5×15 ________
13. 9×17 ________

Muestra dos maneras de agrupar usando paréntesis. Halla el producto.

14. $12 \times 5 \times 6$ ________ ________
15. $4 \times 3 \times 2$ ________ ________
16. $9 \times 3 \times 8$ ________ ________

Resolución de problemas y preparación para el TAKS

17. La vitrina de una tienda de mascotas tiene 5 jaulas con 4 cachorros en cada una y 6 jaulas con 6 gatitos en cada una. ¿Cuántos animales hay en la vitrina? ________

18. Jake lleva a caminar a su perro pastor para hacer ejercicio. Caminan cuatro cuadras que miden 20 yardas cada una. ¿Cuántas yardas caminaron Jake y su perro? ________

19. Cada paquete de juguetes para gato tiene 7 juguetes. Cada caja de paquetes tiene 20 paquetes. ¿Cuántos juguetes hay en 5 cajas de juguetes para gato?

   A 500 **C** 700

   B 600 **D** 800

20. ¿Es verdadero el enunciado numérico? $5 \times (4 - 3) = 5$ Explica. ________

Nombre ____________________

Lección 6.5

Escribir y evaluar expresiones

Escribe una expresión que corresponda con las palabras.

1. Estampillas divididas por igual en 6 filas

____

2. Algunas arvejas en cada una de 10 vainas

____

3. Algunas canicas en oferta a 15¢ cada una

____

4. 1 pastel dividido en varias porciones iguales

____

Halla el valor de la expresión.

5. $y \times 5$ si $y = 6$

____

6. $63 \div b$ si $b = 7$

____

7. $9 \times a$ si $a = 2$

____

8. $r \div 6$ si $r = 54$

____

Empareja la expresión con las palabras

9. $(4 \times t) + 8$

____

10. $(t \times 12) \div 4$

____

11. $(t \div 2) - 8$

____

a. un número, *t*, dividido por 2 menos 8

b. 4 veces un número, *t*, más 8

c. un número, *t*, multiplicado por 12 y separado en 4 grupos

Resolución de problemas y preparación para el TAKS

12. Ela tiene algunas páginas con 15 calcomanías por página. Escribe una expresión para el número de calcomanías que Ela tiene.

____

13. Observa el ejercicio 12. Supón que Ela tiene 5 páginas. ¿Cuántas calcomanías tiene en total?

____

14. Robert tiene 7 veces tantas cajas de jabón de corredores como tiene Xavier; *r* representa el número de cajas de jabón de corredores que tiene Robert. ¿Qué expresión dice el número de corredores que tiene Xavier?

A $7 + r$

B $r - 7$

C $7 \times r$

D $r \div 7$

15. Fran gastó 350 centavos en estampillas. ¿Cuántas estampillas compró Fran si cada estampilla cuesta 35 centavos? Explica.

____

____

Nombre ______________________

Lección 6.6

Hallar los factores que faltan

Halla el factor que falta.

1. $4 \times g = 20$
   $g =$ ____

2. $y \times 3 = 27$
   $y =$ ____

3. $8 \times w = 48$
   $w =$ ____

4. $7 \times a = 49$
   $a =$ ____

5. $\blacksquare \times 2 = 24$
   $\blacksquare =$ ____

6. $9 \times r = 81$
   $r =$ ____

7. $4 \times \blacksquare = 36$
   $\blacksquare =$ ____

8. $7 \times s = 77$
   $s =$ ____

9. $5 \times \blacksquare = 23 + 2$
   $\blacksquare =$ ____

10. $8 \times \blacksquare = 20 - 4$
    $\blacksquare =$ ____

11. $6 \times \blacksquare = 11 + 7$
    $\blacksquare =$ ____

12. $10 \times \blacksquare = 15 + 5$
    $\blacksquare =$ ____

13. $7 \times \blacksquare = 12 + 2$
    $\blacksquare =$ ____

14. $3 \times \blacksquare = 16 + 5$
    $\blacksquare =$ ____

15. $4 \times \blacksquare = 13 + 3$
    $\blacksquare =$ ____

Resolución de problemas y preparación para el TAKS

16. Cada temporada se regalan 32 boletos. A cada familia escogida le dan 4 boletos gratis. Escribe un enunciado numérico que se pueda usar para hallar el número de familias que recibirán boletos.

    ____

17. El entrenador de los Antílopes ordena 4 uniformes para cada uno de sus jugadores nuevos. Este año, el entrenador ordena 16 uniformes. Escribe un enunciado numérico que se pueda usar para hallar el número de jugadores nuevos.

    ____

18. Las Hormigas ganaron 121 juegos este año. Ganaron el mismo número de juegos cada uno de 11 meses. ¿Cuál enunciado numérico se puede usar para hallar el número de juegos que ganaron las Hormigas cada mes?

    A $121 \times \blacksquare = 11$
    B $11 \times \blacksquare = 121$
    C $12 \times 12 = 144 + \blacksquare$
    D $10 \times \blacksquare = 100$

19. El club de softball de la comunidad tiene 120 miembros. Necesita contratar un entrenador por cada 12 jugadores. ¿Cuántos entrenadores necesitará contratar el club de softball?

    F 0
    G 11
    H 12
    J 10

Nombre ____________________ Lección 6.7

Ecuaciones de multiplicación y división

Escribe una ecuación para cada uno. Elige la variable para la desconocida. Di qué representa la variable.

1. Tres estudiantes dividen por igual 27 pulseras entre ellos.

____

2. Dos libras de cuentas colocadas por igual en bolsas hacen un total de 50 libras.

____

3. Maddie siembra 3 semillas en cada una de 15 macetas.

____

4. Jesse divide 36 ornamentos por igual y los coloca en 9 bolsas.

____

Resuelve la ecuación.

5. $a \times 6 = 48$

$a =$ ________

6. $d \div 4 = 7$

$d =$ ________

7. $3 \times w = 27$

$w =$ ________

8. $63 \div n = 9$

$n =$ ________

9. $b \div 5 = 5$

$b =$ ________

10. $22 \div t = 11$

$t =$ ________

11. $4 \times k \times 3 = 24$

$k =$ ________

12. $5 \times h \times 3 = 45$

$h =$ ________

Resolución de problemas y preparación para el TAKS

13. Phyllis hace anillos. Cada anillo tiene 3 cuentas. Si puede hacer 7 anillos, ¿cuántas cuentas tiene?

____

14. Ted dividió 56 bloques de colores en 8 bolsas. ¿Cuántos bloques había en cada bolsa?

____

15. ¿En cuál ecuación $t = 3$?

A $t \div 12 = 4$

B $36 \div t = 12$

C $t \times 5 = 30$

D $15 \times t = 60$

16. Siete amigos pagaron un total de $21 para entrar a una feria de artesanías. Escribe una ecuación que muestre el precio de una entrada. Después resuelve la ecuación.

____

____

Nombre ____________________

Lección 6.8

Taller de resolución de problemas
Estrategia: Escribir una ecuación

Resolución de problemas • Práctica de estrategias

Escribe una ecuación para resolver.

1. Un científico contó 9 bandadas de grullas canadienses. Cada una tenía 7 nidos con 2 huevos cada uno. ¿Cuántos huevos contó en total el científico?

2. Cuando los flamingos emigran, lo hacen por la noche. Pueden volar más de 600 kilómetros en una noche. Si vuelan a una velocidad de aproximadamente 60 kph, ¿cuántas horas vuelan durante la noche?

3. Los flamingos del Caribe comen algas, insectos y peces pequeños. Consumen más o menos 9 onzas de comida al día. ¿Cuántas onzas de comida consumen 5 flamingos en una semana?

4. Los flamingos bombean agua por el pico para filtrar el alimento. Un flamingo del Caribe bombea más de 300 veces en un minuto. ¿Cuántas veces bombea agua un flamingo en un segundo?

Práctica de estrategias mixtas

5. Las grullas miden 45 pulgadas de longitud. La grulla canadiense mide aproximadamente 40 pulgadas de longitud. Si 9 de cada especie se pararan de extremo a extremo, ¿cuánto más corta será la línea de las grullas canadienses?

6. Un científico teñía muestras para una prueba. Una por una, tiñó las muestras en secuencia de verde, amarillo, rojo, azul y rosado. Si continúa con el patrón, ¿de qué color teñirá la muestra 15?

7. **Formula un problema** Usa la información del problema 5 para formular un nuevo problema que se pueda resolver escribiendo una ecuación.

8. ESCRIBE En ciertos tipos de pájaros, los pájaros adultos miden entre 7 y 8 pulgadas de longitud. Un grupo de estos pájaros se paran de extremo a extremo y la fila es de 64 pulgadas de longitud. ¿Qué combinaciones de pájaros de 7 y 8 pulgadas podría haber en la fila?

Nombre ____________________

Pares ordenados en una tabla

Halla una regla. Usa la regla para hallar los números que faltan.

1.

Entrada, *c*	4	8	32	128	512
Salida, *d*	1	2	8	☐	☐

____

2.

Entrada, *r*	4	5	6	7	8
Salida, *s*	8	10	12	☐	☐

____

3.

Entrada, *a*	10	20	30	40	50
Salida, *b*	1	2	3	☐	☐

____

4.

Entrada, *m*	85	80	75	70	65
Salida, *n*	17	16	15	☐	☐

____

Usa la regla para llenar la tabla de entrada y salida.

5. Multiplica por 7.

Entrada, *a*	1	2	3	4	5
Salida, *b*	7	☐	☐	☐	☐

____

6. Divide entre 6.

Entrada, *c*	60	54	48	42	36
Salida, *d*	10	☐	☐	☐	☐

____

Resolución de problemas y preparación para el TAKS

7. **USA DATOS** Hal toma leche 3 veces en el día. ¿Cuántos gramos de proteína obtendrá en 5, 6 y 7 días? Escribe una ecuación.

____

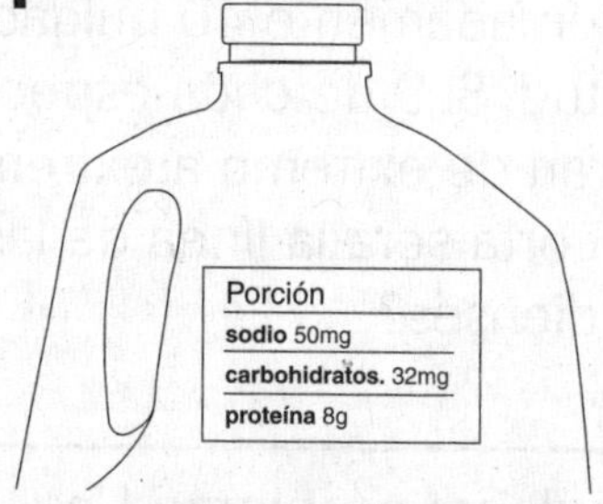

8. La tabla muestra cuántas tazas hay en cada pinta. ¿Cuál ecuación muestra una regla para la tabla?

Pintas, *p*	1	2	3	4	5
Tazas, *t*	2	4	6	8	10

A $t \times 2 = p$ **C** $p \div 2 = t$

B $p \times 2 = t$ **D** $t + 2 = p$

9. La tabla muestra cuántos vasos de agua hay en cada jarra. ¿Cuál ecuación muestra una regla para la tabla?

Jarras, *j*	2	4	6	8	10
Vasos, *v*	6	12	18	24	30

F $j \times 3 = v$ **H** $v - 4 = j$

G $j \times 4 = v$ **J** $v = 3 + j$

Nombre ____________________

Cálculo mental: Patrones de multiplicación

Usa el cálculo mental para completar el patrón.

1. $7 \times 6 = 42$
$7 \times 60 =$ ______
$7 \times 600 =$ ______
$7 \times 6{,}000 =$ ______

2. $3 \times 8 = 24$
$3 \times 80 =$ ______
$3 \times 800 =$ ______
$3 \times 8{,}000 =$ ______

3. $9 \times 7 = 63$
$9 \times 70 =$ ______
$9 \times 700 =$ ______
$9 \times 7{,}000 =$ ______

Usa patrones y el cálculo mental para hallar el producto.

4. 2×30 ______

5. 3×700 ______

6. $9 \times 4{,}000$ ______

7. 7×800 ______

ÁLGEBRA Halla el valor de *n*.

8. $2 \times n = 42{,}000$
$n =$ ______

9. $7 \times 400 = n$
$n =$ ______

10. $8 \times n = 16{,}000$
$n =$ ______

11. $n \times 500 = 4{,}500$
$n =$ ______

Resolución de problemas y preparación para el TAKS

12. Hacer windsurf cuesta $20 por día en el New State Park. Jen hizo windsurf por 5 días. Paul, por 7 días. ¿Cuánto más pagó Paul que Jen?

______

13. Cada carro que entra al parque estatal paga $7. En enero entraron 200 carros. En julio hubo 2,000 carros que entraron al parque. ¿Cuánto más dinero cobró el parque en julio que en enero?

______

14. ¿Cuál número hace falta en esta ecuación?

$\blacksquare \times 7 = 3{,}500$

A 50
B 500
C 5,000
D 50,000

15. ¿Cuál número hace falta en esta ecuación?

$8 \times \blacksquare = 32{,}000$

F 40
G 400
H 4,000
J 40,000

Nombre ____________________ **Lección 7.2**

Cálculo mental: Estimar productos

Estima el producto. Escribe el método.

1. 2×49

2. 7×31

3. 5×58

4. 4×73

5. 3×27

6. 8×26

7. 4×25

8. 5×82

9. 6×53

10. 9×47

11. 6×71

12. 5×31

13. $\begin{array}{r} 88 \\ \underline{\times 2} \end{array}$

14. $\begin{array}{r} 29 \\ \underline{\times 8} \end{array}$

15. $\begin{array}{r} 65 \\ \underline{\times 4} \end{array}$

16. $\begin{array}{r} 39 \\ \underline{\times 7} \end{array}$

Resolución de problemas y preparación para el TAKS

USA DATOS Para los ejercicios 17 a 19, usa la tabla.

Lápices usados cada mes

Nombre	Número de lápices
Haley	18
Abby	12
Bridget	17
Kelsey	21

17. Aproximadamente, ¿cuántos lápices usará Haley en 8 meses?

18. ¿Cuántos lápices más usará Haley que Abby en diez meses?

19. ¿Cuál enunciado numérico da el mejor estimado de 6×17?

A 6×20

B 6×25

C 6×10

D 6×5

20. ¿Cuál enunciado numérico da el mejor estimado de 6×51?

F 6×5

G 6×45

H 6×50

J 6×55

Nombre ____________________ **Lección 7.3**

Representar la multiplicación de 2 dígitos por 1 dígito

Halla el producto.

1.

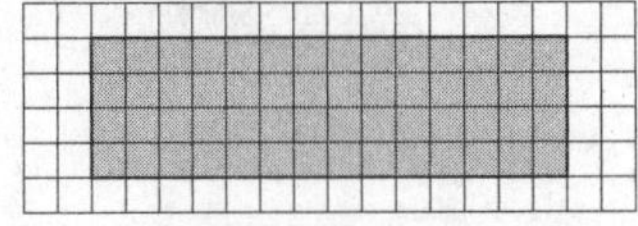

$4 \times 14 =$ ________

2.

$2 \times 13 =$ ________

3.

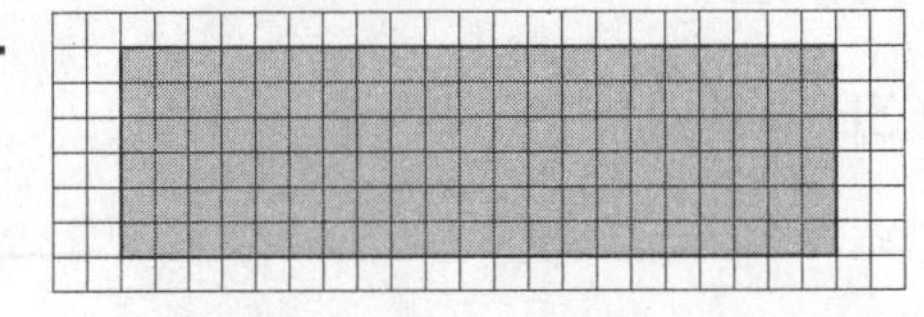

$6 \times 21 =$ ________

4.

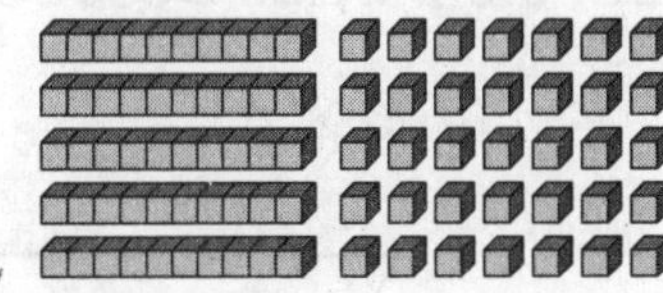

$5 \times 17 =$ ________

5.

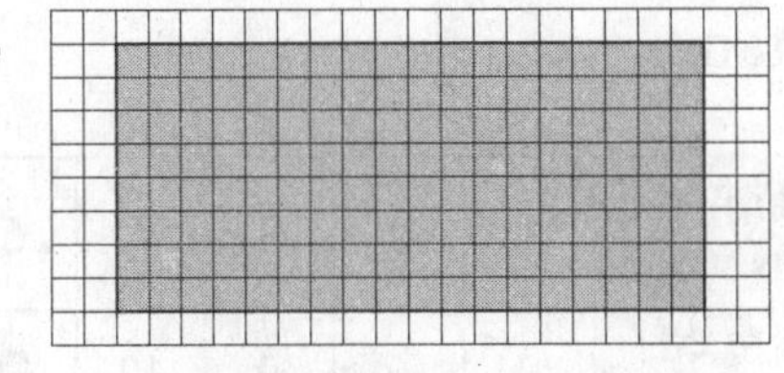

$8 \times 18 =$ ________

6.

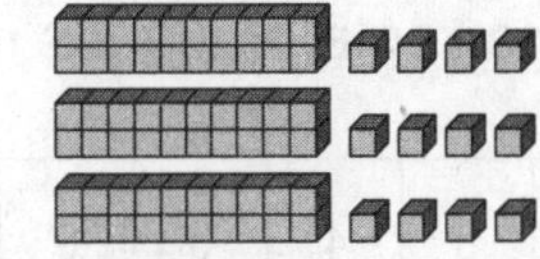

$3 \times 24 =$ ________

7.

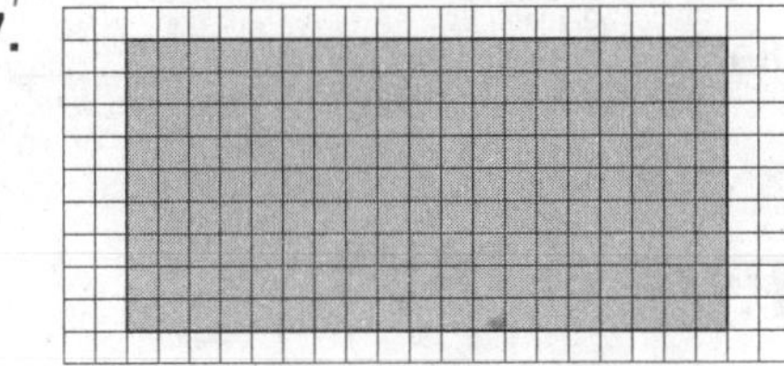

$9 \times 19 =$ ________

8.

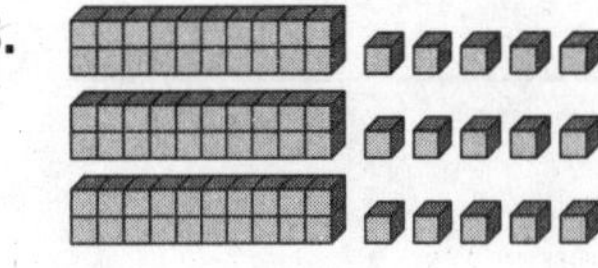

$3 \times 25 =$ ________

9.

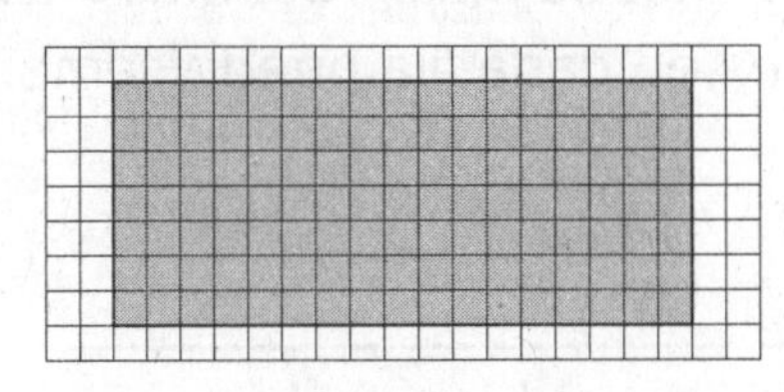

$7 \times 17 =$ ________

Usa papel cuadriculado o bloques de base diez para modelar el producto. Anota tu respuesta.

10. 2×18 ________

11. 5×16 ________

12. 4×17 ________

13. 3×31 ________

14. 6×17 ________

15. 8×18 ________

16. 7×31 ________

17. 9×33 ________

Nombre ____________________

Lección 7.4

Anotar la multiplicación de 2 dígitos por 1 dígito

Estima. Después anota el producto.

1. $\begin{array}{r} 53 \\ \times 5 \\ \hline \end{array}$

2. $\begin{array}{r} 34 \\ \times 3 \\ \hline \end{array}$

3. $2 \times \$49$ ____________

4. 6×71 ____________

Escribe cada producto parcial. Después anota el producto.

5. 9×62 ____________ ____________

6. 3×41 ____________ ____________

7. 5×38 ____________ ____________

8. 2×49 ____________ ____________

ÁLGEBRA Escribe una regla. Halla los números que faltan.

9.

Número de cuartos (ct)	2	3	4	5	6
Número de tazas (tz)	8	12	■	20	■

Regla: ____________________

10.

Número de yardas (yd)	1	2	3	4	5
Número de pies	3	■	9	12	■

Regla: ____________________

Resolución de problemas y preparación para el TAKS

11. El Sr. Lewis se sube a su carro a las 11:15 a.m. Maneja por 2 horas y 45 minutos. ¿A qué hora deja de manejar el Sr. Lewis?

____

12. Un jardinero tiene 21 bulbos de tulipán. Compra 7 bulbos más. ¿Cuántas filas de 4 tulipanes en cada fila puede sembrar?

____

13. Jan y Beth cuentan sus ahorros. Jan tiene 7 billetes de un dólar y un billete de cinco dólares. Beth tiene 3 billetes de diez dólares. ¿Cuánto más necesitan ahorrar para tener en total $50?

A $11
B $42
C $8
D $39

14. Si el patrón de abajo continúa, ¿sería 180 uno de los productos en este patrón? Explica.

$3 \times 3 = 9$

$3 \times 3 \times 3 = 27$

$3 \times 3 \times 3 \times 3 = 81$

____

____

____

Nombre ____________________ **Lección 7.5**

Taller de resolución de problemas Estrategia: Hacer un diagrama

Resolución de problemas • Práctica de estrategias

Haz un diagrama para resolver.

1. Jan camina 5 cuadras al norte, 1 cuadra al este y 3 cuadras más al norte. Después camina 1 cuadra al oeste y 1 cuadra al sur. ¿Qué tan lejos está Jan de donde salió?

2. El bote de juguete de Nick mide 24 pulgadas de longitud. Ben tiene 10 botes, pero cada uno mide sólo 6 pulgadas de longitud. ¿Cuántos botes de Ben, medidos de extremo a extremo, serán necesarios para que tengan la longitud del bote de Nick?

Práctica de estrategias mixtas

USA DATOS Para los ejercicios 4 a 6, usa la información de la tabla.

3. ¿Cuántas veces es mayor el ciclo de vida de 6 ballenas árticas que el ciclo de vida de 1 ballena de aleta?

4. Enumera los tipos de ballenas en orden de longitud de vida de la más corta a la más larga.

Ciclo de vida de las ballenas

Tipo de ballena	Años
Piloto	60
Asesina	90
Aleta	60
Azul	80
Ártica	130

5. Mira de nuevo el ejercicio 3. Escribe un problema similar con otros dos tipos de ballenas.

6. Escribe tres expresiones diferentes que sean iguales a la longitud de vida de la ballena Ártica usando una o más operaciones.

Nombre ______________________________ Lección 8.1

Multiplicar números de dos dígitos

Estima. Después halla el producto.

1. 36×2 ______

2. 99×3 ______

3. 48×7 ______

4. 19×9 ______

5. 28×6 ______ ______

6. 52×4 ______ ______

7. 63×5 ______ ______

8. 72×8 ______ ______

ÁLGEBRA Halla el dígito que falta.

9. $4 \times 27 = \blacksquare 08$

10. $\blacksquare \times 19 = 95$

11. $7 \times 2\blacksquare = 154$

12. $8 \times 7\blacksquare = 568$

13. $6 \times 47 = 2\blacksquare 2$

14. $2 \times \blacksquare 8 = 176$

15. $4 \times 2\blacksquare = 112$

16. $\blacksquare \times 63 = 189$

17. $9 \times 97 = 8\blacksquare 3$

Resolución de problemas y preparación para el TAKS

18. Hay 7 equipos de béisbol que jugaron 18 juegos cada uno. ¿Cuántos juegos jugaron los equipos en total?

______

19. El equipo de Joe anota 6 goles en cada juego. ¿Cuántos goles anotó el equipo de Joe en 18 juegos?

______

20. Bea compró dos paquetes de calcomanías de caritas felices. Compró 49 calcomanías en total. Un paquete tenía 3 calcomanías más que el otro. ¿Cuántas calcomanías había en cada paquete?

A 12, 9

B 49, 49

C 23, 26

D 14, 32

21. Gene horneó 9 bandejas de pollo para una comida al aire libre. Cada bandeja tenía 16 pedazos de pollo. ¿Cuántos pedazos de pollo horneó Gene en total?

F 90

G 94

H 104

J 144

Nombre ____________________

Lección 8.2

Multiplicar números de 3 dígitos

Estima. Después halla el producto.

1. $\begin{array}{r} 271 \\ \times\ 4 \\ \hline \end{array}$ ______

2. $\begin{array}{r} 435 \\ \times\ 6 \\ \hline \end{array}$ ______

3. $\begin{array}{r} 825 \\ \times\ 5 \\ \hline \end{array}$ ______

4. $\begin{array}{r} 681 \\ \times\ 8 \\ \hline \end{array}$ ______

5. 547×3 ______

6. 223×7 ______

7. 424×9 ______

8. 999×2 ______

ÁLGEBRA Halla los números que faltan.

9. $\blacksquare \times 131 = 524$

10. $7 \times \blacksquare 52 = 3{,}164$

11. $8 \times 65\blacksquare = 5{,}224$

12. $\blacksquare \times 7\blacksquare 9 = 5{,}992$

13. $3 \times \blacksquare 24 = 1{,}872$

14. $5 \times \blacksquare 5 \blacksquare = 3{,}765$

Resolución de problemas y preparación para el TAKS

15. La receta de Horacio da para 48 panecillos en cada tanda. Hace 7 tandas para un bazar de la comunidad. ¿Cuántos panecillos hornea Horacio en total?

______

16. Janice hornea 35 cazuelas por día en su restaurante. ¿Cuántas cazuelas hornea Janice en 8 días?

______

17. La caja de Elle contiene 175 sujetapapeles. ¿Cuántos sujetapapeles hay en 8 cajas?

A 800

B 900

C 1,360

D 1,400

18. El cajón de Tim contiene 125 tarjetas de colección. Él tiene 6 cajones llenos de tarjetas. ¿Cuántas tarjetas tiene Tim en total?

F 250

G 600

H 1,250

J 750

Nombre ____________________

Multiplicar por ceros

Estima. Después halla el producto.

1. 3×304 ______

2. 5×470 ______

3. 6×705 ______

4. $4 \times \$430$ ______

5. 2×807 ______

6. 7×130 ______

7. $6 \times \$304$ ______

8. 8×510 ______

ÁLGEBRA Halla el valor de la expresión *n* × 106 para cada valor de *n*.

9. $\begin{array}{r} \$106 \\ \times \quad 3 \\ \hline \end{array}$

10. $\begin{array}{r} \$106 \\ \times \quad 5 \\ \hline \end{array}$

11. $\begin{array}{r} \$106 \\ \times \quad 2 \\ \hline \end{array}$

12. $\begin{array}{r} \$106 \\ \times \quad 9 \\ \hline \end{array}$

Resolución de problemas y preparación para el TAKS

13. Hay 18 millas de la casa de Saya al sitio donde toma las lecciones de computadora. Saya maneja de ida y vuelta cada día por 8 días. ¿Qué tan lejos maneja en total?

______

14. Loren construye un modelo de casa en el árbol que tiene 105 pulgadas de alto. La verdadera casa en el árbol será 3 veces más alta que el modelo. ¿Qué tan alta será la verdadera casa en el árbol?

______

15. El Sr. Bench compró 4 pares de pijamas para sus niños por $20 cada una. ¿Cuánto gastó el Sr. Bench en total?

A $75

B $78

C $80

D $85

16. Arthur compra 6 camisas nuevas a $10 cada una. ¿Cuánto gastó Arthur en total?

F $55

G $66

H $60

J $75

Nombre ____________________

Elegir un método

Halla el producto. Escribe el método que usaste.

1. $1{,}000 \times 8$ ______

2. 322×5 ______

3. $2{,}168 \times 4$ ______

4. $4{,}422 \times 2$ ______

5. $2{,}121 \times 6$ ______

6. 500×7 ______

7. $6{,}797 \times 3$ ______

8. $9{,}009 \times 9$ ______

9. 604×8 ______

10. 550×5 ______

11. 667×6 ______

12. $3{,}923 \times 1$ ______

ÁLGEBRA Halla el número que falta.

13. $\blacksquare \times 749 = 2{,}247$

14. $5 \times 612 = 3{,}\blacksquare 60$

15. $8 \times 3\blacksquare 2 = 2{,}816$

16. $6 \times 434 = 2{,}\blacksquare 04$

17. $4 \times 35\blacksquare = 1{,}432$

18. $7 \times 635 = \blacksquare{,}445$

Resolución de problemas y preparación para el TAKS

19. Hay 8 campistas alistándose para acampar durante una semana. Cada uno empaca 21 comidas para el campamento. ¿Cuántas comidas en total empacan los campistas?

______

20. Algunos campistas piensan llevar 3 botellas de agua por persona y por día para el campamento. ¿Cuántas botellas de agua necesitarán los 8 campistas para 4 días de campamento?

______

21. ¿Cuál es el producto de 4×100? Explica cómo resolviste el problema.

______

22. ¿Cuál es el producto de 6×205? Explica cómo resolviste el problema.

______

Nombre ____________________ **Lección 8.5**

Taller de resolución de problemas
Destreza: Evaluar lo razonable

Resolución de problemas • Práctica de destrezas

Resuelve el problema. Después evalúa si la respuesta es razonable.

1. El Sr. Kohfeld compra un cartón de huevos por $1.37 cada semana. ¿Cuánto gasta en huevos el Sr. Kohfeld en 4 semanas?

   ____

2. Vivian gasta $6.49 en almuerzo todos los días. ¿Cuánto gasta Vivian en almuerzo en una semana?

   ____

3. Yoshi es un atleta que toma un desayuno de 1,049 calorías cada mañana. ¿Cuántas calorías consume Yoshy en el desayuno en 7 días?

   ____

4. Elise y Chris juntos deletrearon 27 palabras correctamente. Chris deletreó correctamente 5 palabras más que Elise. ¿Cuántas palabras deletreó bien cada estudiante?

   ____

Aplicaciones mixtas

Resuelve

5. La familia Miller come 9 tazas de cereal cada día. ¿Cuántos tazones de cereal come la familia Miller en un año (365 días)? ¿Cómo sabes que tu respuesta es razonable?

   ____

6. Joe gasta $25.87 en comestibles. Compró cereal por $6.25, huevos por $5.37, harina para pancakes por $3.67, tocineta por $7.25, y jugo. ¿Cuánto gastó Joe en jugo?

   ____

USA DATOS Para los ejercicios 7 y 8, usa la información de la pared de piedra.

7. Tanya construye esta pared de piedra. Si continúa el patrón, ¿qué tan gruesa sería la próxima piedra?

   ____

8. Si la pared terminada tiene 6 piedras de altura, ¿cuál es la altura total de la pared?

   ____

Cálculo mental: Patrones de multiplicación

Usa el cálculo mental y patrones para hallar el producto.

1. $50 \times 3{,}000$ ______

2. 7×40 ______

3. $8 \times 1{,}000$ ______

4. 50×700 ______

5. $12 \times 2{,}000$ ______

6. 70×200 ______

7. 11×120 ______

8. 90×80 ______

ÁLGEBRA **Copia y completa las tablas usando el cálculo mental.**

9. 1 rollo = 20 monedas de 5¢

Número de rollos	20	30	40	50	600
Número de monedas de 5¢	400	■	■	■	■

10. 1 rollo = 60 monedas de 10¢

Número de rollos	20	30	40	50	600
Número de monedas de 10¢	1200	■	■	■	■

	x	7	60	700	8,000
11.	40	2,80	■	■	■
12.	60	■	■	■	480,000

	x	8	40	500	9,000
13.	50	400	■	■	■
14.	90	■	■	■	810,000

Resolución de problemas y preparación para el TAKS

USA DATOS CIENTÍFICOS Para los ejercicios 15 y 16, usa la tabla.

Longitud de insectos	
Insecto	Longitud (en mm)
Abeja carpintera	19
Termita de madera seca	12
Hormiga roja	4
Termita	12
Avispa	15

15. ¿Qué tan larga parecería ser una termita de madera seca ampliada 6,000 veces?

______

16. ¿Cuál parece ser más larga, una termita de madera seca ampliada 1,200 veces o una avispa ampliada 900 veces?

______

17. ¿Cuántos ceros hay en el producto de 400×500?

A 4 **C** 6

B 5 **D** 7

18. ¿Cuántos ceros debe tener el producto de 1,000 y cualquier factor?

______

Multiplicar por decenas

Elige un método. Después halla el producto.

1. 20×17
2. 15×60
3. 66×50
4. 78×30

______ ______ ______ ______

5. 96×40
6. 90×46
7. 52×80
8. 70×29

______ ______ ______ ______

ÁLGEBRA Halla el dígito que falta.

9. $22 \times 3\blacksquare = 660$
10. $60 \times 37 = 2{,}\blacksquare 20$
11. $5\blacksquare \times 80 = 4{,}480$

______ ______ ______

12. $\blacksquare 0 \times 77 = 3{,}080$
13. $40 \times 44 = \blacksquare{,}760$
14. $90 \times 83 = 7{,}4\blacksquare 0$

______ ______ ______

Resolución de problemas y preparación para el TAKS

USA DATOS Para los ejercicios 15 y 16, usa la tabla.

15. ¿Cuántos cuadros se toma producir 60 segundos de Blanca Nieves?

______

16. ¿Hay más cuadros en 30 segundos de Pinocho o en 45 segundos de *The Enchanted Drawing*?

______

Producciones animadas

Título	Fecha de estreno	Cuadros por segundo
The Enchanted Drawing ©	1900	20
Little Nemo ©	1911	16
Blanca Nieves y los siete enanitos ©	1937	24
Pinocho ©	1940	19
Los Picapiedras™	1960-1966	24

17. Sadie corre 26 millas cada semana. ¿Cuántas millas correrá Sadie en 30 semanas?

A 780
B 720
C 690
D 700

18. Si la libra de galletas gourmet cuesta $12, ¿cuánto cuesta comprar 30 libras de galletas?

F $360
G $3,600
H $36
J $36,000

Nombre____________________ **Lección 9.3**

Cálculo mental: Estimar productos

Elige el método. Estima el producto.

1. 34×34 ____

2. 27×42 ____

3. 41×55 ____

4. 17×39 ____

5. 72×21 ____

6. 54×67 ____

7. 58×49 ____

8. 64×122 ____

9. 93×93 ____

10. 19×938 ____

11. 42×666 ____

12. 71×488 ____

Resolución de problemas y preparación para el TAKS

13. **DATO BREVE** Una porción de sandía tiene 27 gramos de carbohidratos. ¿Aproximadamente cuántos gramos de carbohidratos tendrán 33 porciones?

____

14. Hay 52 casas en el vecindario de Ku. Si la puerta del refrigerador de cada una de las casas se abre 266 veces a la semana y en cada hogar hay un refrigerador, ¿aproximadamente cuántas veces se abren las puertas en total?

____

15. Elige la mejor estimación para el producto de 48 x 637.

A 20,000
B 24,000
C 30,000
D 34,000

16. Una cadena de montaje produce algodón suficiente para hacer 1,500 camisetas al día. ¿Cómo podrías estimar el número de camisetas que producen 45 cadenas de montaje?

F $1{,}500 \times 50$
G $30 \times 1{,}200$
H $2{,}000 \times 100$
J $150 \times 4{,}500$

Nombre ____________________ Lección 9.4

Taller de resolución de problemas
Estrategia: Resolver un problema más sencillo

Resolución de problemas • Práctica de estrategias

Resuelve un problema más sencillo.

1. Durante el año, Greta contó los reyezuelos en su jardín trasero. Contó un promedio de 20 cada día. ¿Aproximadamente cuántos reyezuelos contó Greta en todo el año?

____

2. Los participantes en el *Backyard Birdcount* informaron haber visto 843,635 gansos canadienses y 710,337 gansos nivados. ¿Cuántos más gansos canadienses contaron?

____

3. Los participantes vieron 486,577 estorninos europeos y 254,731 tordos norteamericanos. ¿Cuántos estorninos y tordos vieron en total?

____

4. Los 93 condados en Nebraska vieron un promedio de 5,245 pájaros. ¿Aproximadamente cuántos pájaros se reportaron en Nebraska?

____

Práctica de estrategias mixtas

USA DATOS Para los ejercicios 5 y 6, usa la tabla.

Tipo de pájaro	Velocidad máxima (en millas por hora)	Longitud máxima (en pulgadas)
Corneja	31	20
Gorrión casero	31	6
Ánade real	41	26
Albatros trotamundos	34	48

5. Los participantes en Lincoln, Nebraska, vieron 311,214 pájaros mientras que los de Hutchinson, Kansas, informaron haber visto 133,288. ¿Cuántos pájaros en total informaron los lugares?

____

6. Jim vio un colibrí de sólo 4 pulgadas de largo. ¿Cuál pájaro tiene 5 veces esa longitud?

____

7. **Formula un problema** Vuelve a mirar el ejercicio 4. Escribe un problema similar pero cambia el número de condados y el número de pájaros vistos.

____

____

Nombre ____________________ **Lección 9.5**

Representar la multiplicación de números de 2 dígitos por números de 2 dígitos

Usa el modelo y los productos parciales para resolver.

1. 29×15

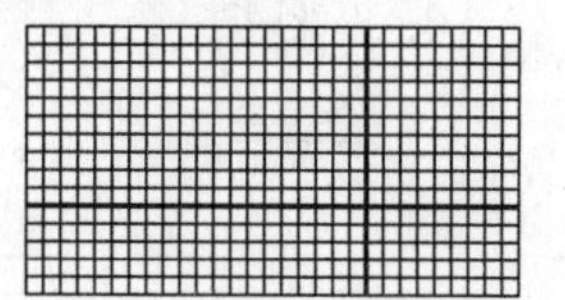

____

2. 32×17

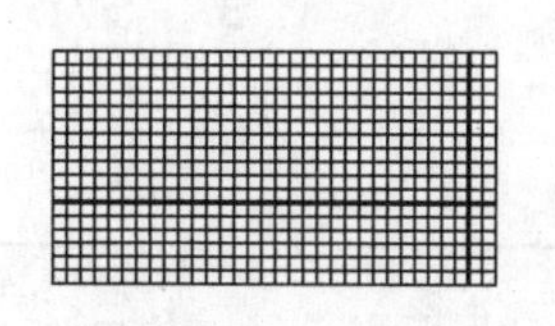

____

3. 25×19

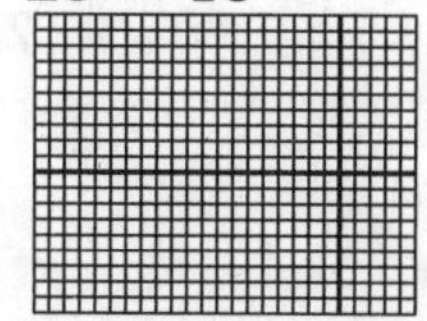

____

4. 27×14

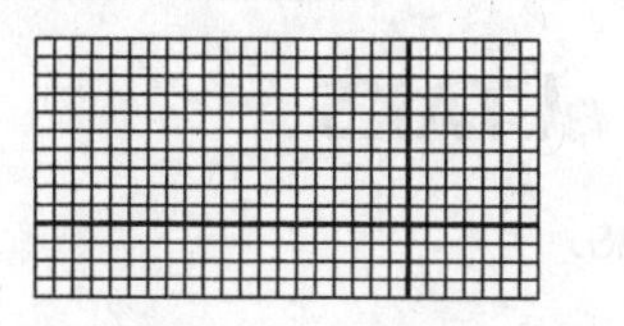

____

5. 28×16

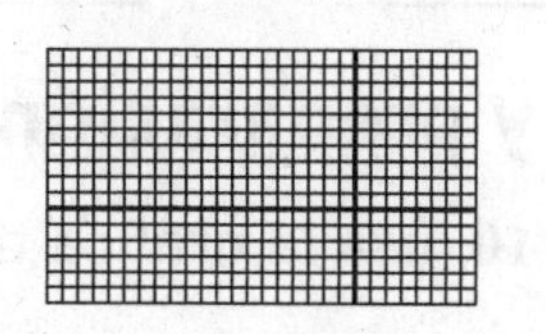

____

6. 24×19

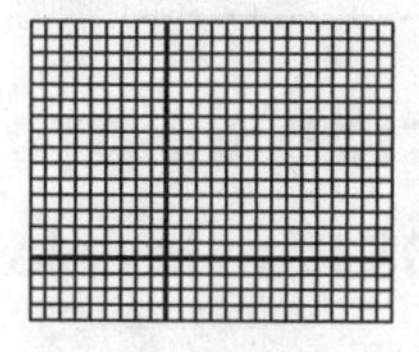

____

7. 26×17

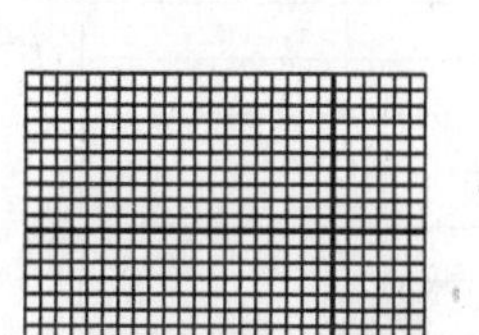

____

8. 21×18

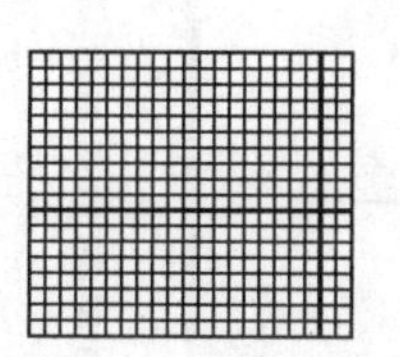

____

9. 36×26

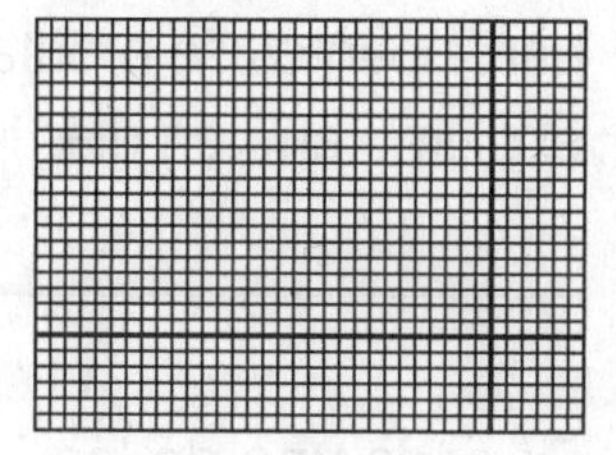

____

Resolución de problemas y preparación para el TAKS

10. Las manzanas de un árbol promedio pueden llenar 20 canastas de tamaño fanegas. Si un cultivo tiene un promedio de 17 árboles, ¿cuántas canastas de manzanas puede producir?

____

11. Si cada estudiante se come aproximadamente 65 manzanas al año, ¿cuántas manzanas se comerían en total 27 estudiantes de la clase de la Sra. Jacob?

____

12. Dibuja un modelo en el espacio de abajo que represente el producto 64.

____

13. ¿Qué producto se muestra en el modelo?

____

Nombre________________________________

Lección 9.6

Anotar la multiplicación de números de 2 dígitos por números de 2 dígitos

Estima. Después elige cualquier método para hallar el producto.

1. 28×19 ______

2. 36×53 ______

3. $\$76 \times 25$ ______

4. 64×31 ______

5. 76×83 ______

6. 41×69 ______

7. 57×65 ______

8. $82 \times \$48$ ______

Resolución de problemas y preparación para el TAKS

USA DATOS Para los ejercicios 9 y 10, usa la gráfica de barras.

9. *Sun Beach Parasail* tuvo 19 participantes en cada día lluvioso. ¿Cuántos participantes se montaron en un *parasial* el último año en días lluviosos?

____

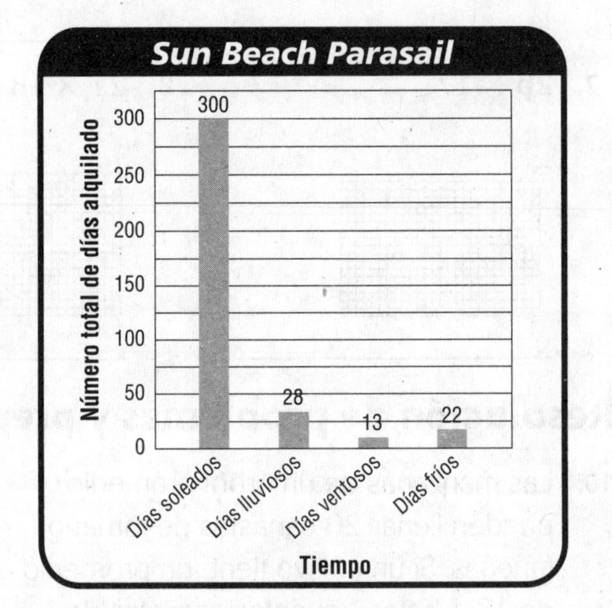

10. En cada uno de los 75 días soleados, *Sun Beach Parasail* tuvo 62 participantes. ¿Cuántos participantes se montaron en un *parasail* es estos 75 días?

____

11. Willa compró 16 árboles de la vida para su jardín trasero. Cada árbol costó $33. ¿Cuánto costaron en total los árboles?

A $300

B $480

C $528

D $600

12. Hay 47 miembros en el Club Diversión en el *Sun Parasail*. Cada miembro invirtió 88 horas el año pasado montando en *parasail.* ¿Cuántas horas en total invirtieron los miembros del club montando en *parasail* el año pasado?

F 6,413

G 4,136

H 4,230

J 7,236

Nombre ______________________

Practicar la multiplicación

Estima. Halla el producto.

1. 58×39 ________

2. 48×45 ________

3. 62×76 ________

4. 19×37 ________

5. 97×36 ________

6. 54×47 ________

7. 37×68 ________

8. 77×23 ________

9. 24×42 ________

10. 37×19 ________

11. 88×63 ________

12. 13×57 ________

Resolución de problemas y preparación para el TAKS

13. Para una excursión, 11 autobuses escolares llevan a los estudiantes de la escuela al museo de carros. Si hay 42 estudiantes en cada autobús, ¿cuántos estudiantes en total van al museo de carros?

____

14. En el museo de carros 12 grupos de 35 estudiantes van al salón de la historia del motor. ¿Cuántos estudiantes en total van al salón de la historia del motor?

____

15. A Kip le gusta el pan de varios granos que cuesta $15 por 3 panes. Si su familia consume 3 panes cada semana, ¿cuánto gastarán en pan en un año?

A $780

B $790

C $795

D $800

16. Una compañía de camisetas ordenó 25 cajas de camisetas sencillas. Cada caja contiene 110 camisetas. ¿Cuántas camisetas ordenó la compañía?

F 1,150

G 2,110

H 2,500

J 2,750

Nombre ______________________

Elige un método

Estima. Halla el producto. Escribe el método que usaste.

1. 22×30 ______

2. 653×31 ______

3. 500×70 ______

4. 322×23 ______

5. 312×20 ______

6. 666×11 ______

7. 87×59 ______

8. 900×80 ______

9. 343×22 ______

10. 505×90 ______

11. 62×27 ______

12. 52×75 ______

ÁLGEBRA Usa una calculadora para hallar el dígito que falta.

13. $67 \times 457 = 30,\blacksquare 19$ ______

14. $\blacksquare 4 \times 367 = 30,828$ ______

15. $38 \times 2\blacksquare 9 = 9,082$ ______

Resolución de problemas y preparación para el TAKS

16. June tuvo una fiesta en su casa. Los platos especiales costaban $13 cada uno. Si hubo un total de 23 personas en la fiesta, ¿cuánto gastó June en los platos?

______

17. Una tienda local vende globos plateados a $29 la caja. Frank compró 48 cajas. ¿Cuánto costaron los globos?

______

18. ¿Cuál es el mejor método para multiplicar 40×800?

A cálculo mental

B calculadora

C papel y lápiz

D ninguno de los anteriores

19. ¿Cuál es el mejor método para multiplicar 27×54?

F cálculo mental

G calculadora

H papel y lápiz

J ninguno de los anteriores

Nombre ______________________________

Taller de resolución de problemas: Problemas de varios pasos

Resolución de problemas • Práctica de destrezas

1. La Pacific Wheel es una rueda de Chicago que lleva 6 pasajeros en cada uno de sus 20 carros en un viaje. ¿Cuántos pasajeros puede llevar en un total de 45 viajes?

____

2. El autobús A viaja 532 millas de ida. El autobús B viaja 1,268 millas de ida y vuelta. ¿Cuál autobús viaja más millas de ida y vuelta si el autobús A hace 6 viajes y el autobús B hace 5?

____

3. Hay 62 estudiantes en total. Veinticinco toman sólo clases de banda. Treinta y cuatro toman sólo clases de arte. El resto toma ambas clases, banda y arte. ¿Cuántos estudiantes toman las dos clases, banda y arte?

____

4. Trin compró 6 camisetas a $17 cada una. Ron compró 7 camisas al mismo precio. ¿Cuánto gastaron en total Trin y Ron?

____

Aplicaciones mixtas

USA DATOS Para los ejercicios 5 y 6, usa la tabla.

5. **USA DATOS** La familia Smith se compone de 7 personas. ¿Cuánto gastarán para entrar al carnaval si van el sábado por la noche?

____

6. **USA DATOS** ¿Cuánto ahorrará la familia Smith si van el lunes en lugar del sábado?

____

Noche de carnaval Boletos de entrada

Noche	Precio
De lunes a miércoles	$12
Jueves y viernes	$15
Sábado	$20

7. Un carnaval local tiene una rueda de la fortuna con 20 carros con capacidad para 4 personas cada uno. Cada viaje es de 10 minutos con 5 minutos para subir y bajar. ¿Cuántas personas puede llevar la rueda de la fortuna en 3 horas?

____

8. Rosa montó en la rueda de la fortuna 10 minutos en los carritos, 25 minutos en los caballitos y 35 minutos en la montaña rusa. Ella estuvo divirtiéndose durante 1 hora y 30 minutos. ¿Cuánto tiempo montó en la rueda de la fortuna?

____

Nombre ____________________ **Lección 10.1**

Puntos, líneas y rayos

Nombra el término geométrico que mejor representa el objeto.

1. la superficie de un escritorio ________
2. tiza ________
3. un punto desde la Tierra al espacio ________
4. NNE en un compás ________

Nombra un objeto que veas diariamente que represente el término.

5. punto ________
6. rayo ________
7. segmento ________
8. plano ________

Dibuja y rotula un ejemplo de cada uno en el papel punteado.

9. plano *ABC*
10. segmento *DE*
11. rayo *FG*
12. punto *H*

Resolución de problemas y preparación para el TAKS

USA DATOS Para los ejercicios 13 a 16, usa la ilustración del pasillo.

13. ¿Qué término geométrico describe el punto donde el techo se une con la pared?

____

14. ¿Qué cosas en el pasillo muestra planos?

____

15. ¿Qué término geométrico describe mejor la flecha?

A línea **C** punto
B segmento **D** rayo

16. ¿Qué término geométrico describe mejor el punto negro en la ventana?

F línea **H** punto
G segmento **J** rayo

Nombre ______________________________

Clasificar ángulos

Clasifica cada ángulo como *agudo, recto* u *obtuso*.

1. 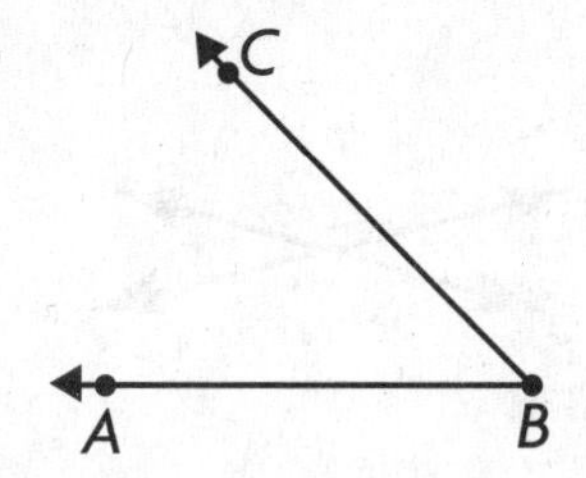

2. 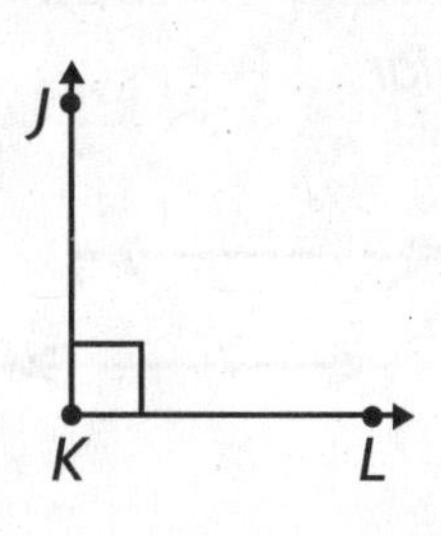

3. 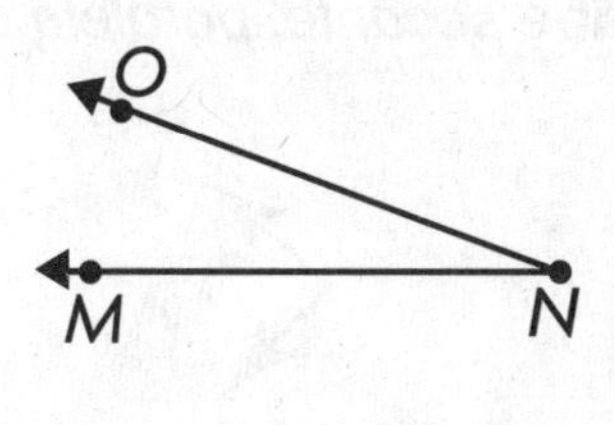

______________ ______________ ______________

Dibuja y rotula un ejemplo para cada uno.

4. ángulo agudo *PQR*

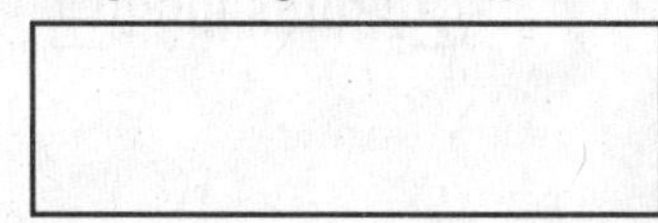

5. ángulo obtuso *STU*

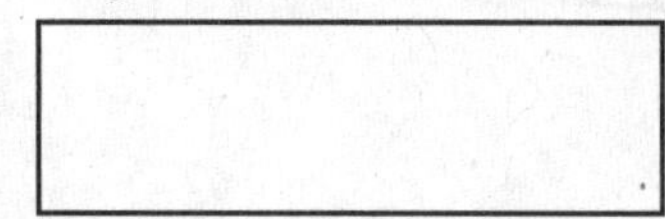

6. ángulo recto *DEF*

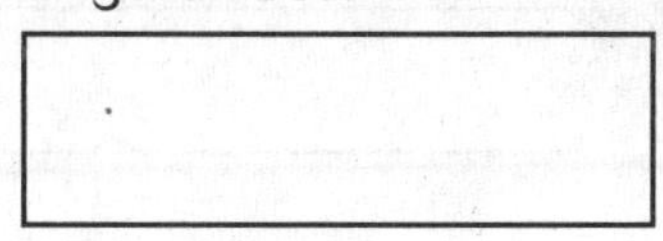

7. ángulo agudo *XYZ*

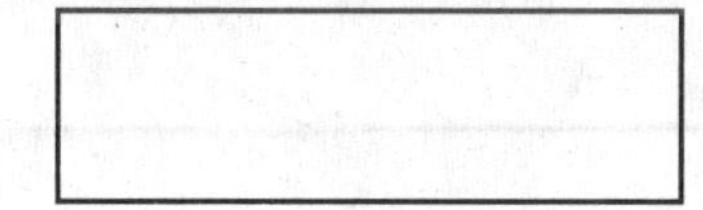

8. ángulo obtuso *JKL*

9. ángulo recto *GHI*

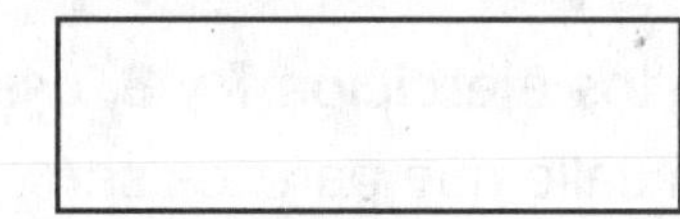

Resolución de problemas y preparación para el TAKS

USA DATOS Para los ejercicios 9 y 10, usa los ángulos que se muestran a la derecha.

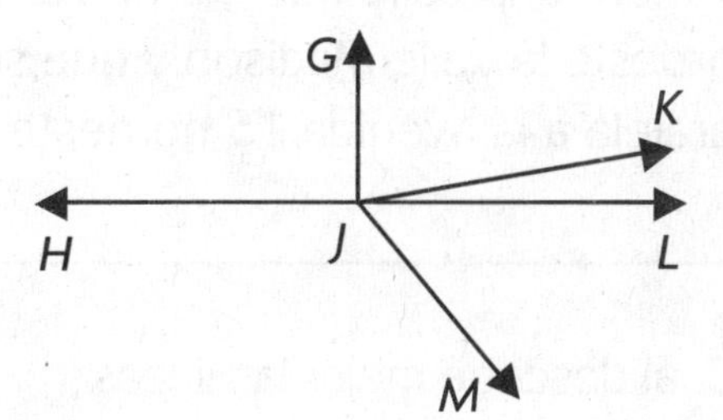

10. ¿Cuáles ángulos parecen ser agudos?

____

11. ¿Qué tipo de ángulo parece ser el ángulo *HJM*?

____

12. ¿Cuál es la medida de un ángulo obtuso?

A 45° **C** 110°
B 90° **D** 80°

13. ¿Cuál es la medida de un ángulo recto?

F 45° **H** 110°
G 90° **J** 180°

Relaciones lineales

Nombra cualquier relación lineal que veas en cada figura. Escribe *secante, paralela* o *perpendicular*.

1.

2.

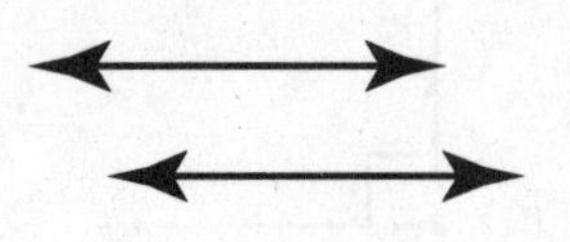

3.

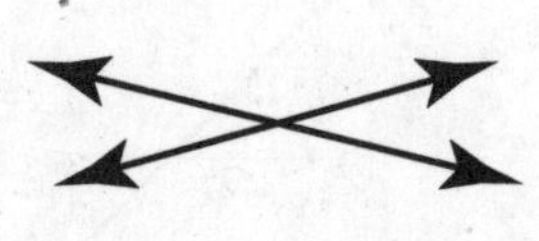

4.

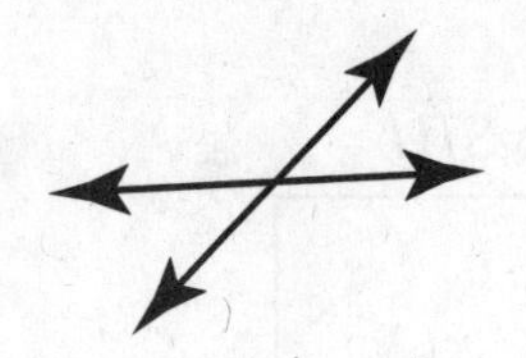

5.

6.

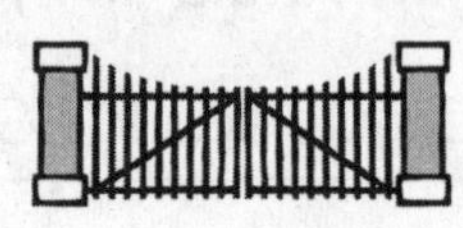

Resolución de problemas y preparación para el TAKS

USA DATOS Para los ejercicios 7 y 8, usa el mapa.

7. Nombra una calle que parezca ser paralela a Broadway.

____

8. Nombra una calle que intersecte nordeste la calle Madison y que sea paralela a la avenida 15 nordeste.

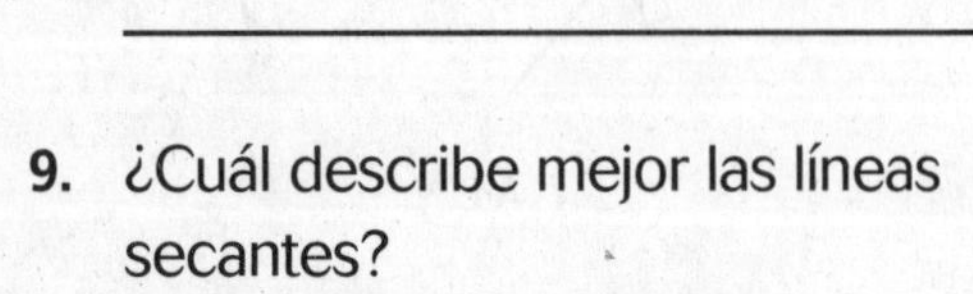

____

9. ¿Cuál describe mejor las líneas secantes?

A Nunca se encuentran.

B Forman cuatro ángulos.

C Solo forman ángulos obtusos.

D Solo forman ángulos agudos.

10. ¿Cuál describe mejor las líneas paralelas?

F Nunca se encuentran.

G Forman cuatro ángulos.

H Solo forman ángulos obtusos.

J Solo forman ángulos agudos.

Nombre ____________________ **Lección 10.4**

Polígonos

Nombra el polígono. Di si parece ser *regular* o *no regular*.

1. 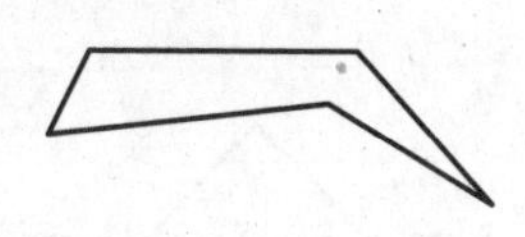 ____________

2. 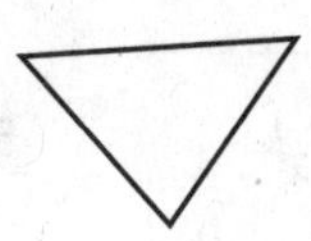 ____________

3. 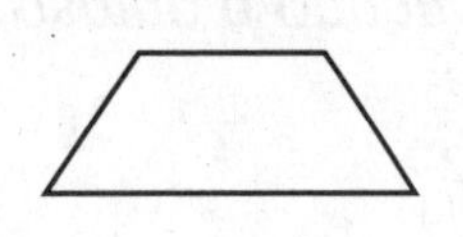 ____________

4. 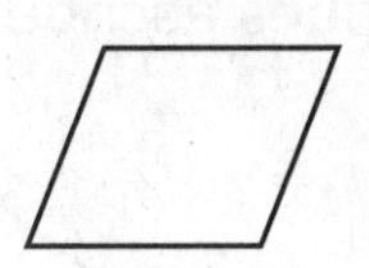 ____________

Di si cada figura es un polígono. Escribe *sí* o *no*. Explica.

5. 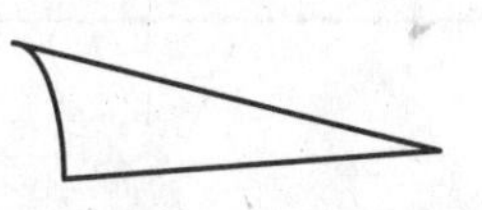 ____________

6. 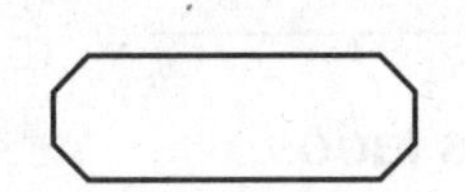 ____________

7. 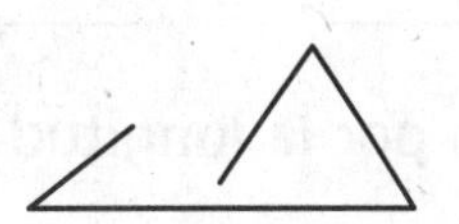 ____________

8. 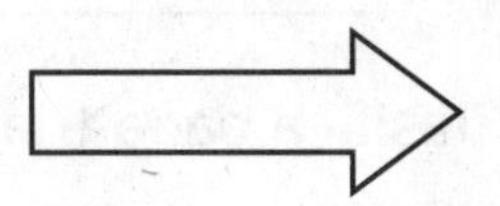 ____________

9. Para el ejercicio 9, elige la figura que no pertenece. Explica.

____

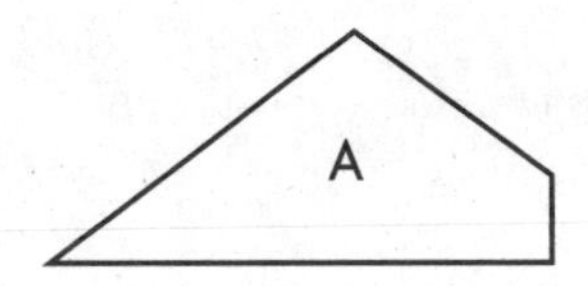

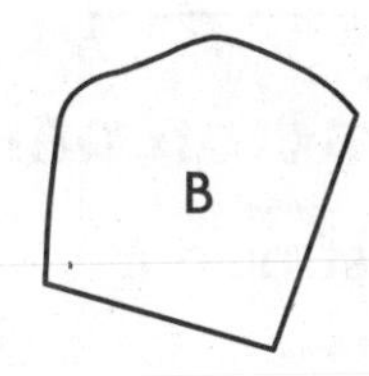

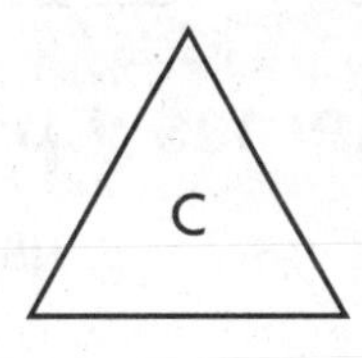

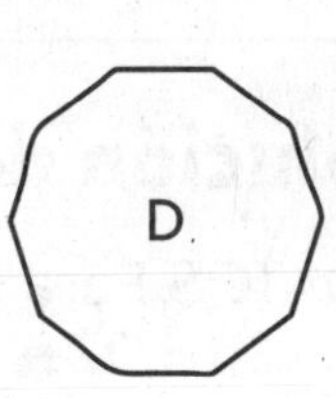

Resolución de problemas y preparación para el TAKS

USA DATOS Para los ejercicios 10 y 11, usa el patrón.

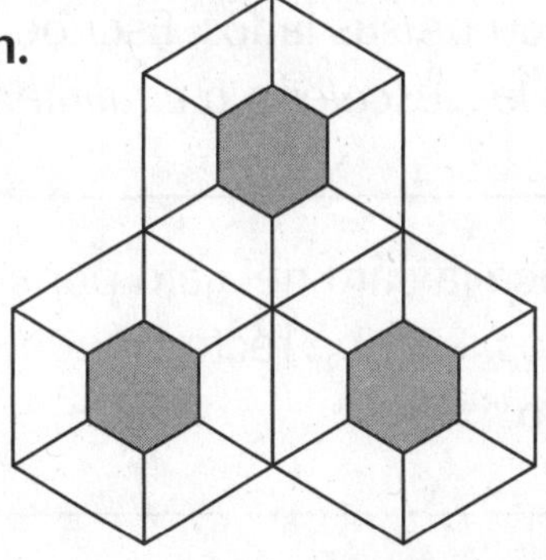

10. ¿Cuál es el nombre del polígono sombreado?

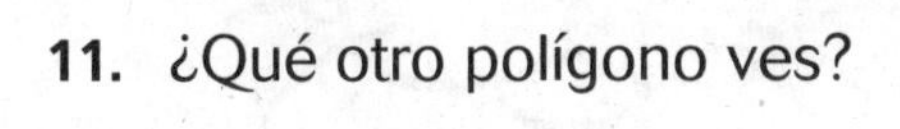

11. ¿Qué otro polígono ves?

____

12. ¿Cuál es un polígono de seis lados?

A triángulo

B pentágono

C octágono

D hexágono

13. Una señal tiene tres lados con la misma longitud y tres ángulos con la misma medida. ¿Qué nombre tiene esta figura?

____

Clasificar triángulos

Clasifica cada triángulo. Escribe *isósceles, escaleno* o *equilátero*. Después escribe *recto, agudo* u *obtuso*.

1.

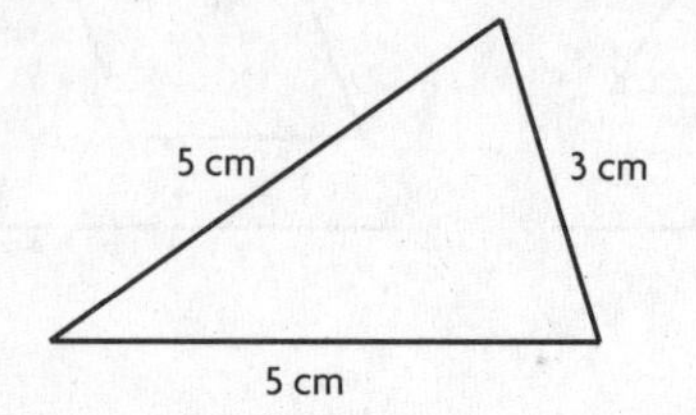

2.

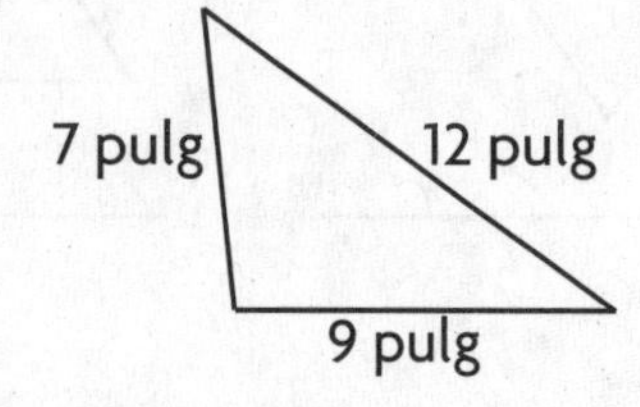

3.

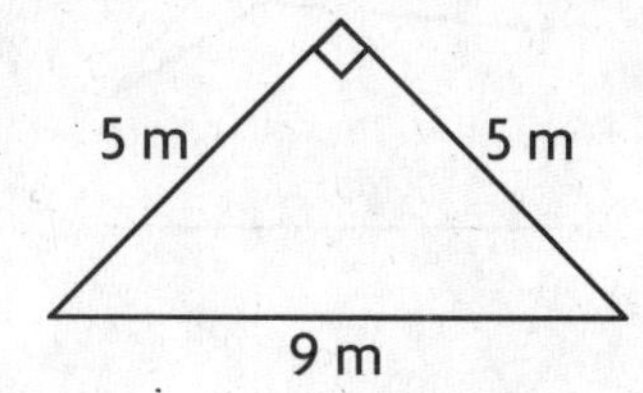

______________ ______________ ______________

Clasifica cada triángulo por la longitud de sus lados.

4.

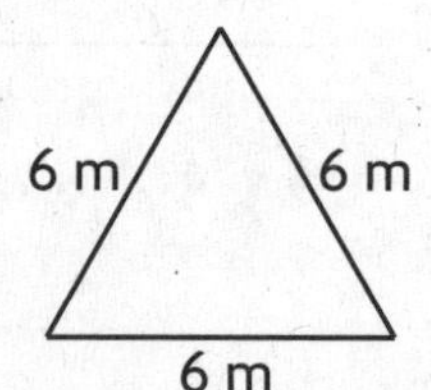

5.

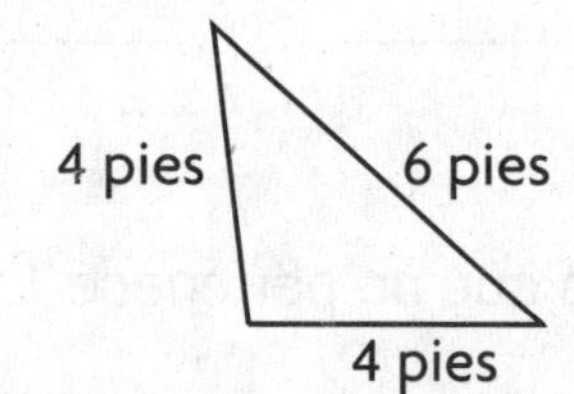

6.

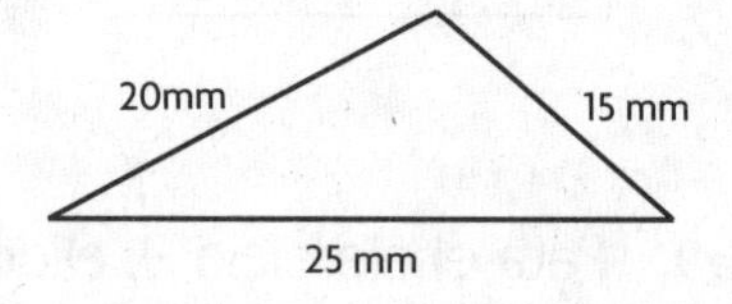

______________ ______________ ______________

Resolución de problemas y preparación para el TAKS

USA DATOS Para los ejercicios 7 y 8, usa la ilustración.

7. Clasifica la forma del triángulo que forma el hocico del gato, por la longitud de sus lados. Escribe *isósceles, escaleno* o *equilátero*.

____

8. Clasifica la cara del gato por sus ángulos. Escribe recto, agudo u obtuso.

____

9. ¿Qué clase de triángulo tiene dos lados iguales?

A agudo
B equilátero
C isósceles
D escaleno

10. ¿Qué clase de triángulo no tiene lados iguales?

F agudo
G equilátero
H isósceles
J escaleno

Nombre ______________________ **Lección 10.6**

Clasificar cuadriláteros

Clasifica cada figura de tantas maneras como sea posible. Escribe *cuadrilátero*, *paralelogramo*, *rombo*, *rectángulo*, *cuadrado* o *trapecio*.

1. ______ ______ ______
2. ______ ______ ______
3. ______ ______ ______
4. ______ ______ ______

Dibuja y rotula un ejemplo de cada cuadrilátero.

5. Tiene dos pares de lados paralelos y los lados opuestos iguales.

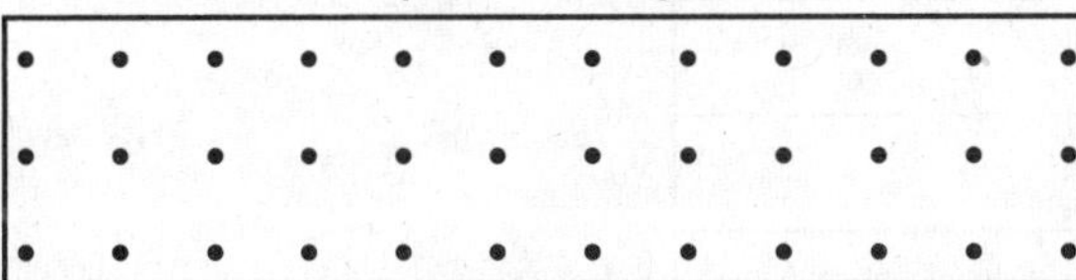

6. Tiene 4 lados iguales con 4 triángulos rectos.

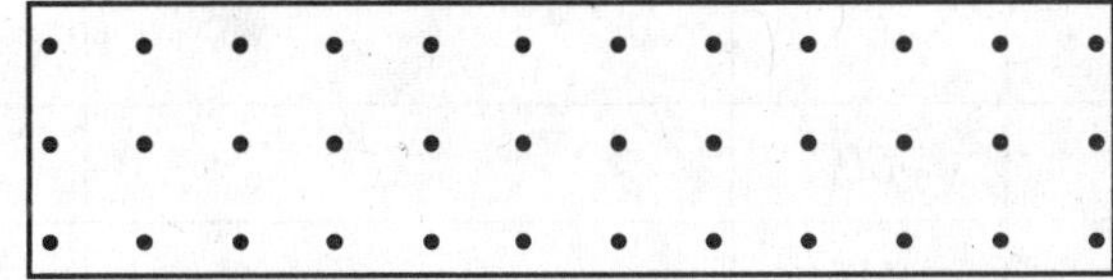

7. Tiene 4 lados iguales con 2 pares de lados paralelos

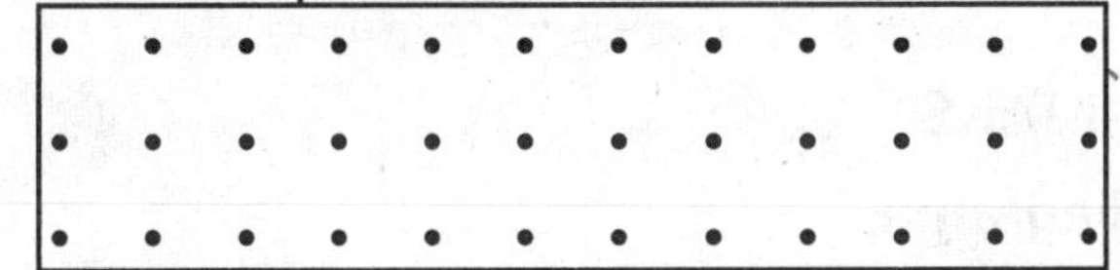

8. No tiene pares de lados paralelos.

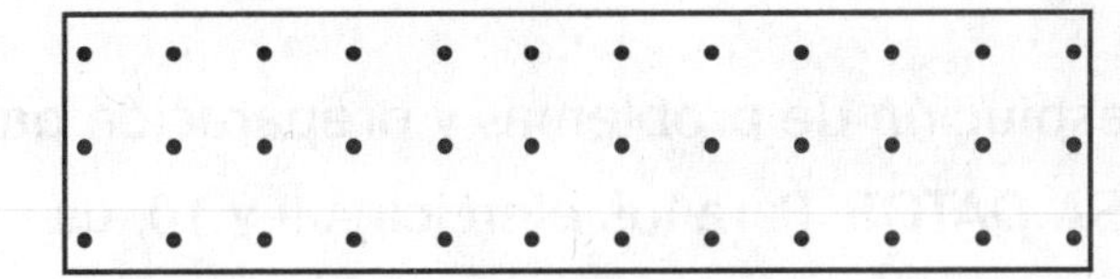

Resolución de problemas y preparación para el TAKS

USA DATOS Para los ejercicios 9 y 10, usa la ilustración.

9. Describe y clasifica el techo de una casa de muñecas.

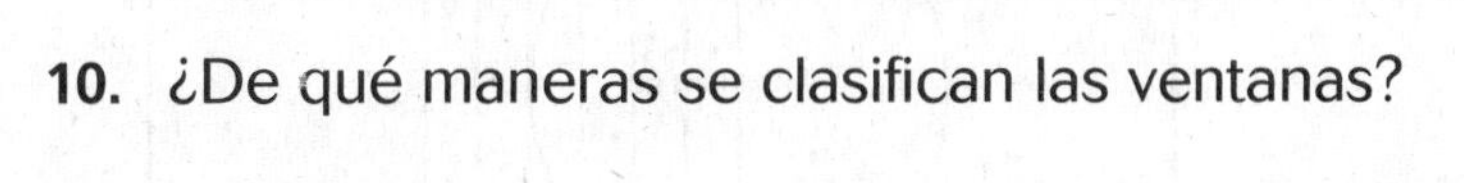

10. ¿De qué maneras se clasifican las ventanas?

____

11. ¿Cuál es la mejor descripción de las siguientes figuras?

A paralelogramos
B cuadriláteros
C rectángulos
D trapecios

12. ¿Cuál es la mejor descripción de las figuras?

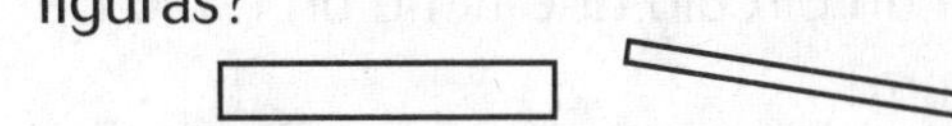

F paralelogramos
G cuadriláteros
H rectángulos
J trapecios

Nombre ______________________________

Lección 10.7

Círculos

En la caja de la derecha, dibuja el círculo *M* con un radio de 2 cm. Rotula cada uno de los siguientes.

1. radio *MB*
2. diámetro *CD*
3. radio *ME*
4. diámetro *KL*

Para los ejercicios 5 a 8, usa el círculo que dibujaste y una regla de centímetros para completar la tabla.

	Nombre	Parte del círculo	Longitud en cm
5.	*MB*		
6.	*CD*		
7.	*ME*		
8.	*KL*		

Resolución de problemas y preparación para el TAKS

USA DATOS Para los ejercicios 9 y 10, usa el diagrama.

9. ¿Cual es el diámetro del Huracán A en millas?

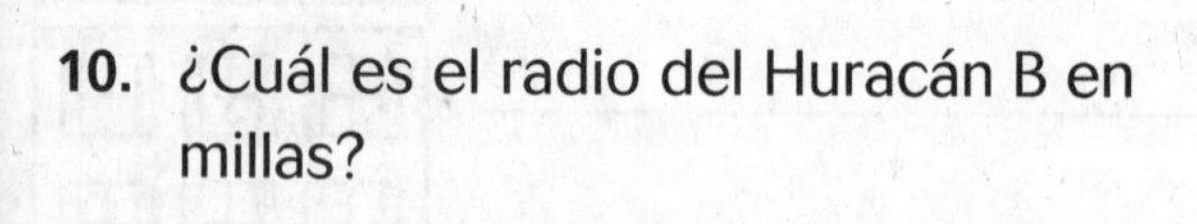

____

10. ¿Cuál es el radio del Huracán B en millas?

____

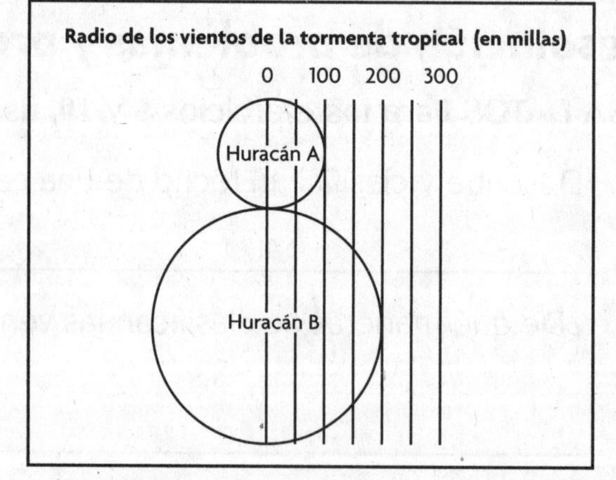

11. ¿Cuál es la longitud del diámetro de un círculo que tiene un radio de 6 cm?

A 3 cm **C** 9 cm
B 6 cm **D** 12 cm

12. ¿Cuál es el nombre de un segmento del que sus extremos terminan en un círculo?

F círculo **H** diámetro
G cuerda **J** radio

Nombre ______________________________

Taller de resolución de problemas
Estrategia: Usar el razonamiento lógico

Resolución de problemas • Práctica de estrategias

Para los ejercicios 1 a 3, usa las figuras de la derecha.

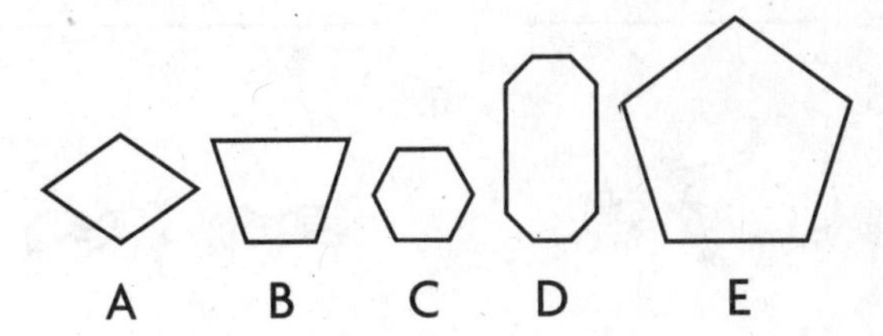

1. Los padres de Lenny tienen un área de juegos en su patio. Todos los lados del área tienen la misma longitud y ninguno de los ángulos es agudo o cuadrado. Identifica la figura que se parece al área de juegos de Lenny.

____

2. Cyd diseña un jardín que no tiene lados paralelos y todos los ángulos son obtusos. Identifica la figura que se parece al diseño de Cyd.

____

3. El patio de Holly tiene dos lados paralelos y dos ángulos agudos. Identifica la figura que se parece al patio de Holly.

____

Práctica de estrategias mixtas

4. Willa y sus dos hermanos tienen la cantidad de dinero que se muestra abajo. ¿Cuánto dinero tiene cada persona?

____

5. Después de que Della lanzó monedas a la piscina, James se lanzó a recoger una moneda de 25¢. Después Della se lanzó para recoger 30 centavos que le quedaban. ¿Cuánto dinero lanzó Della a la piscina? ______________

6. El patio de Jan se hizo con forma de cuadrado con todos los ángulos rectos. Clasifica el diseño de tantas maneras como sea posible.

____

Nombre ______________________

Lección 11.1

Figuras congruentes

Di si las dos figuras parecen ser *congruentes* o *no congruentes*.

1. 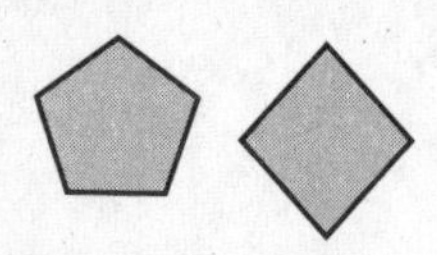

____

2. 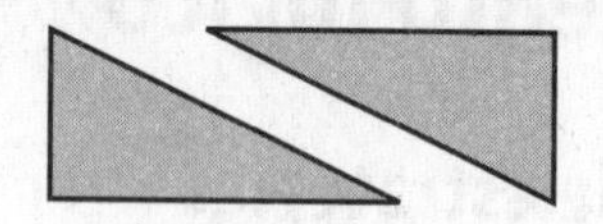

____

3. 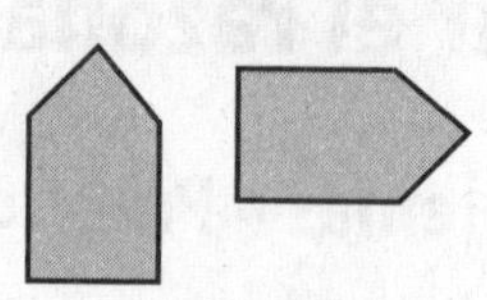

____

4. 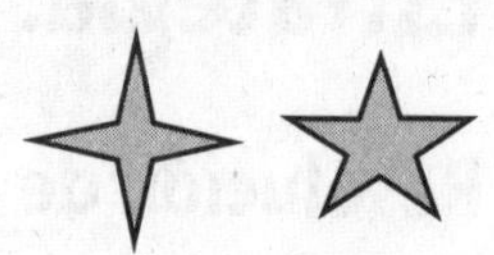

____

5. 

____

6. 

____

7. 

____

8. 

____

Para los ejercicios 9 a 11, usa la cuadrícula.

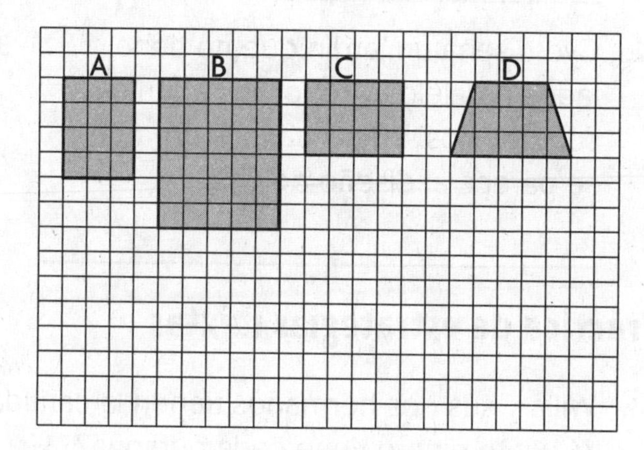

9. ¿Qué par de rectángulos son congruentes?

____

10. ¿Cuál rectángulo no es congruente con los otros?

____

11. Usa el papel cuadriculado de la derecha para dibujar una figura que sea congruente con la figura B.

Resolución de problemas y preparación para el TAKS

USA DATOS Para los ejercicios 12 y 13, usa la cuadrícula de arriba.

12. Dibuja una línea diagonal a través de la figura B para hacer dos triángulos. ¿Son congruentes los triángulos?

____

13. En la cuadrícula de arriba, dibuja una figura que sea congruente con la figura D.

____

14. ¿Qué palabra o palabras describen mejor las figuras?

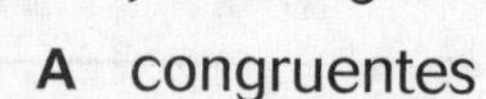

A congruentes

B pentágonos

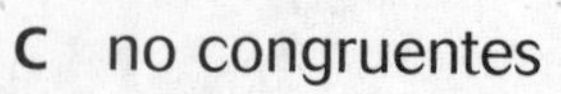

C no congruentes

D ninguna de las anteriores

15. ¿Qué figuras parecen ser congruentes?

F 

G 

H 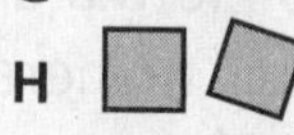

J 

Nombre____ **Lección 11.2**

Traslaciones

Di si se usó sólo una traslación para mover la figura. Escribe *sí* o *no*.

1.

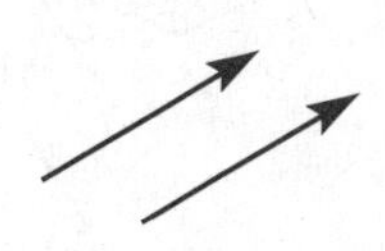

____

2.

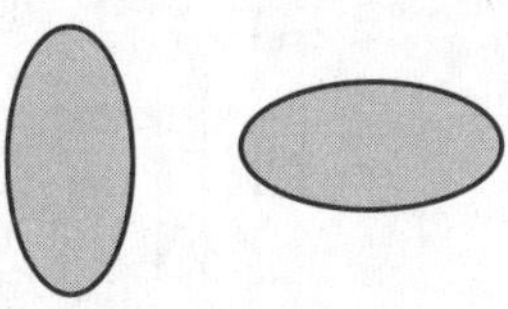

____

3.

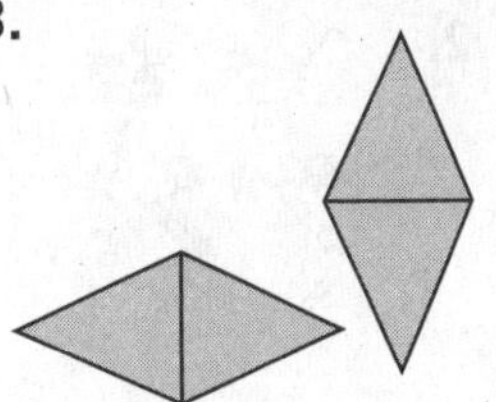

____

4.

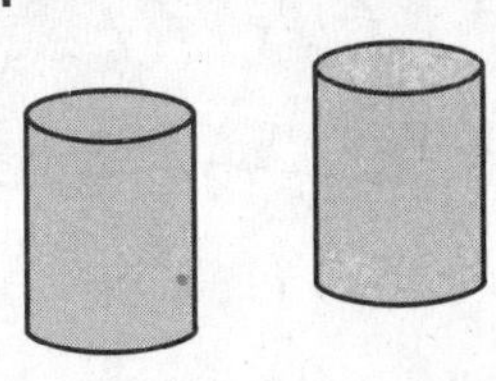

____

Para los ejercicios 5 a 7, usa las figuras de la derecha. Escribe todas las letras que hacen verdadera la afirmación.

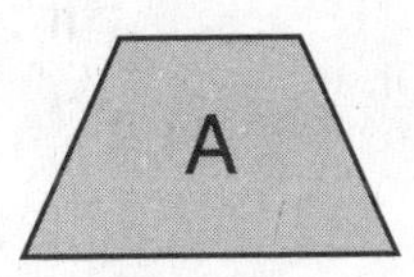

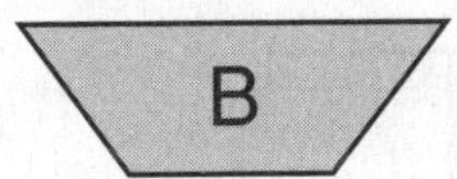

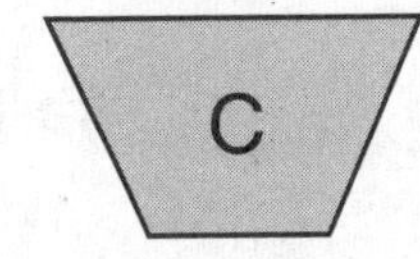

D

5. Una figura es una traslación de otra figura.

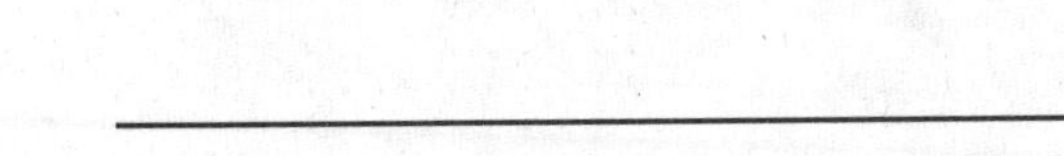

____

6. Las figuras son congruentes.

____

7. Las figuras no son congruentes.

____

Dibuja una figura para mostrar la traslación de cada figura.

8.

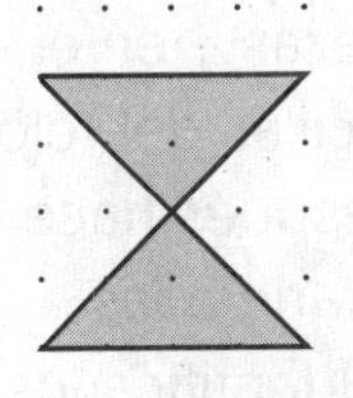

9.

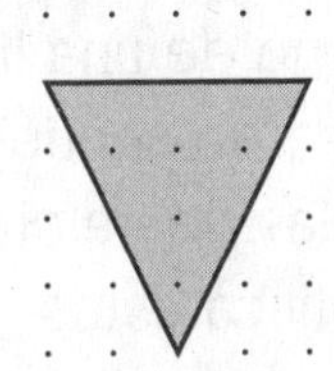

10.

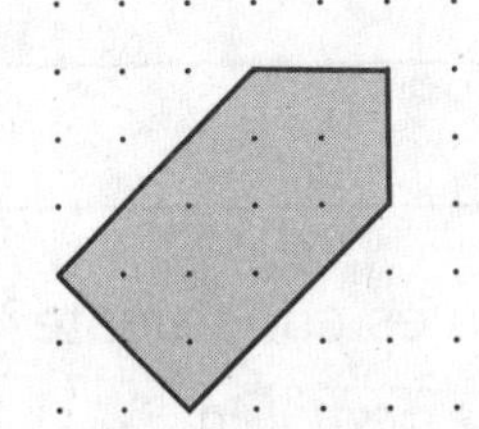

11.

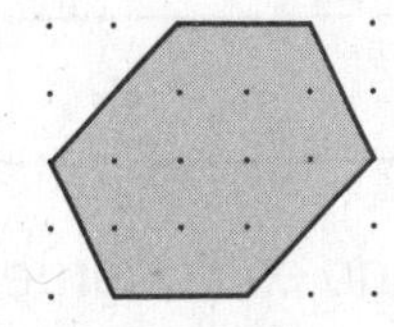

Nombre ______________________________

Rotaciones

Di cómo se movió cada figura. Escribe *traslación* o *rotación*.

1. 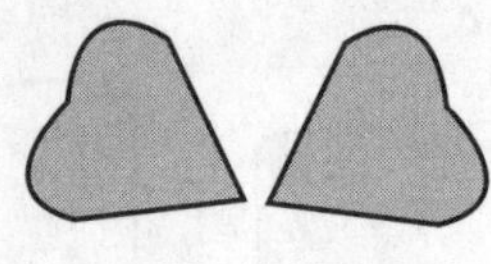 ____________

2.  ____________

3. 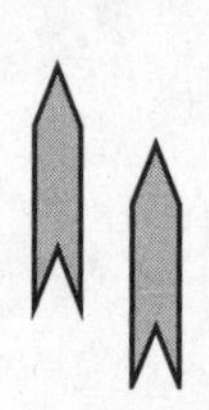 ____________

4. 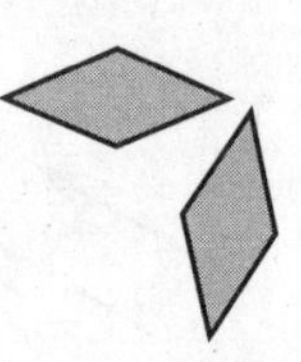 ____________

5. 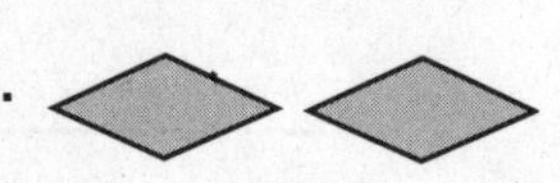 ____________

6.  ____________

7.  ____________

8. 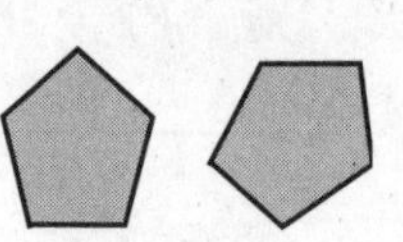 ____________

Dibuja figuras para mostrar una traslación y después una rotación del original.

9. 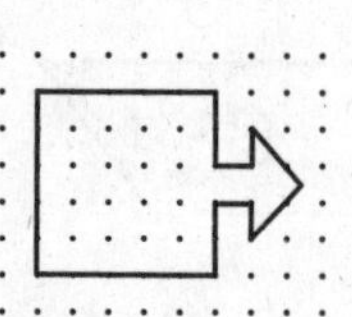

Traslación: 

Rotación: 

10. 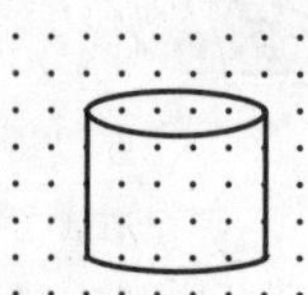

Traslación: 

Rotación:

Resolución de problemas y preparación para el TAKS

11. Jules está armando un rompecabezas. Lleva una pieza a lo largo de una línea recta y después la gira $\frac{3}{4}$ en sentido contrario a las manecillas del reloj en el rompecabezas. Identifica estos movimientos.

____

____

12. Para ayudar a Jules, Julie gira una pieza del rompecabezas $\frac{1}{4}$ en el sentido de las manecillas del reloj, la lleva hacia atrás y después hace $\frac{1}{2}$ giro en sentido contrario a las manecillas del reloj. Identifica los movimientos.

____

____

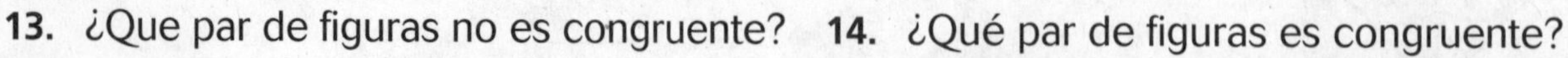

13. ¿Que par de figuras no es congruente?

A 

C 

B 

D

14. ¿Qué par de figuras es congruente?

F 

H 

G 

J

Nombre____

Lección 11.4

Reflexiones

Di cómo se movió cada figura. Escribe *traslación, rotación* o *reflexión*.

1. 

____

2. 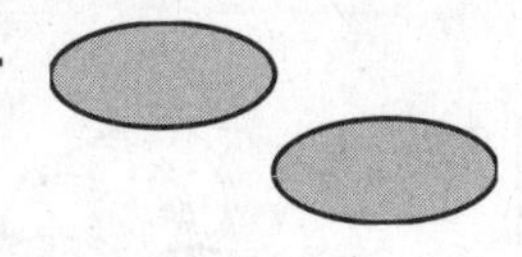

____

3. 

____

4. 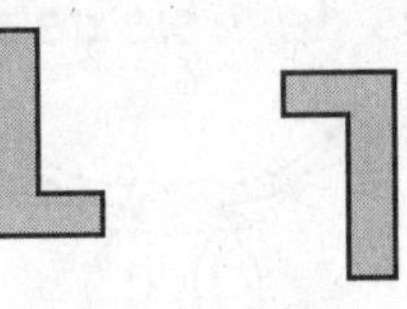

____

Usa las figuras de abajo.
Escribe la letra de la figura que muestra como lucirá después de cada movimiento.

5. 

Traslación ______ Reflexión ______ Rotación ______

a. 

b. 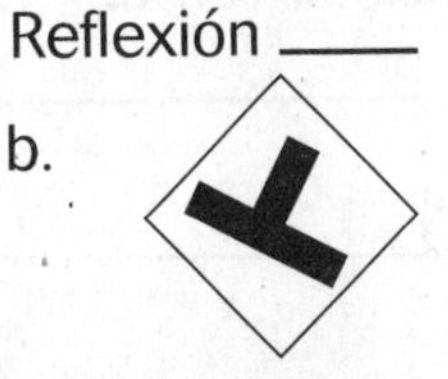

c. 

6. 

Traslación ______ Reflexión ______ Rotación ______

a. 

b. 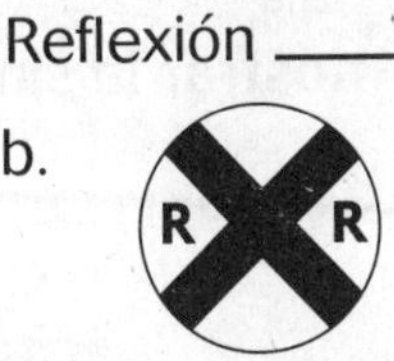

c. 

Resolución de problemas y preparación para el TAKS

7. Usa el papel punteado. Dibuja una traslación, rotación y reflexión de las tres primeras letras de tu nombre. ¿Alguna de las letras parece la misma cuando la trasladas, rotas o reflejas?

____

8. Haz un patrón con una de las letras de tu nombre, con por lo menos dos movimientos diferentes.

____

9. ¿Cuál de las siguientes muestra una reflexión?

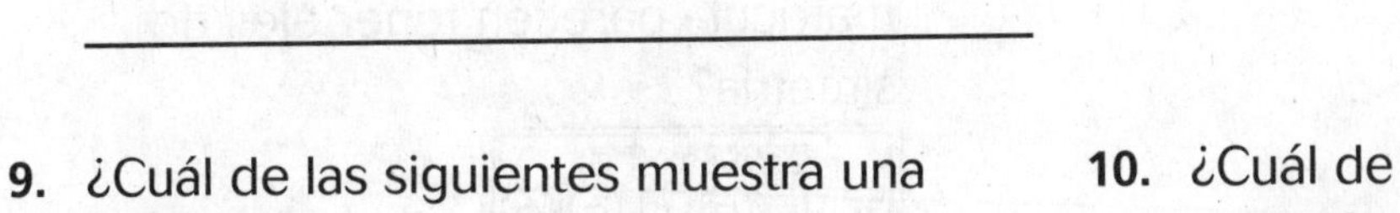

A M M **C**

B W M **D**

10. ¿Cuál de las siguientes muestra una reflexión seguida de una rotación?

F **H**

G **J**

Nombre ______________________________ **Lección 11.5**

Simetría

Di si la figura no tiene *ejes de simetría,* tiene *1 eje de simetría* o más de *1 eje de simetría*.

1. 

____

2. 

____

3. 

____

4. 

____

Dibuja el eje o los ejes de simetría.

5. 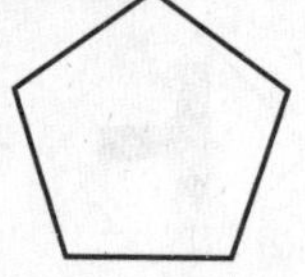

6. 

7. 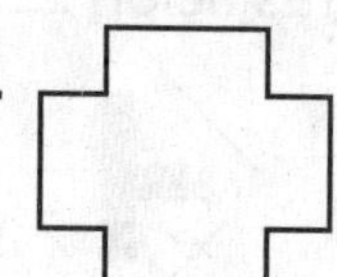

8. 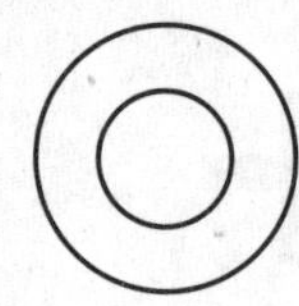

Completa el diseño para mostrar la simetría.

9. 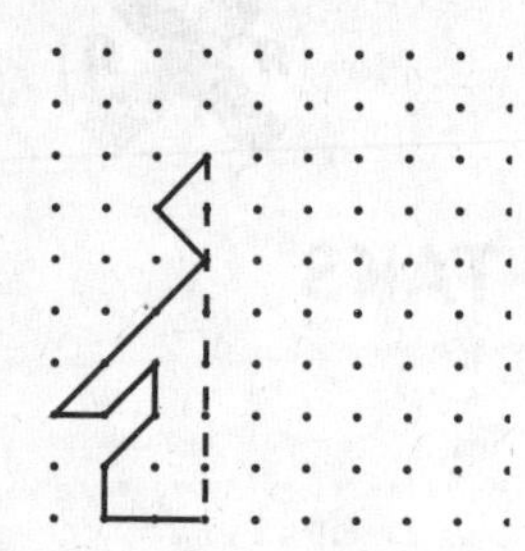

10. 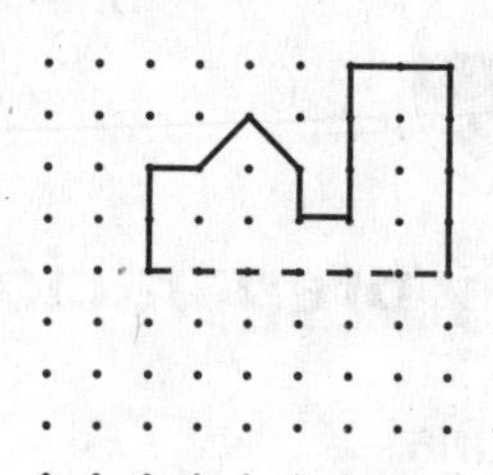

11. 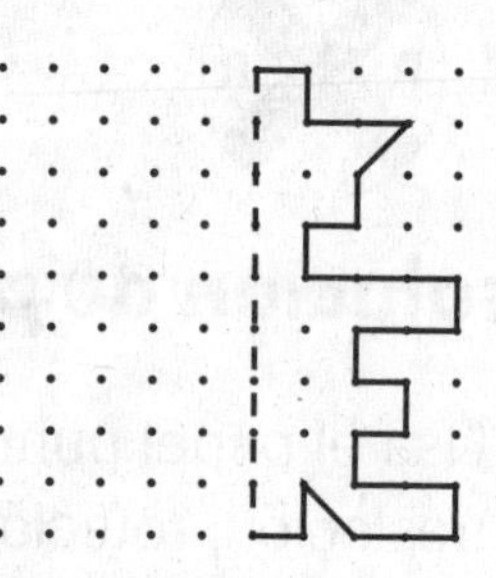

Resolución de problemas y preparación para el TAKS

12. De los números del 1 al 8, ¿cuál parece tener ningún eje de simetría?

____

13. De los números del 1 al 8, ¿cuál parece tener más de un eje de simetría?

____

14. ¿Cuántos ejes de simetría tiene un hexágono regular?

A 1 **C** 6

B 5 **D** 10

15. ¿Cuáles letras y números en la matrícula parecen tener ejes de simetría?

____

Nombre________________________________ **Lección 11.6**

Taller de resolución de problemas
Estrategia: Hacer una dramatización

Resolución de problemas • Práctica de estrategias

Haz una dramatización para resolver.

1. Daniel hizo los dos modelos de aviones que se muestran a la derecha usando diferentes bloques de patrones. ¿Tiene simetría cada avión? ¿Qué clase de simetría?

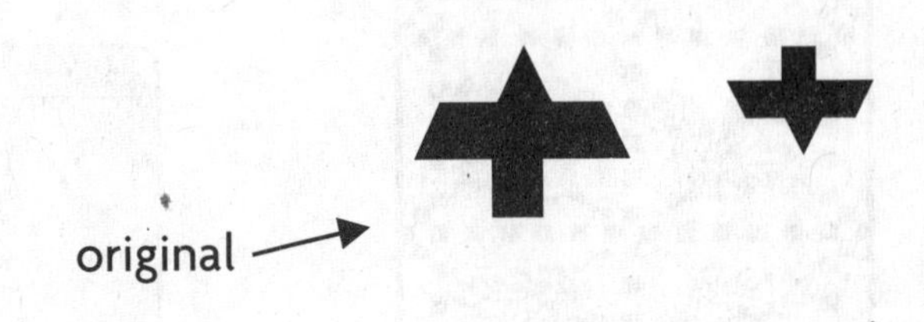

____

2. Jen, Bea, Sara y Jon están en una competencia de matemáticas. Antes de comenzar, cada participante entrega una tarjeta de anotación a los otros participantes. ¿Cuántas tarjetas hay en total?

____

3. Éste es el diseño que está haciendo Craig.

¿Cuál será el 20vo dibujo en el diseño?

____

Práctica de estrategias mixtas

4. Desde la base, Don vuela su avión de modelo a 50 pies al sur, 20 pies al este, 10 pies al norte y 20 pies al oeste. ¿Qué tan lejos está el avión de una bandera que está a 15 pies al norte de la base?

____

5. Fred usa 3 cuadrados rojos, 2 azules y 4 verdes para hacer un diseño en el borde de su cuarto. Si usa 108 cuadrados en total, ¿cuántos usará de cada color?

____

6. Lara gastó $44 en materiales para hacer una cortina. Compró tela por $25, refuerzo por $8, cinta para dobladillo por $8 e hilo. ¿Cuánto costó el hilo?

____

7. Diana está haciendo una lista de los 120 caparazones marinos de su colección. ¿De qué maneras podría organizar su lista si tiene 7 colores diferentes, los caparazones marinos vienen de 12 playas diferentes y ella tiene 3 estantes de exhibición?

____

____

____

Nombre_______________________________________ **Lección 11.7**

Teselaciones

Traza y recorta varias de cada figura. Di si la figura formará una teselación. Escribe *sí* **o** *no*

1. ________

2. ________

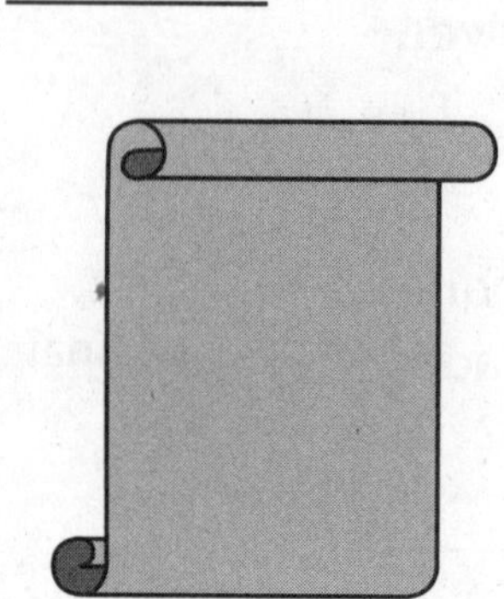

3. ________

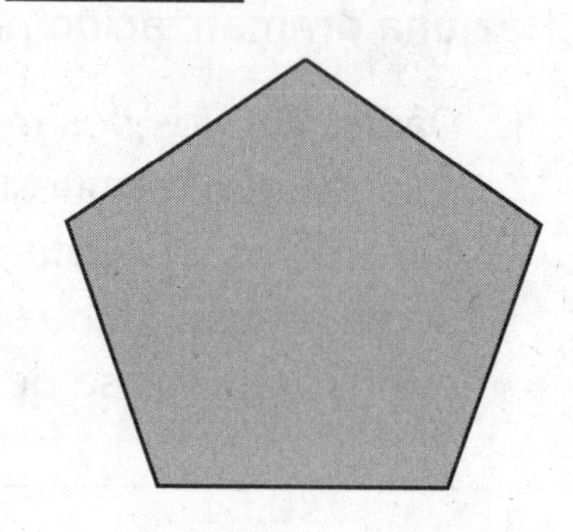

4. ________

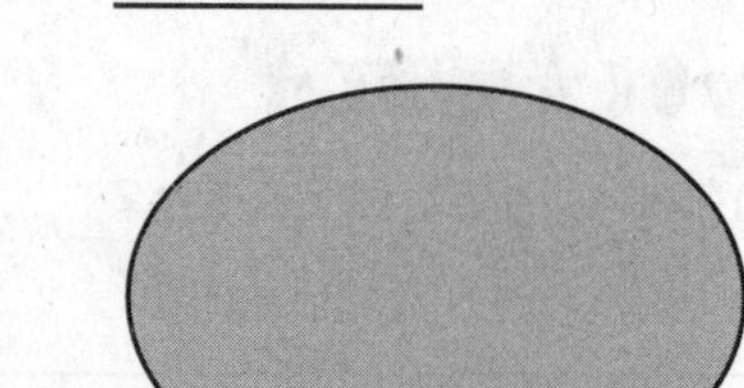

5. ________

6. ________

7. ________

8. ________

9. ________

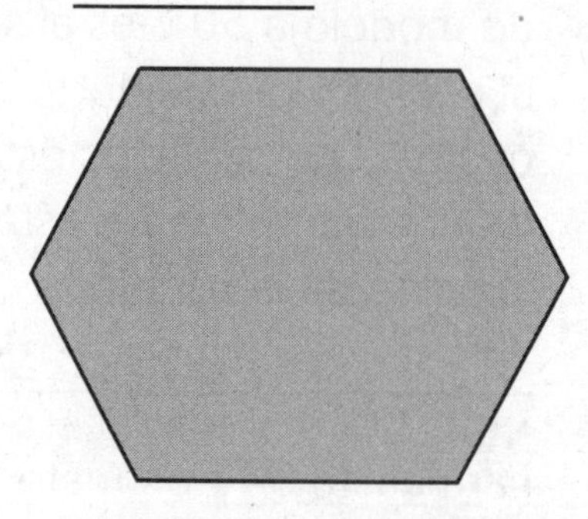

10. ________

11. ________

12. ________

Nombre____ **Lección 11.8**

Patrones geométricos

Halla un patrón posible. Después dibuja las dos figuras siguientes.

1.    ___ ___

____

____

2.  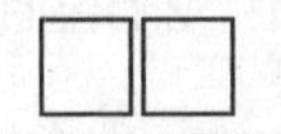

____

____

3. 

____

4. ___ ___

____

Halla un patrón posible. Después dibuja la figura que falta.

5.  ______

____

____

6.   ___ 

____

____

7.  ___  

____

____

Resolución de problemas y preparación para el TAKS

USA DATOS Para los ejercicios 8 y 9, usa el edredón.

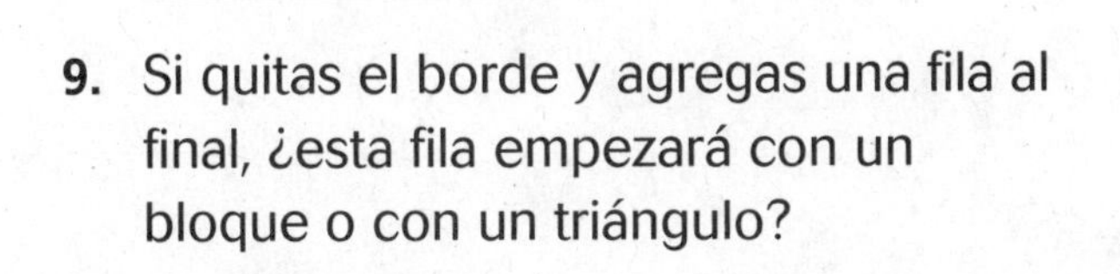

8. ¿La regla para el patrón parece incluir colores o formas? Explica.

____

____

9. Si quitas el borde y agregas una fila al final, ¿esta fila empezará con un bloque o con un triángulo?

____

10. En el ejercicio 6, ¿cuál será la décima figura del patrón?

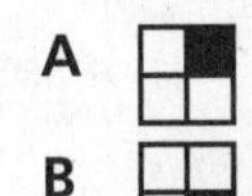

A

B

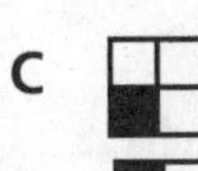

C

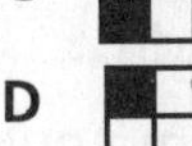

D

11. En el ejercicio 2, si la rotación de las flechas continúa, ¿cuál será la figura quince del patrón?

F

G

H

J

Nombre____

Lección 12.1

Caras, aristas y vértices

Nombra el cuerpo geométrico que se describe.

1. 2 bases circulares

____

2. 6 caras cuadradas

____

3. 1 cara rectangular y 4 caras triangulares

____

4. 1 base circular

____

¿Qué cuerpo geométrico ves en cada figura?

5. 

____

6. 

____

7. 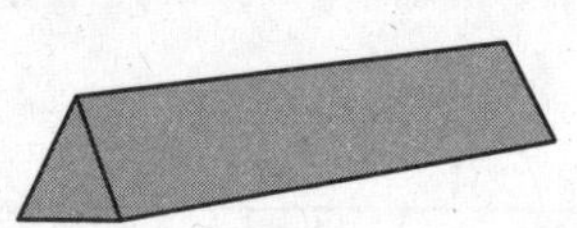

____

8. 

____

Resolución de problemas y preparación para el TAKS

Para los ejercicios 9 a 11, usa el prisma rectangular.

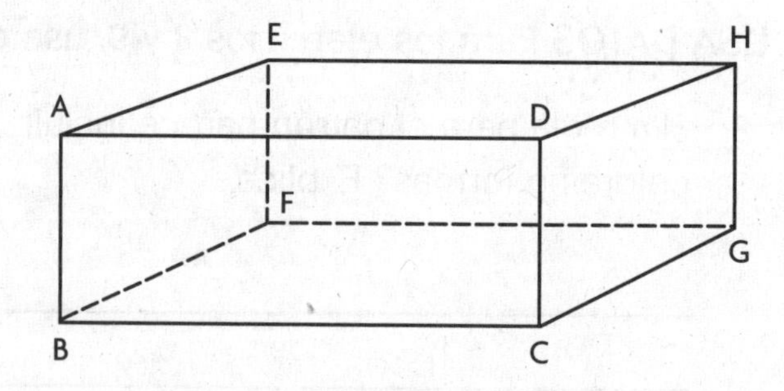

9. Nombra un par de segmentos de líneas paralelas.

____

10. Nombra un par de segmentos de líneas perpendiculares.

____

11. ¿Qué cuerpo geométrico tiene más aristas, un prisma rectangular o un prisma triangular? ¿Cuántas aristas más?

____

12. ¿Cuál es la relación entre el número de caras y el número de aristas de una pirámide triangular?

____

13. ¿Cuál de las figuras de abajo tiene una cara?

A cono

B esfera

C cilindro

D prisma cuadrangular

Nombre ____ **Lección 12.2**

Dibujar cuerpos geométricos

Para los ejercicios 1 a 5, usa la tabla.

1. ¿A qué cuerpo geométrico se parece un libro?

____

Artículo	Vértices	Aristas	Caras
Libro	8	12	6 rectángulos
Lápiz	12	18	6 rectángulos 2 hexágonos

2. Usa papel punteado para dibujar un libro.

3. Usa papel punteado para dibujar un lápiz.

Resolución de problemas y preparación para TAKS

Para los ejercicios 4 y 5, usa el papel punteado de la derecha para dibujar cada figura. Rotula los vértices. Identifica los segmentos paralelos o perpendiculares que ves en cada figura.

4. **a.** un cuadrado con lados de 2 unidades de longitud

   b. una pirámide cuadrada levantándose del cuadrado

____

____

5. **a.** un prisma rectangular con una arista de 3 unidades de longitud

   b. un cubo con lados de 2 unidades de longitud

____

____

6. ¿Cuántos segmentos necesitas para dibujar un cubo?

   A 12 **C** 6

   B 8 **D** 4

7. ¿Cuántos segmentos necesitas para dibujar un lápiz?

   F 12 **H** 16

   G 14 **J** 18

Nombre ____________________ **Lección 12.3**

Patrones para cuerpos geométricos

Dibuja una plantilla que se pueda recortar para hacer un modelo de cada cuerpo geométrico.

1. 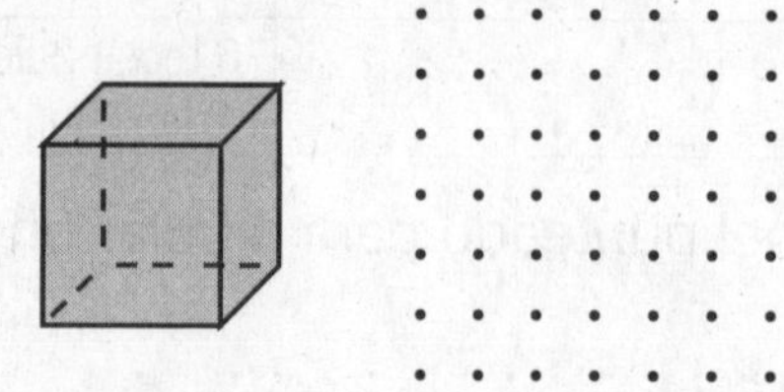

2. 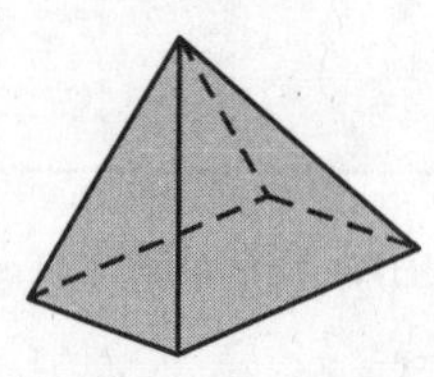

¿Formaría la plantilla un prisma rectangular? Escribe *sí* o *no*.

3. 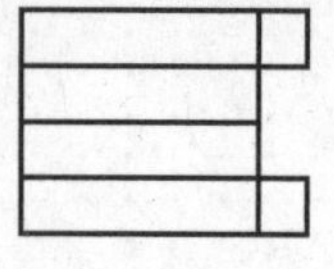 ____________

4. 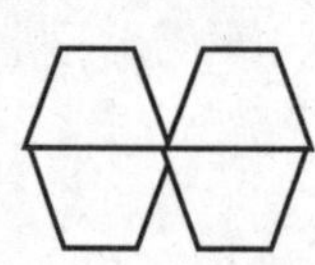 ____________

5. 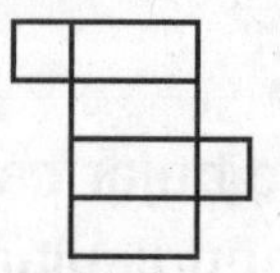 ____________

6. 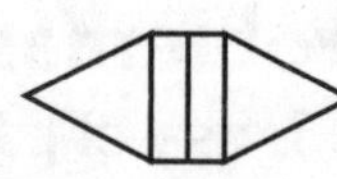 ____________

Para los ejercicios 7 y 8, usa las plantillas de la derecha.

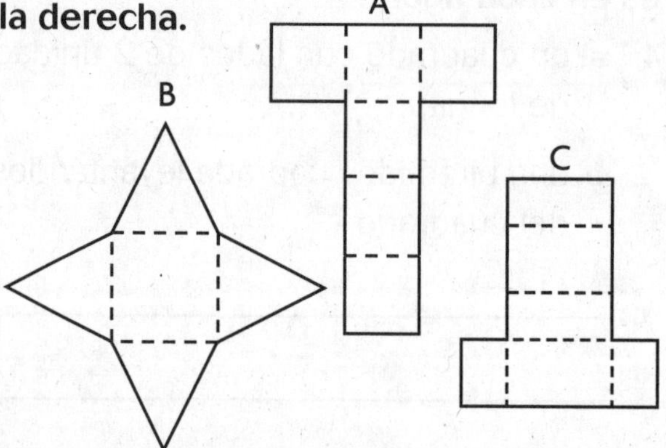

7. ¿Hacen figuras con el mismo número de lados las plantillas B y C?

____

8. ¿Hacen figuras con el mismo número de aristas las plantillas A y C ? Explica.

____

Resolución de problemas y preparación para TAKS

9. ¿Cómo cambiarías la figura en el ejercicio 3 para hacer un cuerpo geométrico?

____

10. ¿Puede hacer un cuerpo geométrico la plantilla del ejercicio 6 ?

____

11. ¿Qué figura puedes hacer cuando la plantilla A se dobla por la línea punteada sin superponerse?

____

12. ¿Qué figura puedes hacer cuando la plantilla B se dobla por la línea punteada sin superponerse?

____

Nombre ____________________

Taller de resolución de problemas
Estrategia: Hacer un modelo

Resolución de problemas • Práctica de la estrategia

Haz un modelo para resolver.

1. Paula tiene 36 cubos para construir una pared que tiene 1, 2 y 3 cubos y después repite el patrón. ¿De cuántos cubos de alto puede hacer Paula la pared?

   ____

2. ¿Qué pasaría si Paula usa un patrón repetido de 1, 3 y 5 bloques de alto? ¿Cuántos bloques necesitaría Paula para construir una pared de 9 bloques de longitud?

   ____

3. John tiene 66 cubos. Le da 21 a Mark y después construye una escalera comenzando con 1 cubo, después 2 y así sucesivamente. ¿Qué altura tendrá la escalera de John?

   ____

4. ¿Cuántos cubos necesitará John para construir el siguiente escalón de su escalera?

   ____

Práctica de estrategias mixtas

5. Sandra y Jan tienen un total de 88 cubos, la mitad de ellos son azules. Jan usa 34 para hacer una pared y Sandra usa 25 para hacer un edificio. ¿Cuál es el menor número de cubos azules que ellos usaron?

   ____

6. La Sra. Lutie salió de casa y fue al banco. Después manejó 18 millas al dentista, 9 millas al supermercado, 8 millas para recoger los niños y 3 millas de regreso a casa. Si la Sra. Lutie manejó un total de 45 millas, ¿a qué distancia estaba la casa del banco?

   ____

7. **Formula un problema** Cambia los números en el Ejercicio 6. Haz un problema nuevo acerca de los recados de la Sra. Lutie.

   ____

   ____

8. ¿De cuántas maneras puedes acomodar 12 cubos en más de una fila? Nombra las maneras.

   ____

   ____

Nombre ____________________

Dividir con residuos

Usa fichas para hallar el cociente y el residuo.

1. $27 \div 5 = ■ \text{ r } ■$
2. $34 \div 8 = ■ \text{ r } ■$
3. $18 \div 4 = ■ \text{ r } ■$
4. $57 \div 7 = ■ \text{ r } ■$
5. $41 \div 6 = ■ \text{ r } ■$
6. $53 \div 9 = ■ \text{ r } ■$
7. $3\overline{)26}$ ■ r ■
8. $7\overline{)64}$ ■ r ■
9. $9\overline{)87}$ ■ r ■

Divide. Puedes usar fichas o hacer un dibujo como ayuda.

10 $3\overline{)26}$ ■ r ■

11. $4\overline{)34}$ ■ r ■
12. $6\overline{)50}$ ■ r ■
13. $75 \div 9 = ■ \text{ r } ■$
14. $54 \div 8 = ■ \text{ r } ■$
15. $60 \div 7 = ■ \text{ r } ■$
16. $3\overline{)17}$ ■ r ■
17. $5\overline{)44}$ ■ r ■
18. $7\overline{)33}$ ■ r ■
19. $19 \div 2 = ■ \text{ r } ■$
20. $50 \div 8 = ■ \text{ r } ■$
21. $41 \div 9 = ■ \text{ r } ■$

Nombre____

Representar la división de 2 dígitos entre 1 dígito

Usa bloques de base diez para hallar el cociente y el residuo.

1. 37 ÷ 2 = ■r■ **2.** 53 ÷ 5 = ■r■ **3.** 92 ÷ 7 = ■r■ **4.** 54 ÷ 4 = ■r■

5. 56 ÷ 3 = ■r■ **6.** 89 ÷ 9 = ■r■ **7.** 78 ÷ 6 = ■r■ **8.** 92 ÷ 8 = ■r■

9. $4\overline{)65}$ ■ r ■ **10.** $7\overline{)79}$ ■ r ■ **11.** $6\overline{)89}$ ■ r ■ **12.** $4\overline{)87}$ ■ r ■

Divide. Puedes usar bloques de base diez.

13. $3\overline{)77}$ ■ r ■ **14.** $2\overline{)67}$ ■ r ■ **15.** $4\overline{)64}$ ■ r ■ **16.** $5\overline{)67}$ ■ r ■

17. 37 ÷ 2 = ■r■ **18.** 98 ÷ 4 = ■r■ **19.** 91 ÷ 6 = ■r■ **20.** 72 ÷ 7 = ■r■

21. $8\overline{)93}$ ■ r ■ **22.** $6\overline{)57}$ ■ r ■ **23.** $4\overline{)77}$ ■ r ■ **24.** $9\overline{)59}$ ■ r ■

Nombre______________________________

Lección 13.3

Registrar la división de 2 dígitos entre 1 dígito

Elige un método. Después divide y anota.

1. $4\overline{)93}$ ■■r■

2. $7\overline{)75}$ ■■r■

3. $5\overline{)97}$ ■■r■

4. $49 \div 3 =$ ■r■

5. $61 \div 2 =$ ■r■

6. $95 \div 7 =$ ■r■

7. $9\overline{)87}$ ■■r■

8. $6\overline{)87}$ ■■r■

9. $8\overline{)99}$ ■■r■

ÁLGEBRA Completa cada tabla.

10.

Tazas	16	20	24	28	32
Cuartos	4	5	■	■	■

11.

Pintas	64	72	80	88	96
Galones	8	9	■	■	■

Resolución de problemas y preparación para el TAKS

12. Sesenta y tres estudiantes se matricularon en la clase de golf. El entrenador los dividió en equipos de 4. ¿Cuántos estudiantes se quedaron fuera?

____

13. Hay 6 corredores en cada equipo de relevo. Si están inscritos un total de 77 corredores, ¿cuántos equipos de relevo podría haber?

____

14. Cuatro estudiantes se dividen 85 bloques entre ellos. ¿Cuántos bloques recibe cada uno?

A 20

B 21

C 22

D 24

15. Tres estudiantes se dividen por igual 85 barras de base diez entre ellos. ¿Cuántas barras de base diez sobran?

F 4

G 3

H 2

J 1

Nombre ______________________________

Taller de resolución de problemas
Estrategia: Comparar estrategias

Resolución de problemas • Práctica de estrategias

Elige una estrategia para resolver los problemas.

1. El perro de Fiona es 4 veces tan largo como el perro de Rod. De extremo a extremo miden 60 pulgadas de largo. ¿Qué tan largo es el perro de Fiona?

____

2. Davey dividió 112 onzas de comida para conejo por igual en 7 recipientes. ¿Cuánto cupo en cada recipiente?

____

3. Dina caminó de la casa a la tienda de mascotas 3 cuadras al oeste y 5 cuadras al norte. Si ahora camina 1 cuadra al este, 4 cuadras al norte y otras 2 cuadras al este, ¿qué tan lejos está Dina de casa?

____

4. Mel colecciona 7 tarjetas de cada uno de sus 13 jugadores de béisbol favoritos. Tiene ahora un total de 87 tarjetas. ¿Cuántas tarjetas adicionales necesita Mel para hacer cada grupo de 7 tarjetas completas?

____

Práctica de estrategias mixtas

USA DATOS Para los ejercicios 5 y 6, usa la tabla.

Altura de los perros	
Raza	**Altura**
Bichón frisé	10 pulg
Collie de la frontera	20 pulg
Chihuahua	8 pulg
Labrador retriever	27 pulg
Setter irlandés	24 pulg
Shar Pei	19 pulg
Husky siberiano	22 pulg

5. La altura de los tres perros de Dan juntos es 38 pulgadas. ¿De qué razas son?

____

____

6. Ordena los perros de la tabla del más bajo al más alto

____

____

7. En total la colección de estatuas de perros de Haille pesa 20 libras. Una estatua pesa 8 libras y el resto pesa la mitad. ¿Cuántas estatuas de perros tiene Haille?

____

8. **Formula un problema** Usa la información del ejercicio 5 para escribir un nuevo problema que pida explicar la respuesta.

____

Nombre______________________________ Lección 13.5

Cálculo mental: Patrones de división

Usa el cálculo mental para completar el patrón.

1. $72 \div 8 = 9$

$720 \div 8 =$ ______

$7{,}200 \div 8 =$ ______

$72{,}000 \div 8 =$ ______

2. $42 \div 7 =$ ______

______ $\div 7 = 60$

$4{,}200 \div 7 =$ ______

$42{,}000 \div 7 =$ ______

3. ______ $\div 6 = 4$

$240 \div 6 =$ ______

______ $\div 6 = 400$

$24{,}000 \div 6 =$ ______

4. $30 \div 3 =$ ______

______ $\div 3 = 100$

$3{,}000 \div 3 =$ ______

______ $\div 3 = 10{,}000$

5. ______ $\div 5 = 8$

$400 \div 5 =$ ______

______ $\div 5 = 800$

$40{,}000 \div 5 =$ ______

6. $28 \div 4 =$ ______

______ $\div 4 = 70$

$2{,}800 \div 4 =$ ______

______ $\div 4 = 7{,}000$

Usa el cálculo mental y patrones para hallar el cociente.

7. $1{,}600 \div 4 =$ ______

8. $28{,}000 \div 7$ ______

9. $50 \div 5 =$ ______

10. $900 \div 3 =$ ______

11. $32{,}000 \div 4 =$ ______

12. $2{,}000 \div 5 =$ ______

13. $600 \div 2 =$ ______

14. $3{,}500 \div 7 =$ ______

Resolución de problemas y preparación para el TAKS

15. María tiene 4,500 estampillas en su colección. Coloca una cantidad igual de estampillas en 9 libros. ¿Cuántas estampillas habrá en cada libro?

______

16. Tex quiere colocar 640 calcomanías en su libro de calcomanías. Si hay 8 calcomanías por página, ¿cuántas páginas llenará?

______

17. El parque temático vende boletos a $4 cada uno. Recoge $2,000 en un día. ¿Cuántos boletos vende el parque en un día?

A 50

B 500

C 5,000

D 50,000

18. Dee reunió $60 de venta de boletos. Si vendió 5 boletos, ¿cuánto costó cada boleto?

F $12

G $24

H $30

J $30

Nombre________________________

Cálculo mental: Estimar cocientes

Estima el cociente.

1. $392 \div 4$ ____________
2. $489 \div 6$ ____________
3. $536 \div 9$ ____________
4. $802 \div 8$ ____________
5. $632 \div 7$ ____________
6. $32{,}488 \div 4$ ____________
7. $3{,}456 \div 5$ ____________
8. $7{,}820 \div 8$ ____________

Estima para comparar. Escribe <, > ó = para cada ●.

9. $272 \div 3$ ● $460 \div 5$
10. $332 \div 6$ ● $412 \div 5$
11. $527 \div 6$ ● $249 \div 3$
12. $138 \div 2$ ● $544 \div 9$
13. $478 \div 7$ ● $223 \div 3$
14. $3{,}112 \div 8$ ● $1{,}661 \div 8$

Resolución de problemas y preparación para el TAKS

USA DATOS Para los ejercicios 15 y 16, usa la tabla.

15. ¿Cuál palpita más rápido, el corazón de un perro en 5 minutos o el corazón de un ratón en 1 minuto?

____

16. ¿Cuál palpita más despacio en un minuto: el corazón de un ser humano o el corazón de un caballo?

____

Palpitaciones del corazón en reposo de mamíferos seleccionados

Mamífero	Pulsaciones cada 5 minutos
Humano	375
Caballo	240
Perro	475
Ratón	2,490

17. Un somorgujo común bate sus alas aproximadamente 1,250 veces en 5 minutos. ¿Cuál es la mejor estimación del número de veces que palpita su corazón en un minuto?

A 20
B 40
C 250
D 400

18. Nueve serpientes de cascabel de igual longitud puestas en fila miden 378 pulgadas. ¿Cuál es la mejor estimación para la longitud de una cascabel?

F 20
G 40
H 200
J 400

Nombre____________________

Lección 13.7

Colocar el primer dígito

Di dónde colocar el primer dígito. Después divide.

1. $4\overline{)511}$ **2.** $7\overline{)621}$ **3.** $2\overline{)124}$ **4.** $3\overline{)423}$

______ ______ ______ ______

5. $136 \div 2$ **6.** $215 \div 5$ **7.** $468 \div 6$ **8.** $357 \div 8$

______ ______ ______ ______

Divide.

9. $3\overline{)166}$ **10.** $9\overline{)785}$ **11.** $4\overline{)334}$ **12.** $6\overline{)577}$

______ ______ ______ ______

13. $116 \div 2$ **14.** $425 \div 5$ **15.** $627 \div 7$ **16.** $436 \div 8$

______ ______ ______ ______

Resolución de problemas y preparación para el TAKS

17. Petra recogió 135 pétalos de las flores de las plantas de guisantes de olor. Cada flor tiene 5 pétalos. ¿De cuántas flores recogió pétalos?

______

18. Todd quiere sembrar algunas plantas de tomillo en partes iguales en 8 secciones de su jardín. Si tiene 264 plantas, ¿cuántas plantas de tomillo puede sembrar Todd en cada sección?

______

19. ¿En qué lugar está el primer dígito en el cociente $118 \div 4$?

A unidades **C** centenas
B decenas **D** millares

20. ¿En qué lugar está el primer dígito en el cociente $1{,}022 \div 5$?

F unidades **H** centenas
G decenas **J** millares

Nombre ______________________

Taller de resolución de problemas
Destreza: Interpretar el residuo

Resolución de problemas • Práctica de destrezas

Resuelve. Escribe *a, b* o *c* para explicar cómo interpretar el residuo.

a. **el cociente se queda igual; se omite el residuo**

b. **aumenta el cociente en 1**

c. **usa el residuo como la respuesta**

1. El profesor de arte entregó a 8 campistas un total de 55 cuentas para hacer collares. Si dividió las cuentas en partes iguales entre los campistas, ¿cuántas le tocaron a cada campista?

____

2. En total, los campistas de 3 tiendas trajeron 89 leños para una fogata. Dos tiendas trajeron la misma cantidad, pero la tercera trajo más ¿Cuánto más?

____

3. Gene tiene 150 vasos de agua para dividir en partes iguales entre 9 campistas. ¿Cuántos vasos le dio a cada campista?

____

4. Los líderes del campamento dividieron 52 latas de comida en partes iguales entre 9 campistas. ¿Cuántas latas de comida sobraron?

____

Aplicaciones mixtas

5. Geena tiene 34 hot dogs. Les dio a 3 consejeros 2 hot dogs a cada uno antes de dividir el resto por igual entre 7 campistas. ¿Cuántos hot dogs le dio a cada campista?

____

6. En la mañana de una excursión la temperatura fue de 54°F. Hacia mitad de la tarde, la temperatura subió a 93°F. ¿Cuánto más caliente fue la temperatura de la tarde?

____

7. **Formula un problema** Intercambia la información conocida por la desconocida para escribir un problema nuevo.

____

____

8. Wynn compró estas herramientas para acampar: una linterna, un hacha por $15, una lámpara por $12 y un asiento para acampar por $23. Si gastó $57, ¿cuánto costó la linterna?

____

Nombre ______________________

Dividir números de 3 dígitos

Divide y comprueba.

1. $147 \div 5 =$ ______ **2.** $357 \div 7 =$ ______ **3.** $575 \div 4 =$ ______

4. $6\overline{)844}$ ■ **5.** $9\overline{)874}$ ■ **6.** $8\overline{)766}$ ■

ÁLGEBRA Halla el dígito que falta

7. $577 \div$ ■ $= 115$ r2 **8.** ■$10 \div 2 = 405$ **9.** $734 \div 3 = 24$■ r2 **10.** $572 \div 6 =$ ■5 r2

11. $9\overline{)593}$ = ■5 r8 **12.** $4\overline{)5■2}$ = 145 r5 **13.** ■$\overline{)572}$ = 71 r4 **14.** $7\overline{)488}$ = 69 r■

Resolución de problemas y preparación para el TAKS

15. En total, Alfred pagó $18 por 12 paquetes de espárragos en una tienda local. Si los paquetes estaban en oferta "compre uno, lleve uno gratis", ¿cuánto costaba cada paquete antes de la rebaja?

____

16. Eva quiere dividir 122 yardas de hilo en longitudes de 5 yardas para hacer agarraderas. ¿Cuántas agarraderas puede hacer Eva? ¿Cuántas yardas le sobrarán?

____

17. Ed dividió 735 tarjetas de fútbol americano entre 8 amigos. ¿Cuántas tarjetas le tocaron a cada amigo?

A 98

B 91r7

C 99

D 99r3

18. Cuatro latas de corazones de alcachofa están en oferta por 12 dólares. ¿Cuánto cuesta una lata?

____

Nombre ______________________

Ceros en la división

Escribe el número de dígitos en cada cociente.

1. $366 \div 3$ ______
2. $5\overline{)374}$ ______
3. $635 \div 7$ ______
4. $4\overline{)923}$ ______
5. $672 \div 8$ ______
6. $5\overline{)811}$ ______
7. $9 \div 921$ ______
8. $6\overline{)597}$ ______
9. $816 \div 2$ ______
10. $7\overline{)177}$ ______

Divide y comprueba

11. $495 \div 5 =$ ______
12. $719 \div 6 =$ ______
13. $3\overline{)735}$
14. $4\overline{)897}$
15. $210 \div 4 = \blacksquare$
16. $103 \div \blacksquare = 14 \text{ r}5$
17. $\blacksquare \div 5 = 61$

Resolución de problemas y preparación para el TAKS

18. Yoshi tiene una colección de 702 carros en miniatura que coloca en 6 estantes en su biblioteca. Si los carros están divididos en partes iguales, ¿cuántos hay en cada estante?

    ______

19. En 5 días, los scouts hacen un total de 865 adornos para recaudar dinero. Si hacen el mismo número cada día, ¿cuántos hacen en 1 día?

    ______

20. Greta tiene 594 volantes en montones de 9 volantes cada uno. ¿Cómo hallas el número de montones que Greta hizo? Explica.

    ______

    ______

21. Susan tiene 320 rebanadas de pan de banana. Quiere llenar bolsas con 8 rebanadas de pan en cada una. ¿Cuántas bolsas llenará Susan?

    ______

    ______

Nombre ____

Elegir un método

Divide. Escribe el método que usaste.

1. $2\overline{)643}$ 2. $6\overline{)2,418}$ 3. $4\overline{)6,458}$ 4. $5\overline{)1,467}$ 5. $3\overline{)2,483}$

6. $7\overline{)8,123}$ 7. $8\overline{)7,467}$ 8. $3\overline{)5,105}$ 9. $7\overline{)6,111}$ 10. $4\overline{)9,600}$

ÁLGEBRA Halla el dividendo.

11. ■ ÷ 3 = 178 ______
12. ■ ÷ 4 = 733 ______
13. ■ ÷ 7 = 410 ______

14. ■ ÷ 9 = 245 r5 ______
15. ■ ÷ 6 = 637 r1 ______
16. ■ ÷ 8 = 801 r4 ______

Resolución de problemas y preparación para el TAKS

17. El equipo de Leona anotó 854 puntos en 7 días. El equipo de Pilar anotó 750 puntos en 6 días. ¿Cuál equipo anotó más puntos por día?

______

18. Vicki tiene 789 semillas para poner en paquetes. Si pone 9 semillas en cada paquete, ¿cuántos paquetes necesitará?

______

19. Seth prometió un total de $3,336 en 6 meses para caridad. ¿Cuánto donará Seth cada mes?

A 210
B 333
C 336
D 556

20. Joe calculó que manejó 1,890 millas en el año de ida y vuelta a su trabajo. Si el viaje diario es de 9 millas, ¿cuántos días trabajó?

A 210
B 333
C 336
D 556

Nombre ______________________

Hallar el promedio

Halla el promedio.

1. 21, 18, 7, 28, 22, 24 ______

2. 4, 9, 12, 18, 27, 32 ______

3. 65, 41, 28, 37, 89, 70 ______

4. 49, 82, 100, 105, 124 ______

5. 188, 133, 127, 158, 164 ______

6. 111, 135, 67, 138, 199 ______

ÁLGEBRA Halla el número que falta.

7. 5, 1, 8, ■
El promedio es 4.

8. 6, 1, 8, ■
El promedio es 6.

9. 7, 14, 11, ■
El promedio es 9.

10. 8, 28, 17, 13, ■
El promedio es 16.

11. 10, 15, 31, 25, ■
El promedio es 20.

12. 23, 17, 35, 42, ■
El promedio es 26.

Resolución de problemas y preparación para el TAKS

USA DATOS Para los ejercicios 13 a 16, usa la tabla.

Resultados en la prueba de la clase

Nombre	Deletreo	Matemáticas	Lectura
Jim	8	11	8
Bambi	12	10	10
Troy	15	10	13
Alice	9	9	11
Pan	6	14	13
Tim	?	?	?

13. Supón que Tim obtuvo un 12 en su prueba de matemáticas. ¿Cómo compara su resultado con el promedio de la prueba de matemáticas?

______

14. Imagina que el resultado promedio en la prueba de matemáticas es 10. ¿Cuál sería el resultado de Tim?

______

15. Sacando el resultado de Tim, ¿cuál es el resultado promedio en la prueba de deletreo?

______

16. Sacando el resultado de Tim, ¿cuál es el resultado promedio en la prueba de lectura?

______

Nombre ____________________

Leer y escribir fracciones

Escribe una fracción para la parte sombreada. Escribe una fracción para la parte que no está sombreada.

1. 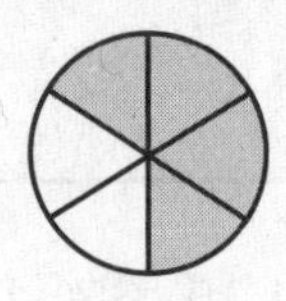

2. 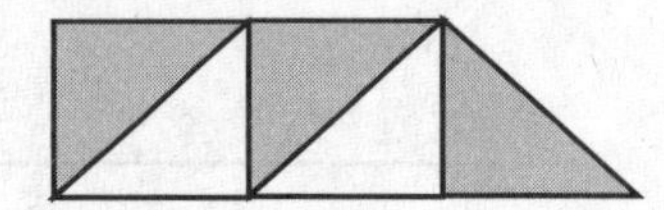

3. 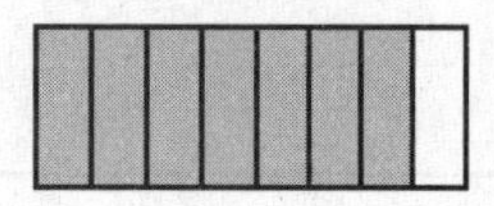

____________________ ____________________ ____________________

Haz un dibujo y sombrea una parte para mostrar la fracción. Escribe una fracción para la parte sin sombrear.

4. $\frac{5}{6}$ 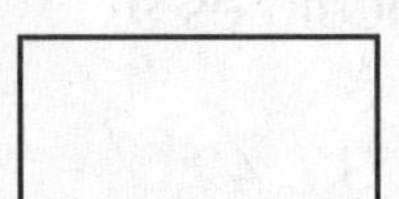

5. $\frac{4}{10}$ 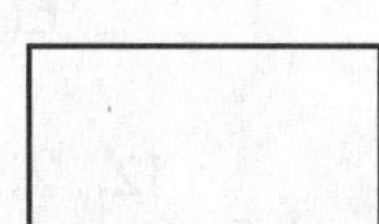

6. $\frac{3}{7}$ 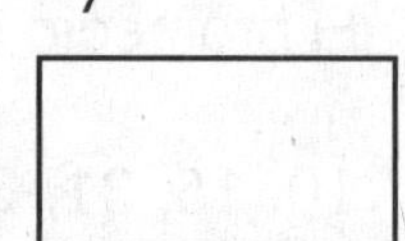

7. $\frac{3}{5}$ 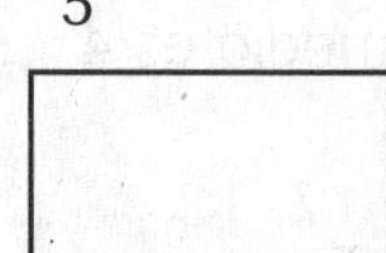

Escribe la fracción para cada uno.

8. un octavo ________

9. siete décimos ________

10. cuatro de cinco ________

11. dos dividido entre tres ________

Resolución de problemas y preparación para el TAKS

12. Ángela tiene 5 dólares para gastar en el almuerzo. Gasta 1 dólar en un refresco, 3 dólares en un hot dog y 1 dólar en un paquete de pretzels. ¿Qué fracción del dinero gastó Angela en el hot dog?

____

13. Hay 9 casas en la cuadra de Zach. 4 de ellas son de ladrillo rojo y las otras son de ladrillo gris. ¿Qué fracción de las casas en la cuadra de Zach son de ladrillo gris?

____

14. Tres amigos cortan una pizza en 8 partes iguales. Los amigos se comen 3 pedazos. ¿Qué fracción de la pizza queda?

A $\frac{1}{8}$ **C** $\frac{3}{5}$

B $\frac{3}{8}$ **D** $\frac{5}{8}$

15. Melissa compró 3 manzanas, 4 peras y 2 bananas en una venta de frutas. ¿Qué fracción de las frutas de Melissa son peras?

F $\frac{3}{9}$ **H** $\frac{2}{9}$

G $\frac{4}{9}$ **J** $\frac{9}{9}$

Nombre ___________________________ **Lección 15.2**

Representar fracciones equivalentes

Escribe dos fracciones equivalentes para cada modelo.

1. **2.**

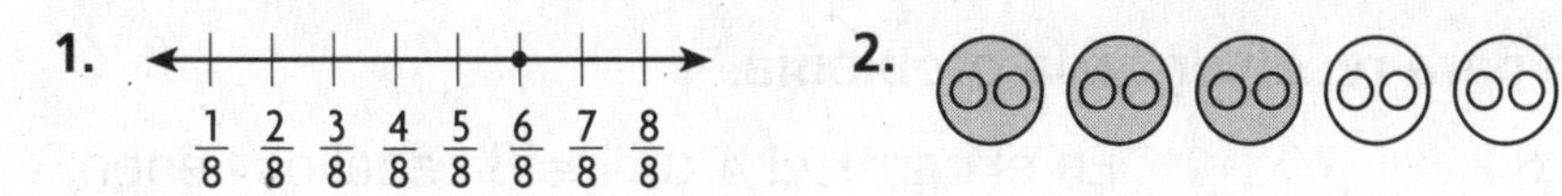

3.

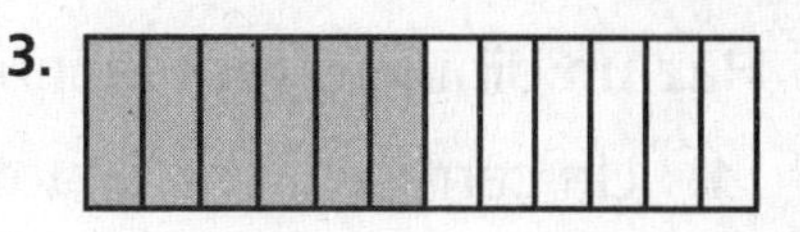

______________ ______________ ______________

Escribe dos fracciones equivalentes para cada uno.

4. $\frac{1}{5}$ ________ **5.** $\frac{2}{3}$ ________ **6.** $\frac{3}{12}$ ________ **7.** $\frac{6}{8}$ ________

Di si las fracciones son equivalentes. Escribe *sí* o *no*.

8. $\frac{2}{9}, \frac{4}{16}$ ________ **9.** $\frac{2}{6}, \frac{8}{24}$ ________ **10.** $\frac{1}{7}, \frac{2}{14}$ ________ **11.** $\frac{6}{12}, \frac{2}{3}$ ________

Di si la fracción está en su mínima expresión. Si no, escríbela en su mínima expresión.

12. $\frac{12}{16}$ ________ **13.** $\frac{5}{9}$ ________ **14.** $\frac{18}{20}$ ________ **15.** $\frac{3}{14}$ ________

ÁLGEBRA Halla el numerador o denominador que falta.

16. $\frac{2}{8} = \frac{■}{24}$ **17.** $\frac{6}{16} = \frac{■}{8}$ **18.** $\frac{7}{9} = \frac{28}{■}$ **19.** $\frac{2}{5} = \frac{20}{■}$

Resolución de problemas y preparación para el TAKS

20. La gata de Cheryl tiene una camada de gatitos. 3 son blancos y 6 son grises. ¿Qué fracción de los gatitos de la gata de Cheryl son blancos? Escribe la cantidad en su mínima expresión.

____

21. Mario se come 4 hot dogs. 1 de ellos tiene mostaza y el resto no. ¿Qué fracción de los hot dogs de Mario no tiene mostaza? Escribe una fracción equivalente para esta cantidad.

____

22. ¿Qué fracción es equivalente a $\frac{2}{5}$?

A $\frac{3}{6}$ **C** $\frac{4}{10}$

B $\frac{2}{8}$ **D** $\frac{5}{15}$

23. Halla la mínima expresión de $\frac{15}{40}$.

F $\frac{1}{4}$ **H** $\frac{3}{8}$

G $\frac{5}{5}$ **J** $\frac{1}{3}$

Nombre ____________________

Lección 15.3

Taller de resolución de problemas: Comparar estrategias

Resolución de problemas • Práctica de estrategias

Haz un dibujo o represéntalo para resolver cada problema.

1. Un carrusel tiene en total 8 caballos. 2 de los caballos tienen sillas rojas. ¿Qué fracción de caballos en el carrusel tienen sillas rojas?

____

2. En el carrusel 4 de los 8 caballos tienen sillas azules. ¿Cuáles son 2 fracciones equivalentes que muestran el número de caballos en el carrusel que tienen sillas azules?

____

3. Un estudiante quiere hallar una fracción equivalente para $\frac{2}{3}$ usando un denominador de 9. Resuelve y explica la estrategia que usaste.

____

____

____

4. Un estudiante quiere hallar dos fracciones equivalentes para $\frac{4}{12}$ usando denominadores menores que 12. Resuelve y explica la estrategia que usaste.

____

____

Práctica de estrategias mixtas

USA DATOS Para los ejercicios 5 y 6, usa la tabla de abajo.

Carrusel antiguo del parque Midland	
Animales	**Número en el carrusel**
Caballos	6
Cebras	4
Elefantes	2
Girafas	3

5. Había el doble de niños en el carrusel que caballos. Había 10 niños más en el carrusel que adultos. ¿Cuántos adultos había en el carrusel? Adivina y comprueba.

____

6. ¿Cuáles son dos fracciones equivalentes que muestran qué parte de los animales son jirafas? Haz un dibujo para mostrar tu respuesta.

____

____

Comparar fracciones

Representa cada fracción para comparar. Escribe $<$, $>$ o $=$ para cada ●.

1. $\frac{6}{9}$ ● $\frac{8}{9}$
2. $\frac{4}{5}$ ● $\frac{2}{3}$
3. $\frac{1}{5}$ ● $\frac{1}{8}$
4. $\frac{2}{6}$ ● $\frac{1}{3}$
5. $\frac{2}{4}$ ● $\frac{3}{5}$
6. $\frac{3}{8}$ ● $\frac{5}{8}$
7. $\frac{3}{5}$ ● $\frac{3}{4}$
8. $\frac{1}{3}$ ● $\frac{5}{8}$
9. $\frac{3}{8}$ ● $\frac{3}{4}$
10. $\frac{1}{2}$ ● $\frac{1}{3}$
11. $\frac{5}{6}$ ● $\frac{5}{8}$
12. $\frac{3}{8}$ ● $\frac{4}{8}$

Usa rectas numéricas para comparar.

13. $\frac{3}{5}$ ● $\frac{3}{4}$
14. $\frac{5}{9}$ ● $\frac{4}{8}$
15. $\frac{4}{10}$ ● $\frac{2}{5}$
16. $\frac{3}{10}$ ● $\frac{3}{8}$
17. $\frac{4}{12}$ ● $\frac{1}{5}$
18. $\frac{4}{16}$ ● $\frac{6}{12}$
19. $\frac{1}{5}$ ● $\frac{3}{10}$
20. $\frac{2}{3}$ ● $\frac{6}{9}$
21. $\frac{3}{4}$ ● $\frac{6}{8}$
22. $\frac{2}{6}$ ● $\frac{2}{9}$
23. $\frac{5}{8}$ ● $\frac{1}{3}$
24. $\frac{2}{4}$ ● $\frac{4}{10}$
25. $\frac{3}{7}$ ● $\frac{4}{7}$
26. $\frac{2}{6}$ ● $\frac{2}{8}$
27. $\frac{5}{9}$ ● $\frac{9}{12}$

Nombre ____________________

Ordenar fracciones

Ordena las fracciones de menor a mayor.

1. $\frac{1}{3}, \frac{1}{8}, \frac{1}{6}$ ____________

2. $\frac{4}{5}, \frac{3}{5}, \frac{5}{8}$ ____________

3. $\frac{4}{10}, \frac{4}{12}, \frac{4}{8}$ ____________

4. $\frac{3}{7}, \frac{5}{10}, \frac{5}{8}$ ____________

5. $\frac{1}{9}, \frac{4}{5}, \frac{2}{3}$ ____________

6. $\frac{5}{6}, \frac{6}{10}, \frac{1}{12}$ ____________

7. $\frac{5}{12}, \frac{2}{4}, \frac{4}{6}$ ____________

8. $\frac{3}{9}, \frac{2}{10}, \frac{5}{6}$ ____________

Ordena las fracciones de mayor a menor.

9. $\frac{1}{5}, \frac{1}{4}, \frac{1}{8}$ ____________

10. $\frac{4}{9}, \frac{4}{5}, \frac{2}{3}$ ____________

11. $\frac{3}{4}, \frac{3}{8}, \frac{3}{5}$ ____________

12. $\frac{2}{10}, \frac{2}{5}, \frac{3}{12}$ ____________

13. $\frac{5}{12}, \frac{3}{9}, \frac{3}{6}$ ____________

14. $\frac{7}{12}, \frac{3}{4}, \frac{2}{4}$ ____________

15. $\frac{5}{8}, \frac{4}{6}, \frac{1}{10}$ ____________

16. $\frac{3}{5}, \frac{6}{12}, \frac{2}{10}$ ____________

Resolución de problemas y preparación para TAKS

17. Matt hizo una ensalada de frutas con $\frac{3}{4}$ de taza de fresas, $\frac{5}{8}$ de taza de uvas y $\frac{2}{4}$ de taza de moras. Ordena las cantidades de menor a mayor.

____

18. Carolyn camina $\frac{4}{6}$ de milla de la casa a la escuela. John camina $\frac{3}{8}$ de milla de la casa a la escuela y Corey camina $\frac{6}{12}$ de milla de la casa a la escuela. Ordena las distancias de mayor a menor.

____

19. Pat gastó $\frac{3}{9}$ del día haciendo compras, $\frac{2}{10}$ del día haciendo ejercicio y $\frac{2}{5}$ del día estudiando. ¿Qué actividad toma más tiempo?

____

20. En un tarro de canicas hay $\frac{3}{10}$ rojas, $\frac{1}{5}$ azules y $\frac{2}{15}$ blancas. ¿De qué color hay menos canicas?

____

Nombre ______________________________ Lección 15.6

Leer y escribir números mixtos

Escribe un número mixto para cada dibujo.

1. 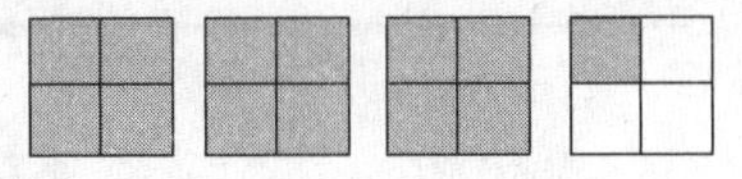

2. 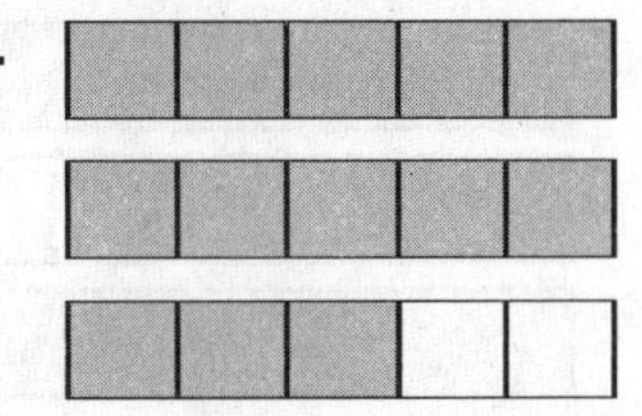

3. 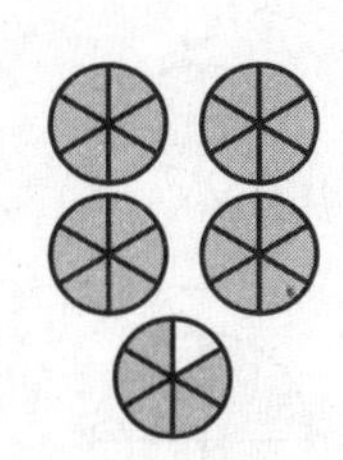

______ ______ ______

Para los ejercicios 4 a 8, usa la recta numérica para escribir la letra que representa cada número mixto o fracción.

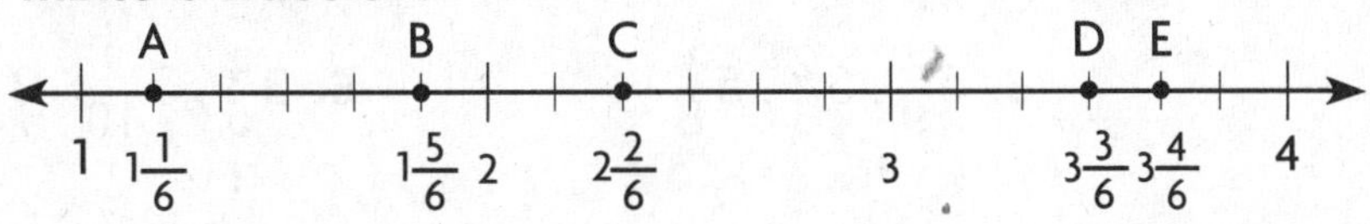

4. $\frac{14}{6}$ ______ **5.** $3\frac{4}{6}$ ______ **6.** $\frac{11}{6}$ ______ **7.** $3\frac{3}{6}$ ______ **8.** $\frac{7}{6}$ ______

Nombra de nuevo cada fracción como un número mixto y cada número mixto como una fracción. Puedes hacer un dibujo.

9. $5\frac{3}{4}$ ______ **10.** $3\frac{2}{10}$ ______ **11.** $\frac{38}{6}$ ______ **12.** $\frac{23}{3}$ ______ **13.** $2\frac{3}{8}$ ______

Resolución de problemas y preparación para el TAKS

14. Ned corta un tablero que tiene $5\frac{1}{4}$ pulgadas de largo. Haz una recta numérica y ubica $5\frac{1}{4}$ pulgadas.

15. Julia pasea en bicicleta por $1\frac{2}{3}$ horas. Dibuja una recta numérica para representar la cantidad de tiempo.

16. Denzel hace una torta con $2\frac{2}{3}$ de tazas de harina. ¿Qué letra muestra el número mixto como una fracción?

A $\frac{4}{3}$

B $\frac{8}{3}$

C $\frac{6}{3}$

D $\frac{10}{3}$

17. Ashley sirve $3\frac{5}{8}$ bandejas de panecillos. ¿Cuántos panecillos sirve Ashley si cada panecillo es $\frac{1}{8}$ de la bandeja?

F 29

G 15

H 24

J 19

Nombre ______________________ **Lección 15.7**

Comparar y ordenar números mixtos

Compara los números mixtos. Usa <, > ó =.

1.

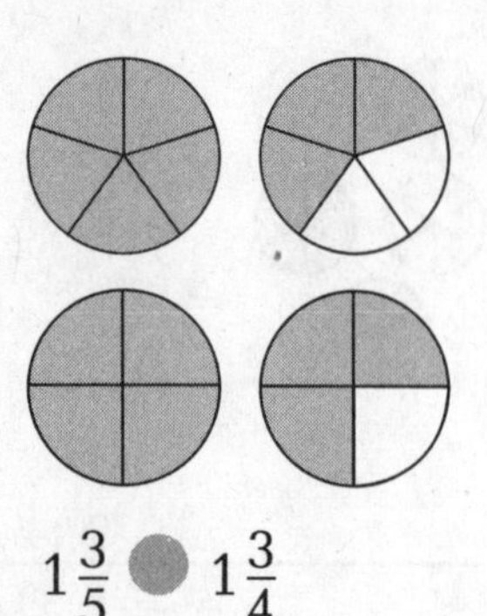

$1\frac{3}{5}$ ● $1\frac{3}{4}$

2.

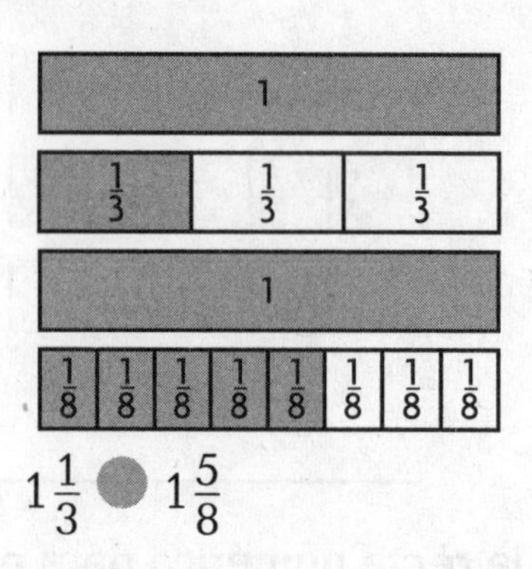

$1\frac{1}{3}$ ● $1\frac{5}{8}$

3.

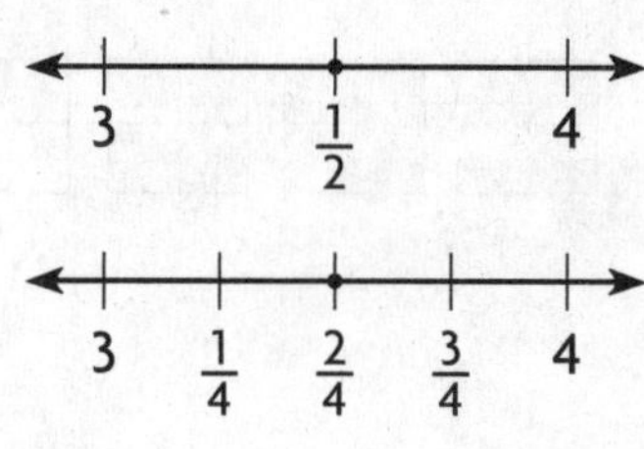

$3\frac{1}{2}$ ● $3\frac{2}{4}$

Ordena los números mixtos de menor a mayor.

4. $2\frac{1}{4}, 4\frac{3}{8}, 2\frac{3}{4}$ ______________

5. $5\frac{4}{9}, 5\frac{2}{3}, 5\frac{1}{8}$ ______________

6. $3\frac{4}{5}, 3\frac{2}{10}, 3\frac{5}{12}$ ______________

7. $6\frac{3}{6}, 6\frac{3}{4}, 6\frac{1}{3}$ ______________

8. $1\frac{3}{8}, 1\frac{3}{5}, 1\frac{3}{9}$ ______________

9. $7\frac{1}{4}, 7\frac{1}{7}, 7\frac{3}{5}$ ______________

Resolución de problemas y preparación para el TAKS

USA DATOS Para los ejercicios 10 y 11, usa la tabla.

10. ¿Qué ingrediente muestra la mayor cantidad?

____

11. ¿Qué ingrediente requiere $\frac{5}{3}$ de taza?

____

Mezcla de frutos secos	
Ingredientes	**Cantidad**
Rodajas de maíz	2 tazas
Maní	$1\frac{1}{3}$ tazas
Pasas	$1\frac{2}{3}$ tazas

12. Jamal juega fútbol por $\frac{12}{5}$ horas. Escribe el tiempo que Jamal juega fútbol como un número mixto.

____

13. Eddie está en un parque de diversiones y quiere dar una vuelta en la atracción que tenga el menor tiempo de espera. La espera para 4 atracciones se muestra. ¿Cuál es el menor tiempo de espera?

A $1\frac{4}{5}$

B $1\frac{1}{5}$

C $1\frac{1}{2}$

D $1\frac{2}{3}$

Nombre ______________________________________

Lección 16.1

Relacionar fracciones y decimales

Escribe el decimal y la fracción que muestra cada modelo.

1. 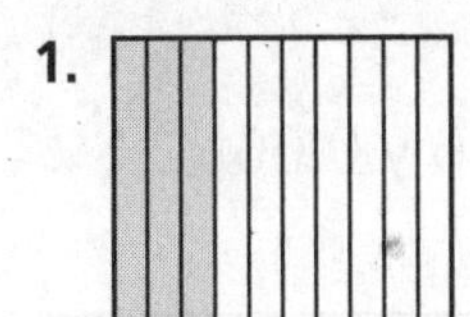

____

2.

____

3. 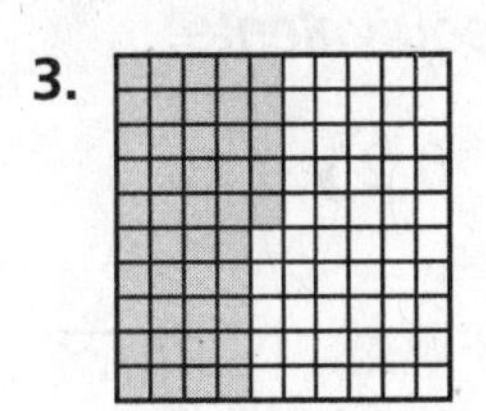

____

4. 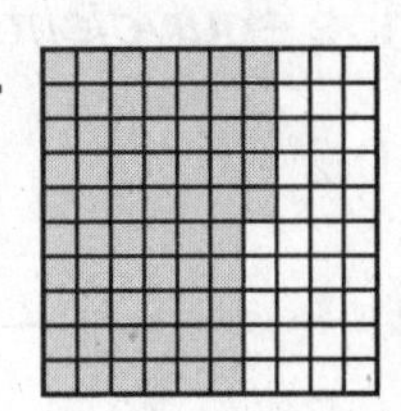

____

Escribe cada fracción como un decimal. Puedes usar un modelo o dibujo.

5. $\frac{6}{10}$ _______________

6. $\frac{2}{100}$ _______________

7. $\frac{1}{10}$ _______________

8. $\frac{63}{100}$ _______________

ÁLGEBRA Halla el número que falta. Puedes usar un modelo o dibujo.

9. 2 décimos + 5 centésimos = ______

10. ______ décimos + 4 centésimos = 0.04

11. 3 décimos + ______ centésimos = 0.38

12. ______ décimo + 0 centésimos = 0.10

13. 9 décimos + 7 centésimos = ______

14. 4 décimos + ______ centésimos = 0.66

Resolución de problemas y preparación para el TAKS

15. Escribe cinco centavos de forma normal.

____

16. Escribe uno y treinta y cuatro centésimos de forma normal.

____

17. ¿Cuál fracción representa el modelo?

A 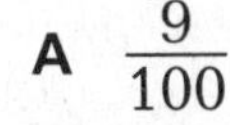

B $\frac{6}{100}$

C $\frac{9}{10}$

D $\frac{6}{10}$

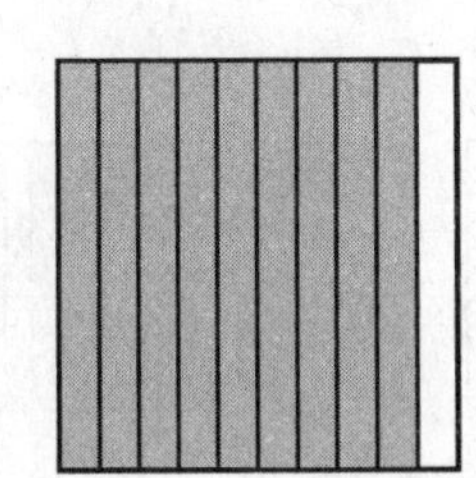

18. Mori corre .45 millas el martes. Sharetha corre $\frac{6}{10}$ millas el mismo día. Sharetha dice que corrió más rápido que Mori. Explica cómo usar una recta numérica para mostrar si Sharetha tiene razón.

____

____

____

____

Nombre ______________________________

Decimales equivalentes

Usa modelos de décimas y centésimas. ¿Son equivalentes los dos decimales? Escribe *equivalente* o *no equivalente*.

1. 0.2 y 0.02 ____________

2. 0.2 y 0.20 ____________

3. 0.5 y 0.51 ____________

4. 0.6 y 0.06 ____________

5. 0.7 y 0.70 ____________

6. 0.11 y 0.1 ____________

7. 0.3 y 0.30 ____________

8. 0.44 y 0.42 ____________

Escribe un decimal equivalente para cada uno. Puedes usar modelos decimales.

9. 0.90 ____________

10. 0.5 ____________

11. 0.70 ____________

12. 0.80 ____________

13. $\frac{4}{10}$ ____________

14. $1\frac{1}{2}$ ____________

15. $\frac{50}{100}$ ____________

16. $3\frac{45}{100}$ ____________

ÁLGEBRA Escribe un decimal equivalente. Usa los modelos como ayuda.

17.

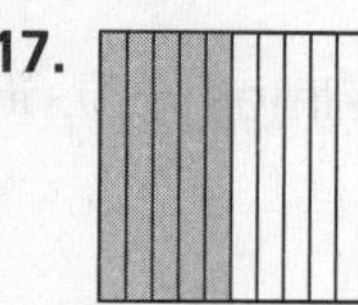
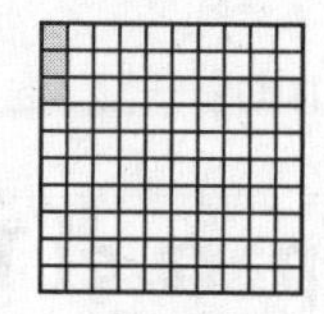
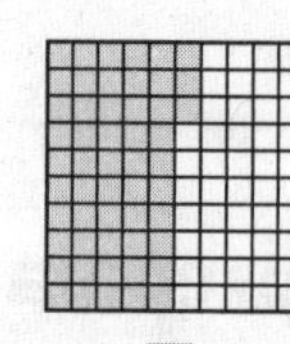

0.5 + 0.03 = ■

18.

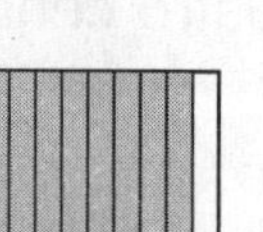
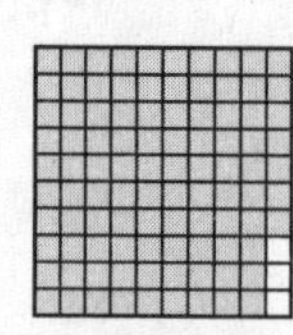

■ + 0.07 = 0.97

19.

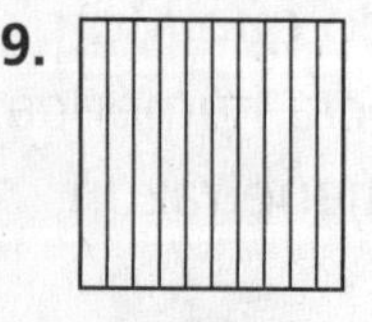
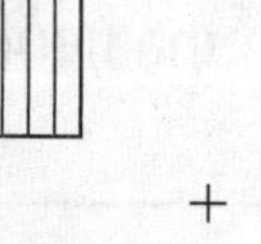
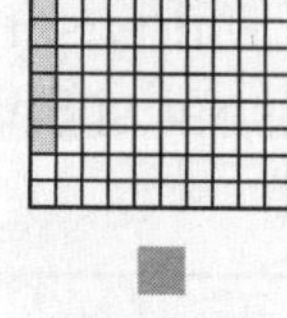
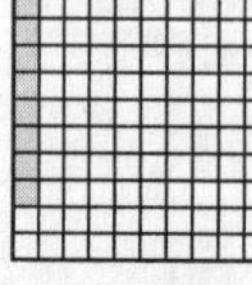

■ + ■ = 0.08

20.

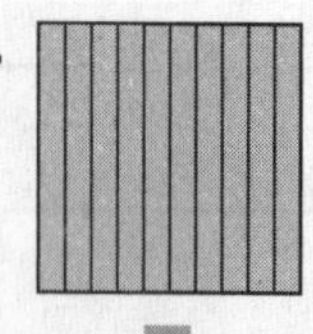
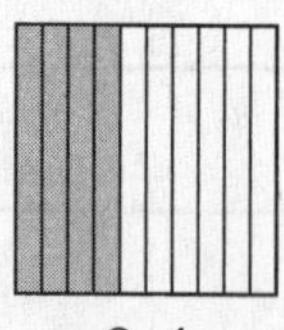
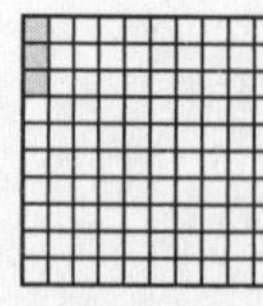
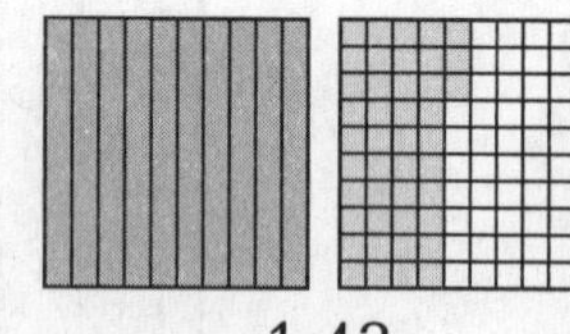

■ + 0.4 + ■ = 1.43

Nombre ____ **Lección 16.3**

Relacionar números mixtos y decimales

Escribe un decimal equivalente y un número mixto para cada modelo.

1. 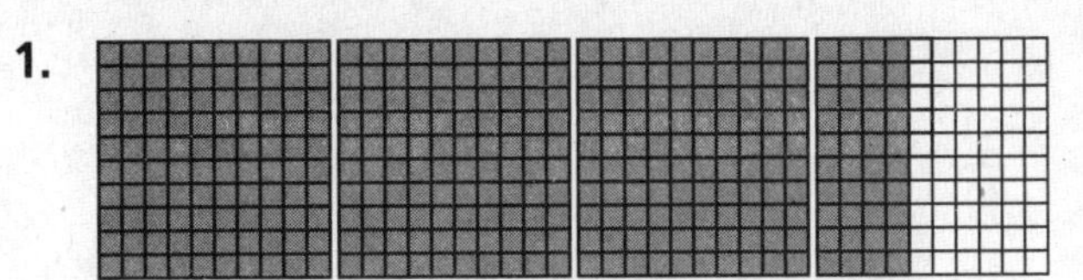

2. 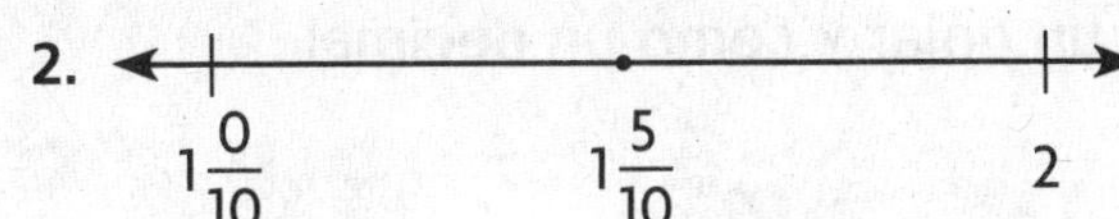

_______________ _______________

Escribe un número mixto equivalente o un decimal para cada uno. Después escríbelo en palabras. Puedes usar un modelo.

3. 6.6 **4.** $3\frac{90}{100}$ **5.** 4.75 **6.** $5\frac{1}{4}$ **7.** 2.09

ÁLGEBRA Escribe el número que falta en cada ■.

8. $2.4 = 2 + ■$ **9.** $3.80 = 3 + 0.8 + ■$ **10.** $5.06 = 5 + ■ + 0.00$

Resolución de problemas y preparación para el TAKS

11. Harriet piensa en un decimal que es equivalente a ocho y un quinto. ¿Cuál es el decimal?

____

12. Un estuche para CD mide cuatro y cuatro quintos de pulgada por cinco y tres quintos de pulgada. ¿Cuál es la forma decimal para estas medidas?

____

13. ¿Qué número mixto es equivalente a 3.25?

A $3\frac{1}{4}$

B $3\frac{2}{5}$

C $3\frac{2}{3}$

D $2\frac{9}{100}$

14. En su mínima expresión, ¿cuál es una fracción equivalente para el decimal 2.36?

F $2\frac{4}{50}$

G $2\frac{3}{10}$

H $2\frac{9}{25}$

J $2\frac{6}{100}$

Nombre ____________________

Fracciones, decimales y dinero

Escribe la cantidad total de dinero. Después escribe la cantidad como una fracción de un dólar y como un decimal.

1. 

2. 

3. 

4. 

5. 3 monedas de 25¢, 1 moneda de 10¢ ____________

6. 1 moneda de 25¢, 3 monedas de 5¢ ____________

7. 5 monedas de 5¢, 3 monedas de 10¢ ____________

8. 1 moneda de 10¢, 1 moneda de 5¢, 2 centavos ____________

Escribe la cantidad como una fracción de un dólar, como un decimal y como una cantidad de dinero.

9. 6 monedas de 10¢ ____________

10. 2 monedas de 5¢, 7 centavos ____________

11. 4 monedas de 10¢, 9 centavos ____________

12. 8 monedas de 10¢, 12 centavos ____________

ÁLGEBRA Halla el número que falta para decir el valor de cada dígito.

13. \$2.72 = ______ dólares + ______ monedas de 10¢ + ______ monedas de 1¢

2.72 = ______ unidades + ______ décimos + ______ centésimos

14. \$8.06 = ______ dólares + ______ monedas de 1¢

8.06 = ______ unidades + ______ centésimos

Resolución de problemas y preparación para el TAKS

USA DATOS Para los ejercicios 15 y 16, usa la tabla.

Cafetería de la escuela	
Fruta	**Precio**
Manzana	\$0.35
Banana	\$0.45
Pera	\$0.55

15. ¿Cuál fruta podrías comprar con $\frac{1}{2}$ dólar?

____

16. ¿Cuál fruta podrías comprar con $\frac{3}{4}$ de dólar?

____

17. ¿Cuál decimal representa cuatro monedas de 10¢?

A 0.35 **C** 0.41

B 0.40 **D** 0.45

18. ¿Cuál decimal representa dos monedas de 25¢?

____

Nombre ______________________________

Lección 16.5

Comparar decimales

Compara. Escribe <, > o = para cada ●.

1. 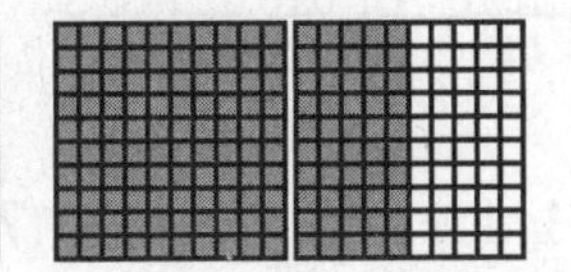

1.51 ● 1.5

2. 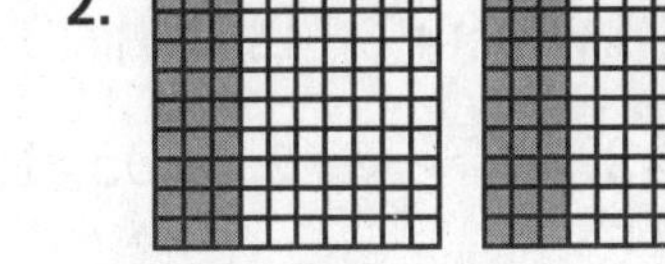

0.30 ● 0.3

3. 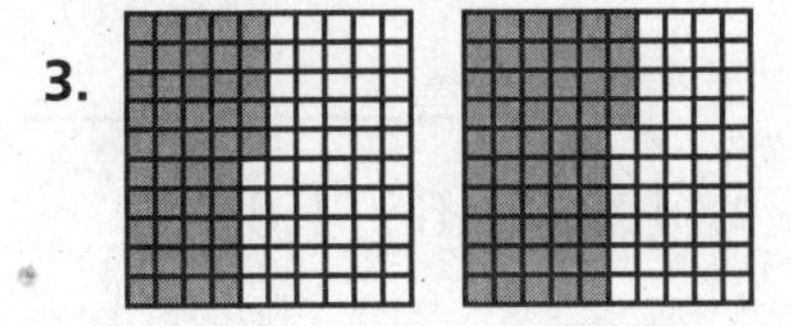

0.45 ● 0.54

4. 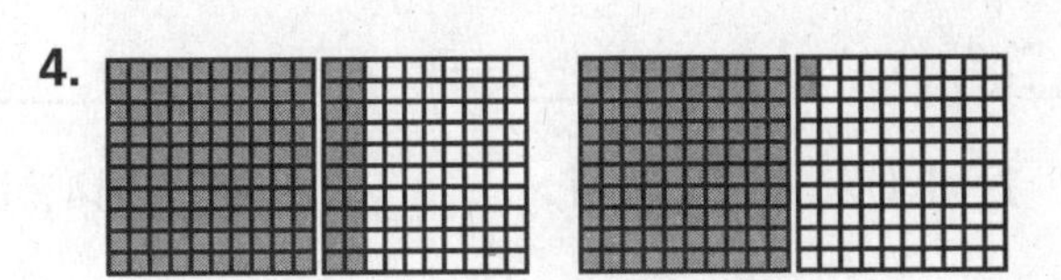

1.20 ● 1.02

5. 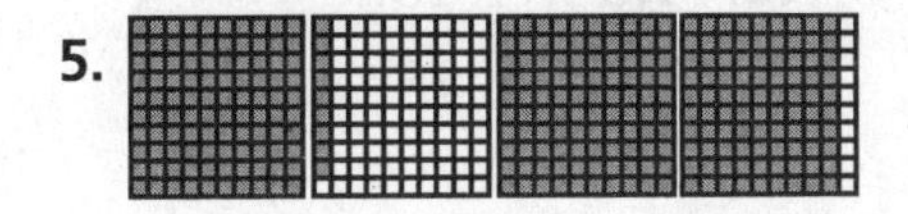

2.09 ● 2.90

6. 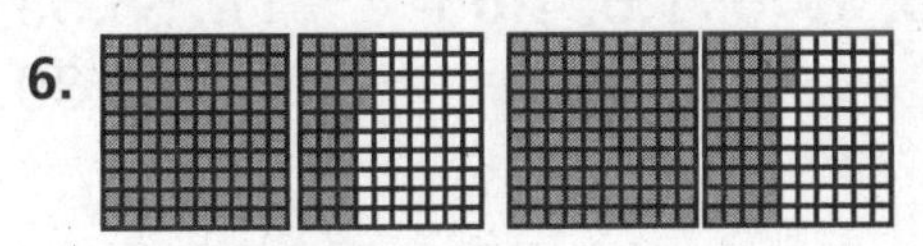

2.34 ● 1.43

Usa la recta numérica para determinar si los enunciados numéricos son *verdaderos* o *falsos*.

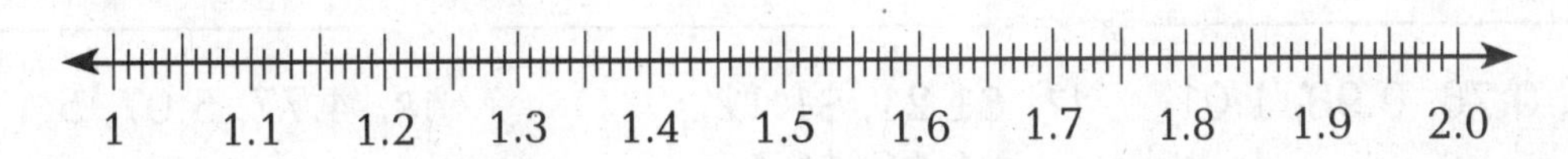

7. $1.25 < 1.52$ ______________

8. $1.70 > 1.7$ ______________

9. $1.21 < 1.2$ ______________

10. $1.22 < 1.11$ ______________

11. $1.29 < 1.92$ ______________

12. $1.4 = 1.40$ ______________

13. $1.09 > 1.08$ ______________

14. $1.66 = 1.67$ ______________

15. $1.37 < 1.35$ ______________

16. $1.55 > 1.45$ ______________

17. $1.0 = 1.00$ ______________

18. $1.9 < 1.99$ ______________

Nombre ____________________

Ordenar decimales

Usa la recta numérica para ordenar los decimales de menor a mayor.

1 1.1 1.2 1.3 1.4 1.5 1.6 1.7 1.8 1.9 2.0

1. 1.45, 1.44, 1.43 ____________

2. 1.05, 1.04, 1.4 ____________

3. 1.78, 1.79, 1.09 ____________

4. 1.33, 1.32, 1.3 ____________

5. 1.2, 1.19, 1.27 ____________

6. 1.05, 1.03, 1.01 ____________

7. 1.02, 1.03, 1.1 ____________

8. 1.84, 1.89, 1.82 ____________

9. 1.66, 1.65, 1.62 ____________

Ordena los decimales de mayor a menor.

10. 1.66, 1.06, 1.6, 1.65 ____________

11. $5.33, $5.93, $5.39, $3.55 ____________

12. 4.84, 4.48, 4.88, 4.44 ____________

13. $1.45, $1.43, $1.54, $1.34 ____________

14. 7.32, 7.38, 7.83, 7.23 ____________

15. $0.98, $1.99, $0.89, $1.89 ____________

16. 0.67, 0.76, 0.98, 1.01 ____________

17. $1.21, $1.12, $1.11, $1.10 ____________

18. 4.77, 5.07, 5.1, 4.6 ____________

19. 1.21, 1.45, 1.12, 1.44 ____________

20. 2.21, 2.67, 2.66, 2.3 ____________

21. $9.00, $9.10, $9.11, $9.99 ____________

22. $5.97, $5.96, $6.59, $5.75 ____________

23. $3.39, $3.03, $3.83, $3.30 ____________

24. 8.17, 8.05, 8.08, 8.1 ____________

Nombre ______________________

Taller de resolución de problemas Destreza: Sacar conclusiones

Resolución de problemas • Práctica de destrezas

Usa la información de la tabla para sacar una conclusión.

1. Janae mira los avisos de la derecha y quiere el mayor valor por su dinero. Si ella quiere un juego, ¿cuál debería comprar y en qué tienda?

____

2. ¿Qué pasaría si Grandes juegos vendiera cartas por $3.50? ¿Cuál tienda tendría el mejor precio?

____

Aplicaciones mixtas

USA DATOS Para los ejercicios 3 y 4, usa el mapa.

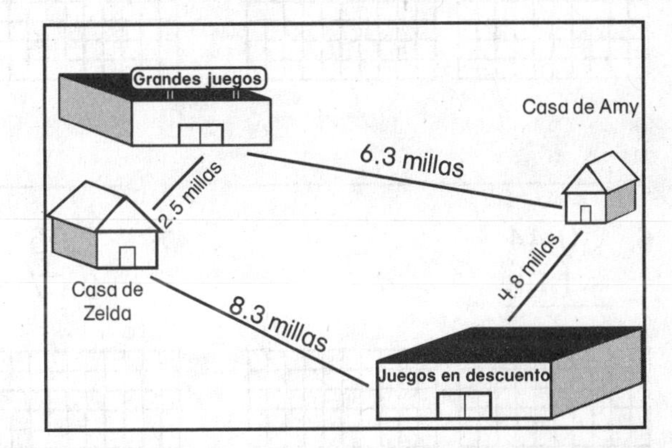

3. Sal vive a 4.08 millas de la tienda Juegos en descuento. ¿Quién vive más cerca, Amy o Sal?

____

4. Si Sal vive a 6.33 millas de Grandes juegos, ¿quién vive más cerca de cada tienda? Menciona Amy, Sal y Zelda en el orden en que viven de cada tienda de menor a mayor.

____

5. Patty pagó por 8 camisetas con cinco billetes de $20. Si cada camiseta cuesta $12.35 aproximadamente, ¿cuánto cambio recibió Patty? ¿Necesitas una estimación o una respuesta exacta?

____

Nombre ______________________________ **Lección 17.1**

Representar la suma

Usa modelos para hallar la suma.

1. $\begin{array}{r} 0.56 \\ +0.45 \\ \hline \end{array}$

2. $\begin{array}{r} 0.4 \\ +0.7 \\ \hline \end{array}$

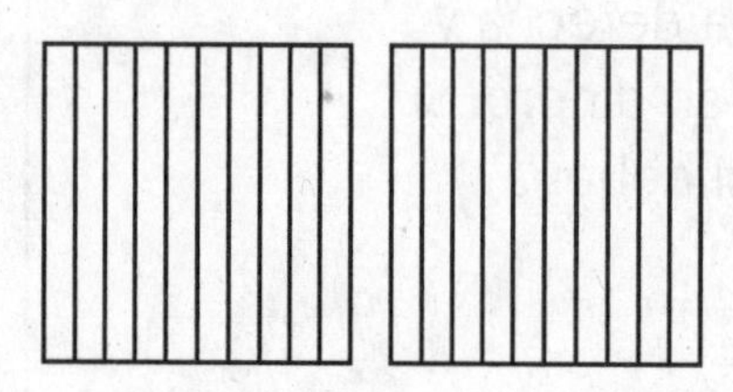

3. $\begin{array}{r} 0.25 \\ +0.07 \\ \hline \end{array}$

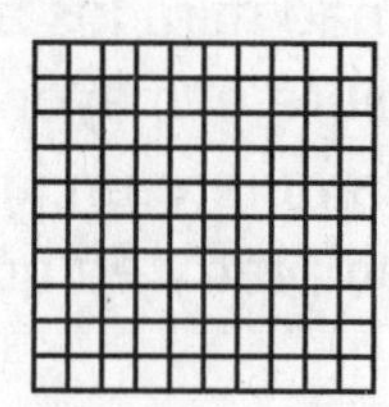

______ ______ ______

4. $\begin{array}{r} 1.05 \\ +0.78 \\ \hline \end{array}$

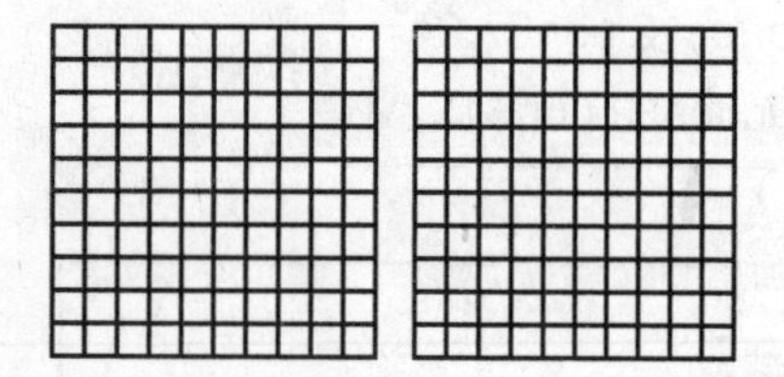

5. $\begin{array}{r} 0.38 \\ +1.93 \\ \hline \end{array}$

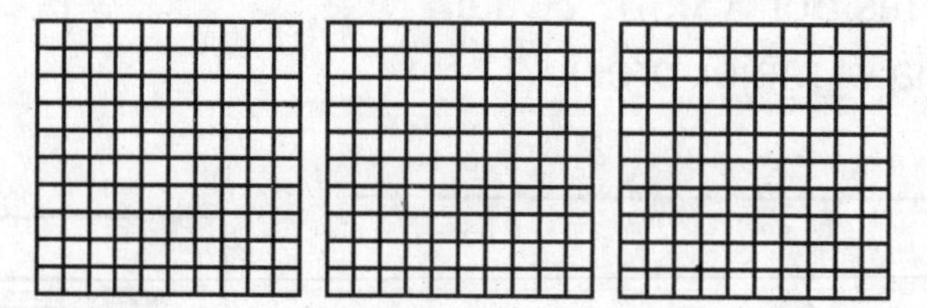

______ ______

6. $\begin{array}{r} 0.44 \\ +1.08 \\ \hline \end{array}$

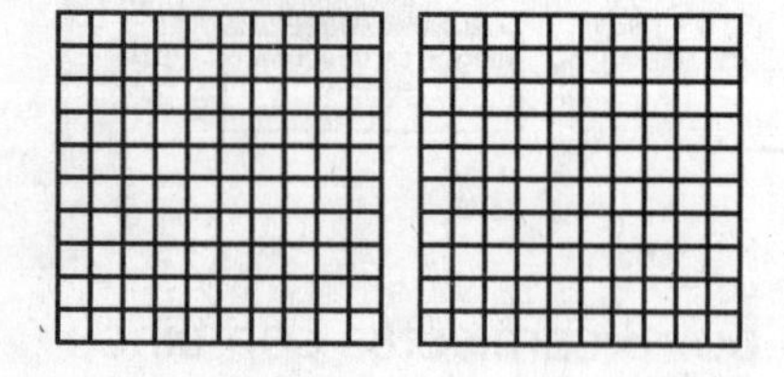

7. $\begin{array}{r} 1.06 \\ +0.67 \\ \hline \end{array}$

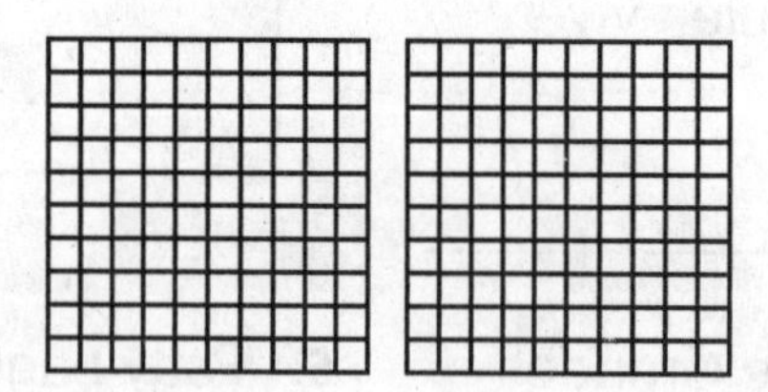

8. $\begin{array}{r} 0.16 \\ +1.55 \\ \hline \end{array}$

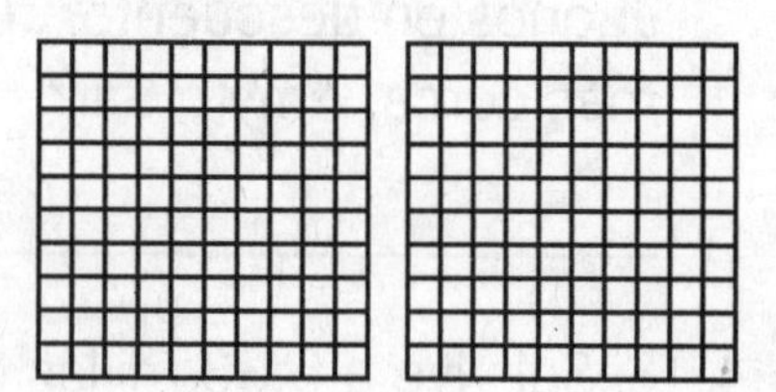

______ ______ ______

ÁLGEBRA Usa los modelos para hallar el sumando que falta.

9.

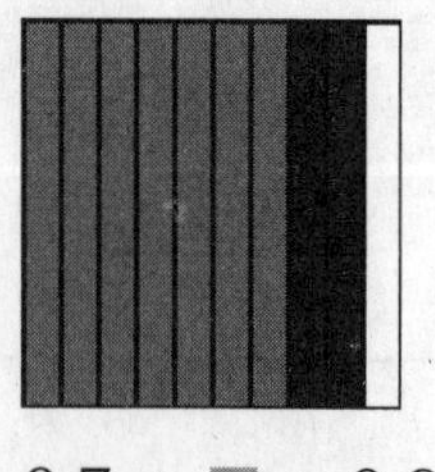

0.7 + ■ = 0.9

10.

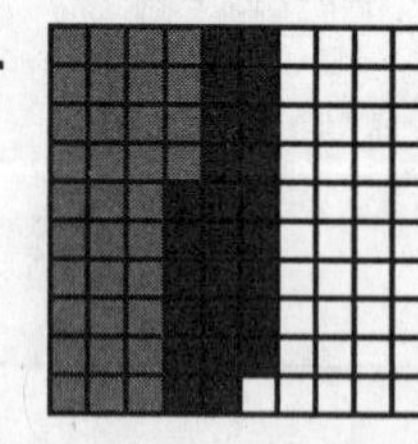

0.34 + ■ = 0.59

Nombre ____________________

Representar la resta

Usa modelos para hallar la diferencia.

1. $\begin{array}{r} 0.57 \\ -0.18 \\ \hline \end{array}$

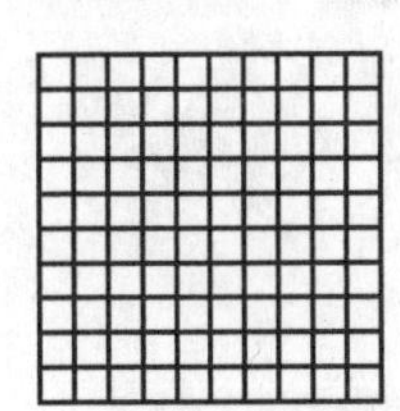

2. $\begin{array}{r} 0.7 \\ -0.3 \\ \hline \end{array}$

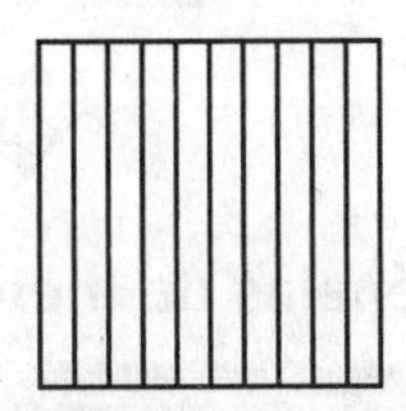

3. $\begin{array}{r} 1.07 \\ -0.42 \\ \hline \end{array}$

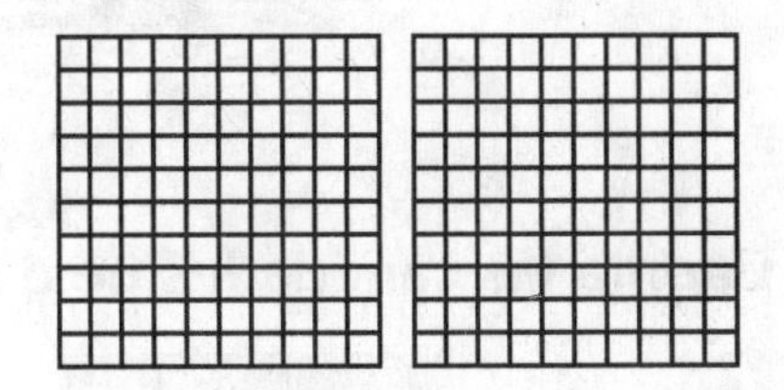

4. $\begin{array}{r} 1.09 \\ -0.90 \\ \hline \end{array}$

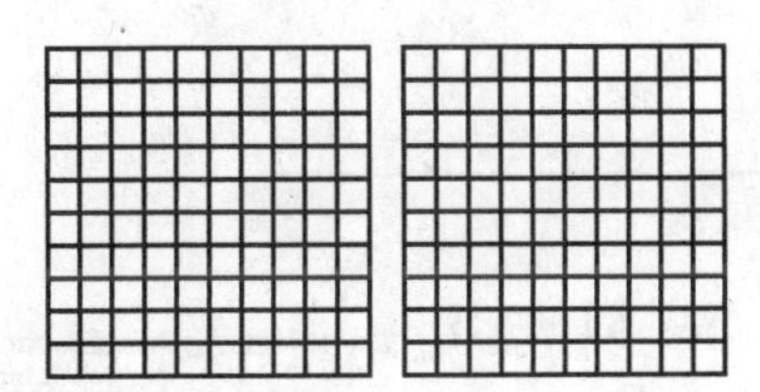

5. $\begin{array}{r} 1.00 \\ -0.63 \\ \hline \end{array}$

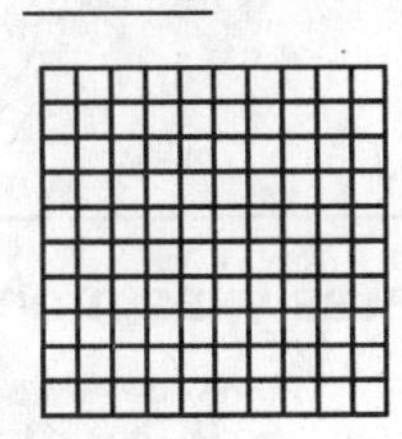

6. $\begin{array}{r} 1.98 \\ -1.29 \\ \hline \end{array}$

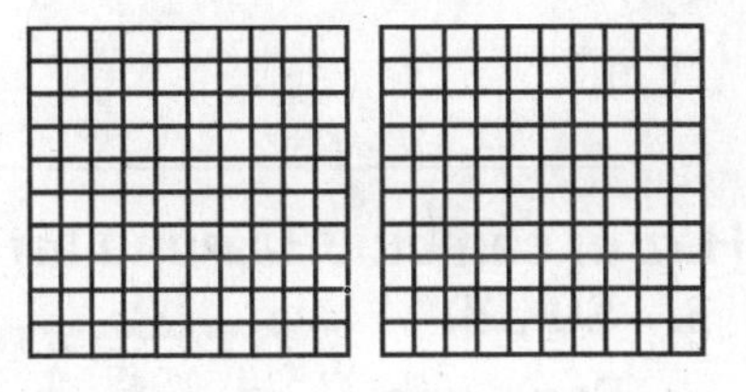

7. 2.73 − 1.79

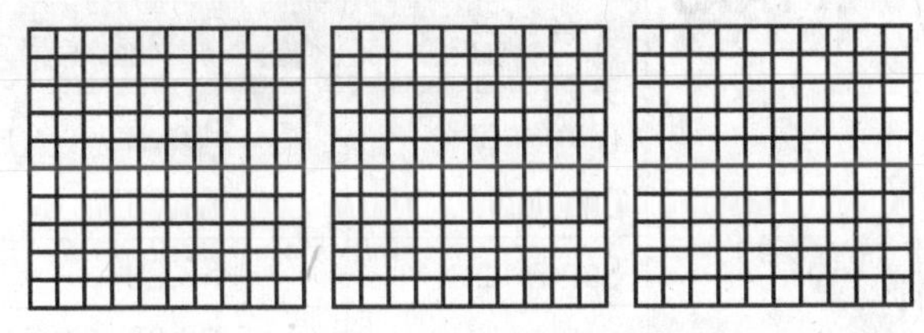

____

8. 2.92 − 2.07

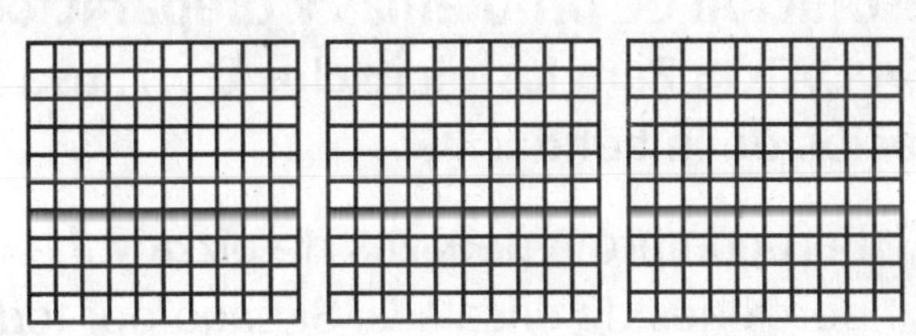

____

ÁLGEBRA **Usa los modelos para hallar el número que falta.**

9.

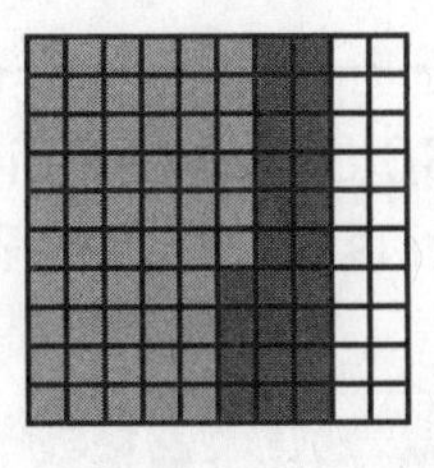

0.80 − ■ = 0.16

10.

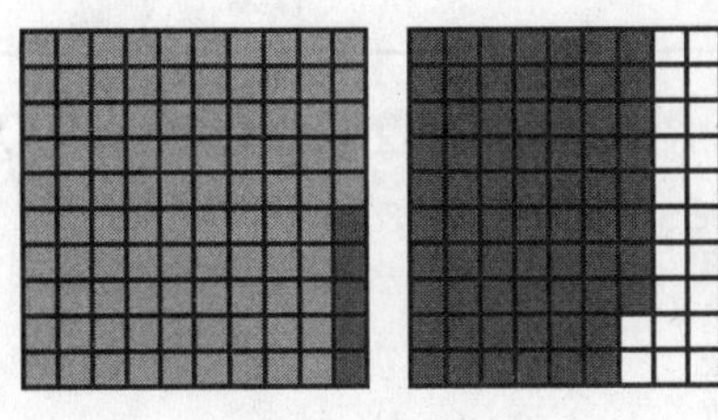

■ − 1.15 = 0.53

Nombre ____________________

Lección 17.3

Usar dinero

Compara. Escribe $<$, $>$ o $=$.

1. a. 

   b. 

Cuenta las cantidades de dinero y ordénalas de menor a mayor.

2.   

____

Haz el cambio. Haz una lista de los billetes y las monedas.

3. $0.38
   Pagó con: 

   ____

4. $7.52
   Pagó con: 

   ____

5. $19.13
   Pagó con: 

   ____

Resolución de problemas y preparación para el TAKS

USA DATOS Para los ejercicios 6 y 7, usa los precios de la tienda.

Tienda de bocadillos	
Alimento	**Precio**
Ensalada	$1.75
Sándwich	$3.29
Yogur	$0.99
Taza de fruta	$1.45
Pizza	$1.25 por rebanada

6. Bart compró 6 pedazos de pizza y 3 porciones de ensalada. Si pagó por todo con un billete de $20, ¿cuánto cambio le darán?

   ____

7. Faith compró un bocadillo de cada uno. ¿Cuánto cambio le darán a Faith si pagó con un billete de $10?

   ____

8. Charlie recibió $0.62 en cambio. ¿Qué monedas hacen falta?

   ____

9. Jay recibió $0.87 en cambio. ¿Qué monedas hacen falta?

   ____

Nombre ____________________

Sumar y restar decimales y dinero

Usa los modelos para hallar la suma o diferencia. Anota la respuesta.

1. $\begin{array}{r} 0.7 \\ -\ 0.3 \\ \hline \end{array}$

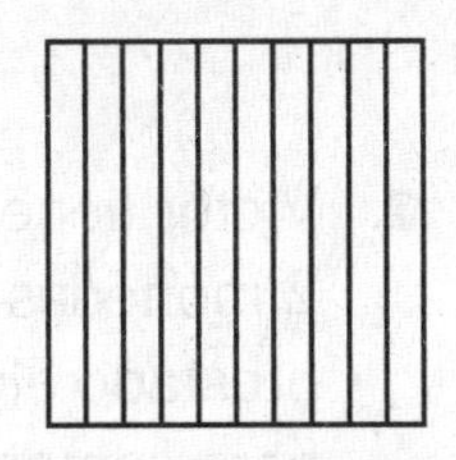

____

2. $\begin{array}{r} 0.44 \\ +\ 1.08 \\ \hline \end{array}$

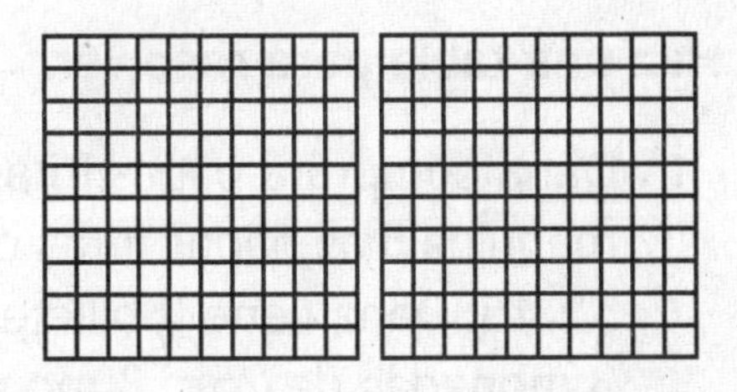

____

3. $2.92 - 2.07$

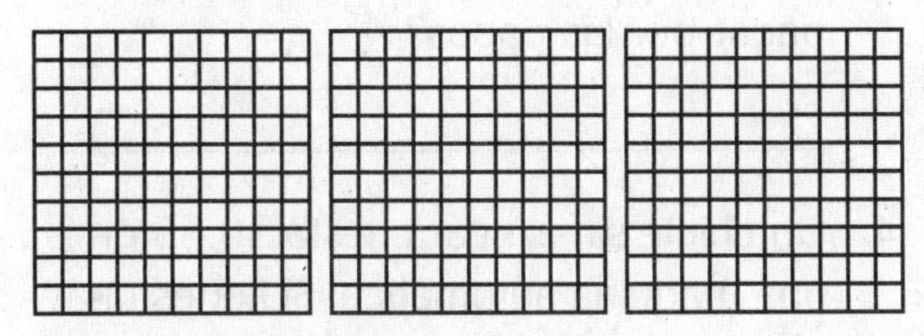

____

4. $0.22 + 0.95$

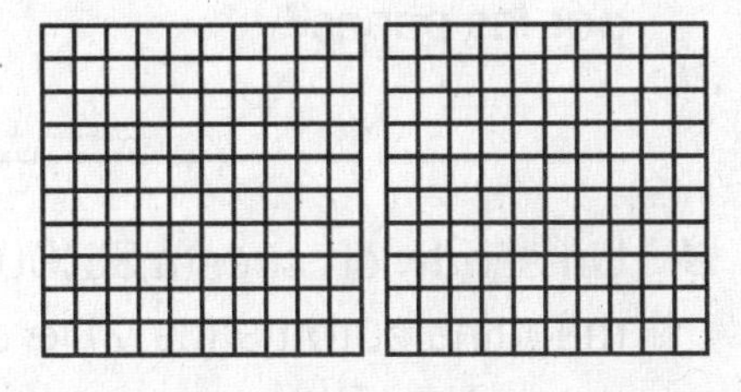

____

Compara. Escribe <, > o = para cada ●.

5. $\$5.15 + \$0.10$ ● $\$4.84 + \$0.35$

6. $3.78 + 2.51$ ● $9.54 - 3.30$

ÁLGEBRA Halla los decimales que faltan. Puedes ver los totales al final de cada fila y la parte de abajo de cada columna.

7.	13.06	4.12	22.77	
8.	67.77		15.14	83.64
9.	0.98	73.22		80.78
10.		78.07	44.49	

Repaso y preparación para el TAKS

11. Lyle gastó $2.47 en mantequilla de maní, $3.56 en mermelada y $2.37 en pan. ¿Cuánto gastó en total?

____

12. Jason compró pantalones en oferta por $25.89. Estaban $8.09 menos que el precio original. Usa un modelo o haz un dibujo para hallar el precio original de los pantalones.

A $33.98

B $27.46

C $17.80

D $33.40

Nombre ______________________________

Taller de resolución de problemas • Estrategia: Hacer una tabla

Resolución de problemas • Práctica de estrategias

Haz una tabla para resolver.

1. Dana comprará papas fritas en una máquina. Las papas fritas cuestan $2.45. Dana tiene 2 billetes de $1.00, 3 monedas de 25¢, 3 monedas de 10¢ y 4 monedas de 5¢. ¿De qué maneras diferentes puede pagar Dana por las papas?

____

2. Víctor tiene $1, 4 monedas de 25¢ y 2 monedas de 10¢. Le pedirá prestado algún dinero a un amigo para comprar un paquete de papas por $2.45. ¿Qué moneda o monedas deberá pedir prestado Víctor para pagar por las papas?

____

3. Un sándwich cuesta $1.00 en una máquina automática. ¿De cuántas maneras diferentes puedes formar $1.00 si tienes una moneda de 25¢, algunas monedas de 10¢, y algunas monedas de 5¢?

____

4. Un chicle sin azúcar cuesta $0.85 en una máquina automática. Si tienes una moneda de 25¢, ¿cuántas monedas de 10¢ necesitarías para comprar un paquete de chicles sin azúcar?

____

Aplicaciones mixtas

USA DATOS Para los ejercicios 5 y 6, usa la tabla.

Centro comunitario	
Ítem	**Precio**
Admisión	$1.50
Gorro de baño	$2.75
Toalla	$5.55

5. Tanya gasta $9.80 en la piscina. ¿Qué compró Tanya?

____

6. Libby pagó por ella y dos hermanas para ir a la piscina. También compró 3 toallas y un gorro de baño. ¿Cuánto gastó Libby?

____

7. Henry tiene el cambio exacto para pagar por un lápiz de $0.50. Pagó con 6 monedas. ¿Cuáles pueden ser esas monedas?

____

8. En el ejercicio 1, ¿cuánto dinero le quedará a Dana después de comprar las papas?

____

Nombre ____________________

Medir el tiempo

Escribe la hora como se ve en el reloj digital.

1. dos y cincuenta y dos ____________
2. 12 minutos pasadas las ocho ____________
3. las seis y media ____________

Escribe dos maneras de decir la hora. Después estima a los 5 minutos más cercanos.

4. 

____
____

5. 

____
____

6. 

____
____

7. 
____
____

8. 
____
____

9. 
____
____

Di si se debe usar segundos, minutos, horas o días para medir el tiempo.

10. viajar alrededor del mundo ____________
11. buscar el significado de una palabra ____________
12. hacer un modelo de avión a partir de cero ____________

Resolución de problemas y preparación para el TAKS

Para los ejercicios 13 y 14, usa el reloj.

13. ¿Qué hora es a los 5 minutos más cercanos?
____

14. Escribe el tiempo de otras dos maneras.
____

15. José almuerza a las once y cuarto. ¿Qué hora es?

A 10:45 a.m.
B 11:15 a.m.
C 11:30 a.m.
D 11:45 a.m.

16. Greg dice que faltan once minutos para las tres de la tarde. ¿Qué hora es?

F 3:11 p.m.
G 2:49 a.m.
H 2:49 p.m.
J 3:11 a.m.

Nombre ____________________ Lección 18.2

Tiempo transcurrido

Halla el tiempo transcurrido.

1. empieza: 8:15 a.m.
   termina: 8:55 a.m.
   ____
2. empieza: 6:50 p.m.
   termina: 7:20 p.m.
   ____
3. empieza: 7:35 a.m.
   termina: 7:15 p.m.
   ____
4. empieza: 9:55 a.m.
   termina: 1:45 p.m.
   ____

Find the start time.

5. termina: 11:35 p.m
   tiempo transcurrido: 6 hr 55 min
   ____
6. termina: 6:25 a.m.
   tiempo transcurrido: 55 min
   ____
7. termina: 11:41 a.m.
   tiempo transcurrido: 2 hr 12 min
   ____
8. termina: 8:15 p.m.
   tiempo transcurrido: 12 hr 25 min
   ____
9. termina: 11:35 a.m.
   tiempo transcurrido: 3 hr 5 min
   ____
10. termina: 6:12 a.m.
    tiempo transcurrido: 7 hr 3 min
    ____
11. termina: 9:25 a.m.
    tiempo transcurrido: 1 hr 50 min
    ____
12. termina: 11:50 a.m.
    tiempo transcurrido: 5 hr 20 min
    ____

Resolución de problemas y preparación para el TAKS

Para los ejercicios 13 y 14, usa la tabla.

Tiempo en las paradas de autobús	
Parada	Tiempo transcurrido (min:seg)
Escuela Avery	2:05
Centro comercial Central	3:15
Biblioteca	1:34
Correo	1:12

13. ¿En qué parada se detiene más el autobús?

    ____

14. El bus llega a la biblioteca a las 3:12 p.m. Al segundo más cercano, ¿cuándo parte de la biblioteca?

    ____

15. El equipo de básquetbol inicia la práctica cuando termina el día escolar. Termina la práctica a las 6:00 p.m., que es 2 horas y 30 minutos después de terminar el día escolar. ¿A qué hora termina el día escolar?

    A 6:30 p.m.
    B 4:00 p.m.
    C 3:30 p.m.
    D 2:30 p.m.

16. La Sra. Smith de la clase de estudios sociales comienza a las 10:15 a.m. y termina a las 11:20 a.m. ¿Cuánto dura la clase?

    F 1 hr
    G 1 hr 5 min
    H 1 hr 15 min
    J 1 hr 20 min

Nombre ___________________________ Lección 18.3

Taller de resolución de problemas
Destreza: Ordenar información en secuencia
Resolución de problemas • Práctica de destrezas

Horario de exhibiciones		
Parada	**Horario de las exhibiciones**	**Duración**
Espectáculo de luz	8:00 a.m., 8:30 a.m., 9:00 a.m., 9:30 a.m., 12:00 p.m., 12:30 p.m., 2:00 p.m.	30 minutos
Ecosistemas	10:00 a.m., 1:30 p.m.	60 minutos
Arcilla en movimiento	9:00 a.m., 10:00 a.m., 11:30 a.m., 2:00 p.m.	45 minutos
Tiempo de cuentos	8:30 a.m., 9:30 a.m., 11:30 a.m., 3:30 p.m.	30 minutos
Almuerzo	11:00 a.m., 11:20 a.m., 12:00 p.m., 12:20 p.m., 12:40 p.m., 1:00 p.m.	20 minutos

1. Clay visita el museo de 10:00 a.m. a 12:00 p.m. ¿Cuáles exhibiciones puede ver Clay?

   ____

2. Kara termina el almuerzo en el museo a las 12:20 p.m. Enseguida quiere ver Arcilla en movimiento. ¿Cuánto tiene que esperar?

   ____

Aplicaciones mixtas

Para los ejercicios 3 y 4, usa "Ofertas para hoy".

3. Ordena los ítems por precio del más económico al más costoso. No incluyas camisetas en tu lista.

   ____

4. Dana gasta $38. Marge compra 2 camisetas, 3 CD, 3 bolsas de cuentas y 3 botellas de agua. ¿Cuánto más gasta Marge que Dana?

   ____

OFERTAS PARA HOY	
Camisetas	$10 cada una
Compra 2 y recibe	$2 de rebaja
Compra 3 y recibe	$5 de rebaja
CD	3 por $21
Bolsa de cuentas	$3 la bolsa
Agua embotellada	$1 cada una

5. Don patea la pelota 20 pies. Shelly la patea 2 pies más que 3 veces tanto como lo hizo Don. ¿Qué tan lejos patea la pelota Shelly?

   ____

6. Jen camina 5 cuadras al norte, 1 cuadra al este y 3 cuadras más al norte. Después camina 1 cuadra al oeste y 1 cuadra al sur. ¿Qué tan lejos está Jen de donde partió?

   ____

Nombre ______________________

Lección 18.4

Tiempo transcurrido en el calendario

Mayo						
Dom	Lun	Mar	Miér	Jue	Vier	Sáb
				1	2	3
4	5	6	7	8	9	10
11	12	13	14	15	16	17
18	19	20	21	22	23	24
25	26	27	28	29	30	31

Junio						
Dom	Lun	Mar	Miér	Jue	Vie	Sáb
1	2	3	4	5	6	7
8	9	10	11	12	13	14
15	16	17	18	19	20	21
22	23	24	25	26	27	28
29	30					

1. ¿Aproximadamente cuántas semanas hay entre el 13 de mayo y el 26 de junio?

____

2. Lyle practica por 16 días para cantar en un recital el 8 de junio. ¿Cuándo empezó la práctica Lyle?

____

3. Ginger tiene una cita el 16 de mayo. Hoy es 5 de mayo. ¿Cuántos días faltan para su cita?

____

4. El Día de la Bandera es el 14 de junio. El cumpleaños de Todd es 3 semanas y 3 días antes del Día de la Bandera. ¿Cuándo es el cumpleaños de Todd?

____

5. El 28 de mayo comienzan las ofertas en la tienda por departamentos y son por 12 días. ¿Cuál es la fecha del último día de ofertas?

____

Resolución de problemas y preparación para el TAKS

Para los ejercicios 6 a 9, usa los calendarios de arriba.

6. ¿Cuántos días hay entre el Día Nacional del Maestro (6 de mayo) y el Día de Recordación (26 de mayo)?

____

7. El Día Nacional del Maestro es siempre el primer martes de mayo. Explica por qué siempre no caerá el 6 de mayo.

____

____

8. El Día de Recordación es el 26 de mayo. Si hoy es 15 de mayo, ¿dentro de cuántos días es el Día de Recordación?

A 15 **C** 26
B 11 **D** 16

9. El 29 de junio la Sra. Greer regresa a casa de un viaje. Si salió el Día de la Bandera (14 de junio), ¿cuántos días estuvo fuera la Sra. Greer?

F 15 **H** 2
G 16 **J** 12

Nombre____

Lección 18.5

Temperatura: grados Fahrenheit

Usa el termómetro para hallar la temperatura en °F.

1. 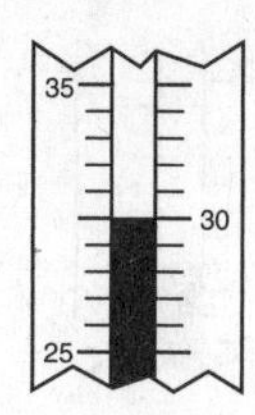

2. 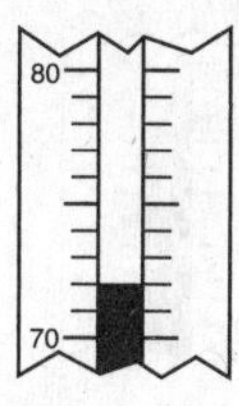

3. 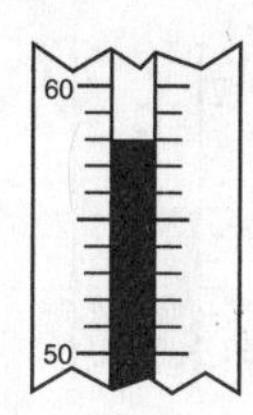

4. 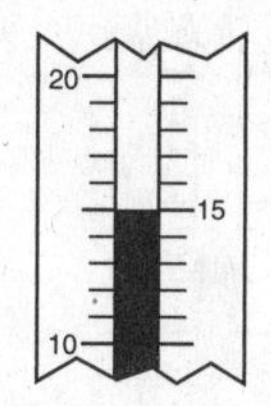

______ ______ ______ ______

ÁLGEBRA Usa un termómetro para hallar el cambio en la temperatura.

5. 75°F a 58°F ______
6. 35°F a 47°F ______
7. ⁻8°F a ⁻25°F ______
8. 10°F a ⁻9°F ______

Resolución de problemas y preparación para el TAKS

Para los ejercicios 9 y 10, usa la tabla y el termómetro.

Promedio de temperaturas		
Ciudad	Enero	Julio
Baltimore, MD	32°F	77°F
Detroit, MI	25°F	74°F
Fairbanks, AK	⁻10°F	62°F
Madison, WI	17°F	72°F

9. Usa el termómetro de la derecha para rotular las temperaturas de enero y julio en Fairbanks. Halla la diferencia entre estas temperaturas.

____

10. ¿Cuál ciudad tiene la diferencia más pequeña entre las temperaturas de enero y julio?

____

11. ¿Cuál es el cambio de temperatura de 45°F a 97°F?

A 52

B 55

C 147

D 145

12. ¿Cuál es el cambio de temperatura de 3°F a 15°F?

F 18

G 45

H 12

J 5

Nombre ____ **Lección 18.6**

Temperatura: grados Celsius

Usa el termómetro para hallar la temperatura en °C.

1. 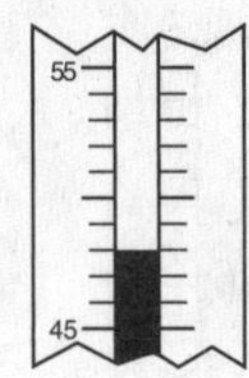

2. 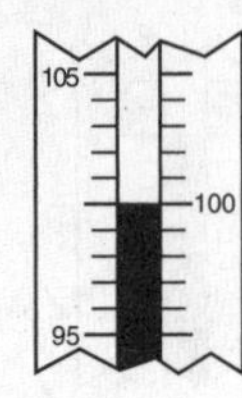

3. 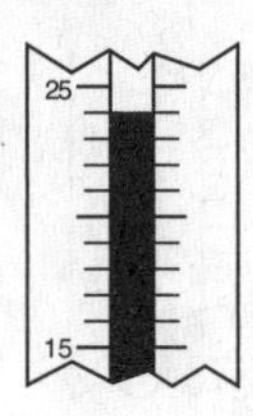

4. 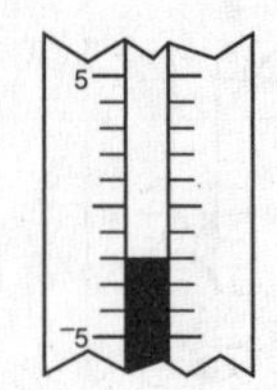

__________ __________ __________ __________

ÁLGEBRA Usa un termómetro para hallar el cambio en la temperatura.

5. 35°C baja ■ 26°C **6.** 18°C sube ■ 23°C **7.** 11°C baja ■ −6°C

Escribe una temperatura razonable para cada uno.

8. un plato de sopa **9.** un día de verano **10.** leche fría para el cereal

__________ __________ __________

Resolución de problemas y preparación para el TAKS

Para los ejercicios 11 y 12, usa la tabla.

11. ¿Qué cambio en temperatura es necesario para mantener seguro el pescado blanco por 4 meses en vez de por 1 mes?

____

12. ¿Qué pescado se conserva más a −29°?

____

Tiempo de refrigeración segura para alimentos del mar			
Tipo de pez	**9°C**	**−21°C**	**−29°C**
Pescado blanco	1 mes	4 meses	8 meses
Arenque	1 mes	3 meses	6 meses

13. Una temperatura de 12°C baja a −13°C. ¿Cuál es la nueva temperatura?

____

14. Una temperatura de −5°C sube 25°C. ¿Cuál es la nueva temperatura?

____

Nombre ____________________

Reunir y organizar datos

Para los ejercicios 1 y 2, usa la tabla de frecuencia Refrigerios favoritos. Di si cada enunciado es verdadero o falso. Explica.

Refrigerios favoritos de los estudiantes	
Refrigerio	**Votos**
Manzana	12
Banana	7
Zanahorias	8
Apio	4

1. Más estudiantes eligieron zanahorias que bananas.

   ____

2. Más estudiantes eligieron zanahorias y apio que manzanas y bananas.

   ____

Para los ejercicios 3 a 5, usa la tabla de frecuencia Participación en deportes.

Participación en deportes		
Deporte	**Niños**	**Niñas**
Golf	12	19
Softbol	18	17
Tenis	9	11
Voleibol	13	12

3. ¿Cuántos más niños participan en voleibol que en tenis?

   ____

4. ¿Cuántas más niñas participan en golf que en tenis?

   ____

5. ¿Cuántos más niños y niñas en total juegan softbol que voleibol?

   ____

Resolución de problemas y preparación para el TAKS

USA DATOS Para los ejercicios 6 y 7, usa la tabla de arriba Participación en deportes.

6. ¿Cuál es el deporte más popular entre las niñas? ¿Entre los niños?

   ____

7. ¿Quién tiene la participación global más grande en deportes, niñas o niños?

   ____

8. ¿Cuántas personas fueron encuestadas?

   A 186
   B 194
   C 196
   D 200

Deporte favorito	Votos
Golf	37
Softbol	63
Tenis	52
Voleibol	44

9. ¿Qué pregunta harías si hicieras una encuesta sobre deportes favoritos?

   ____

   ____

Nombre ____________________ Lección 19.2

Clasificar datos

Para los ejercicios 1 a 4, usa los múltiplos en el diagrama de Venn.

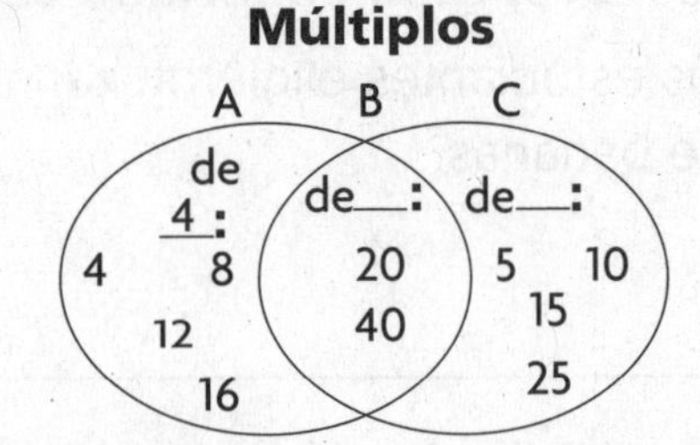

1. ¿Cuáles rótulos deberías usar para las secciones B y C?

____

2. ¿Por qué los números 20 y 40 están clasificados en la sección B del diagrama?

____

3. ¿En qué sección clasificarías el número 60? Explica.

____

4. **Razonamiento** Si en la sección A hubiera múltiplos de 45 y en la sección C hubiera múltiplos de 71, ¿la sección B tendría un número menor que 100? Explica.

____

Para los ejercicios 5 y 6, usa la tabla de Opciones para el desayuno.

5. Muestra los resultados en el diagrama de Venn de la derecha.

____

6. ¿Qué datos se superponen? Explica.

____

Opciones para el desayuno	
Alimento	**Nombres de los estudiantes**
Cereal	Jane, Mani, Liddy, Steve, Ana
Fruta	Ben, Cecee, Beth
Ambos	Dave, Raiza

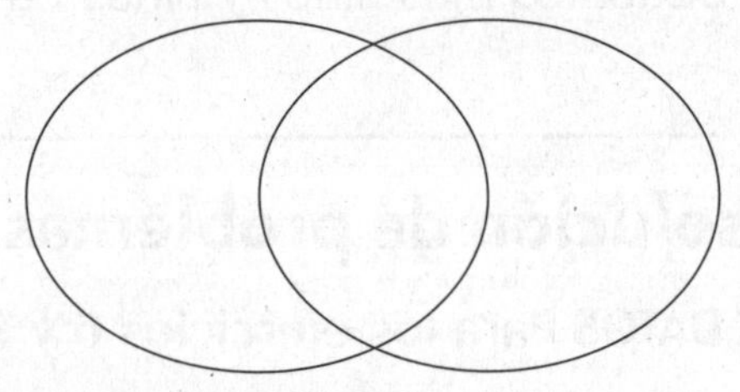

Resolución de problemas y preparación para el TAKS

Para los ejercicios 7 y 8, usa la tabla Opciones para el desayuno.

7. ¿Cuántos estudiantes eligen o cereal o fruta?

____

8. ¿Qué debería cambiar para que los datos no se superpongan?

____

9. Mira los múltiplos en el diagrama de Venn al principio de la página. ¿Cuál número pertenece a la sección C?

A 22 **C** 204
B 28 **D** 250

10. Mira los múltiplos en el diagrama de Venn al principio de la página. ¿Cuál número pertenece a la sección B?

F 30 **H** 80
G 50 **J** 65

Nombre ____________________ Lección 19.3

Hacer e interpretar pictografías

Para los ejercicios 1 a 3, usa la tabla Recordatorios favoritos.

1. ¿Cuántos más turistas eligieron libros que estatuas?

____

2. ¿Cuántos turistas votaron en la encuesta?

____

3. Usa la tabla Recordatorios favoritos para hacer un a pictografía.

Recordatorios favoritos	
Recordatorio	**Votos**
Libros	21
Tapices	10
Estatuas	14
Bolígrados y lápices	14

Recordatorios favoritos	
Recordatorio	**Número de votos**
Libros	
Tapices	
Estatuas	
Bolígrafos y lápices	

Clave: Cada ☐ = ☐ votos.

Para los ejercicios 4 y 5, usa la pictografía Autobuses de visitantes a la escuela.

4. ¿Qué día hubo más autobuses de visitantes? ¿Qué dia hubo menos?

____

5. ¿Cuántos autobuses más fueron jueves y viernes que martes y miércoles?

____

Autobuses de visitantes a la escuela	
Día	**Número**
Lun	🚌
Mar	🚌🚌🚌
Miér	🚌🚌🚌🚌🚌
Jue	🚌🚌🚌🚌🚌🚌🚌
Vie	🚌🚌🚌

Clave: Cada 🚌 = 1 autobús.

Resolución de problemas y preparación para el TAKS

6. ¿Qué preguntas puedes hacer para la encuesta de los recordatorios favoritos?

____

7. En la pictografía de Autobuses de visitantes, ¿qué días hubo un número igual de visitantes?

____

8. Mira la pictografía de Recordatorios favoritos. ¿Cuántos turistas más escogieron bolígrafos y lápices que tapices?

A 24 **C** 14
B 4 **D** 10

9. Mira la pictografía de Autobuses de visitantes. ¿Cuántos autobuses llegaron en el día con menos visitantes?

F 5 **H** 3
G 7 **J** 1

Nombre ______________________________ Lección 19.4

Elegir una escala razonable

Para los ejercicios 1 y 2 elige 5, 10 ó 100 como el intervalo más razonable para cada grupo de datos. Explica tu elección.

1. 35, 55, 77, 85, 20, 17

____

2. 125, 200, 150, 75, 277, 290

____

Para los ejercicios 3 a 6, usa la gráfica Deportes de verano.

3. ¿Cuál es la escala y el intervalo que se usó en la gráfica?

____

4. ¿Cómo cambiaría la longitud de las barras si el intervalo fuera 10?

____

5. ¿Cuántos votos se depositaron?

____

6. ¿Cuántos votos más obtuvo natación que croquet y voleibol combinados?

____

Resolución de problemas y preparación para el TAKS

USA DATOS Para los ejercicios 7 a 10, usa la gráfica Deportes de invierno.

7. ¿Cuál es el deporte de invierno por el que votaron menos?

____

8. ¿Cuántas personas menos votaron por trineo que por esquiar y patinaje sobre hielo combinados?

____

9. ¿Cuál es el intervalo en la gráfica Deportes de invierno?

A 5 **C** 15
B 10 **D** 20

10. ¿Cuál es la escala en la gráfica Deportes de invierno?

F 0–80 **H** 0–100
G 0–50 **J** 0–20

Nombre ___________________________

Lección 19.5

Interpretar gráficas de barras

Para los ejercicios 1 a 6, usa la gráfica de barras.

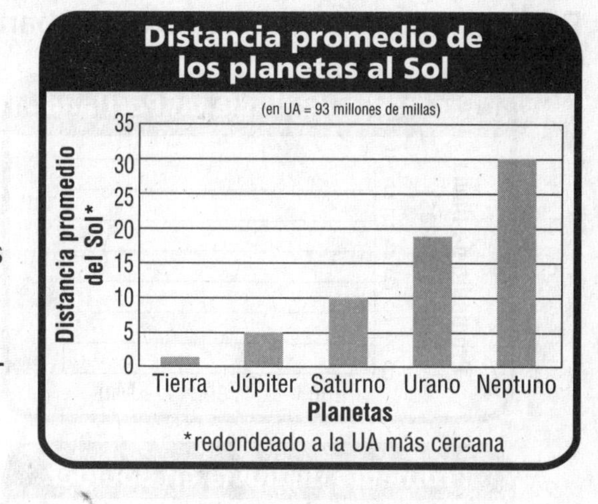

1. Una Unidad Astronónomica (UA) es el promedio de la distancia entre la Tierra y el Sol. Los científicos usan Unidades Astronómicas como ayuda para representar otras distancias grandes. De acuerdo con la información que se ve en la gráfica, ¿cuál es el rango de la UA que se ve?

____

2. ¿Qué planeta en la gráfica está más lejos del Sol?

____

3. ¿Qué planeta está 6 veces más lejos del Sol que Júpiter?

____

4. ¿Cuál distancia del planeta al Sol es la mediana de los datos?

____

5. Enumera los nombres de los planetas de la gráfica en orden de la distancia más grande del Sol a la más corta.

____

____

____

6. **Razonamiento** De los planetas que se muestran en la gráfica, ¿cuál planeta crees que es el más frío? ¿Cuál planeta es el más caliente? ¿Por qué?

____

____

____

Resolución de problemas y preparación para el TAKS

USA DATOS Para los ejercicios 7 a 10, usa la distancia de planetas que muestra la gráfica de arriba.

7. ¿Cuántas UA más es la distancia promedio del Sol a Urano que a Júpiter?

____

8. ¿Cuántas UA menos es la distancia promedio del Sol a la Tierra que a Saturno?

____

9. ¿Cuántas UA es la distancia promedio del Sol al planeta Urano?

A 5 **C** 19

B 10 **D** 30

10. ¿Cuántas UA es la distancia promedio del Sol a Neptuno?

F 5 **H** 19

G 10 **J** 30

Nombre ____________________ **Lección 19.6**

Hacer gráficas de barras y de doble barra

Usa la información de la tabla para hacer dos gráficas de barras. Después haz una gráfica de doble barra. Usa el espacio de abajo.

1.

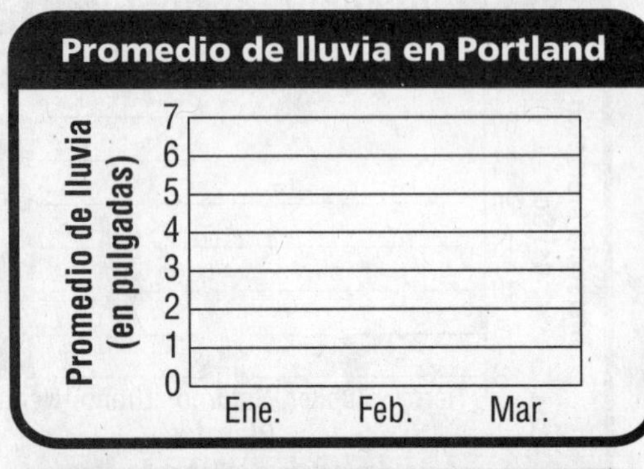

Promedio de lluvia en Boulder

Promedio de lluvia (en pulgadas)

7, 6, 5, 4, 3, 2, 1, 0

Ene. Feb. Mar.

2.

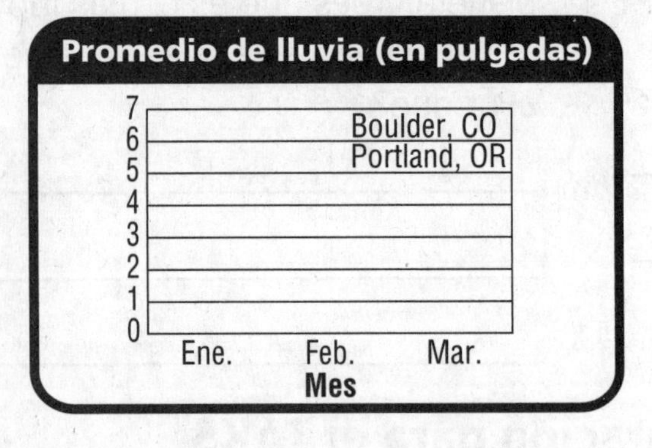

Promedio de lluvia (en pulgadas)			
Ciudad	**Ene.**	**Feb.**	**Mar.**
Portland, OR	6	5	5
Boulder, CO	1	1	2

Para los ejercicios 3 a 6, usa las gráficas que hiciste.

3. ¿Qué ciudad recibe más lluvia de enero a marzo?

____

4. ¿Durante qué mes Boulder recibe la mayor cantidad de lluvia?

____

5. ¿Qué ciudad tiene el rango más grande de lluvia en pulgadas en los tres meses?

____

6. Compara las dos ciudades. ¿En qué mes está la diferencia más grande de lluvia? ¿Qué tan grande?

____

Para los ejercicios 7 y 8, usa la gráfica Deportes favoritos de la derecha.

7. ¿Cuál es el rango de los datos?

____

8. ¿A cuántas niñas más que a niños les gusta el fútbol?

____

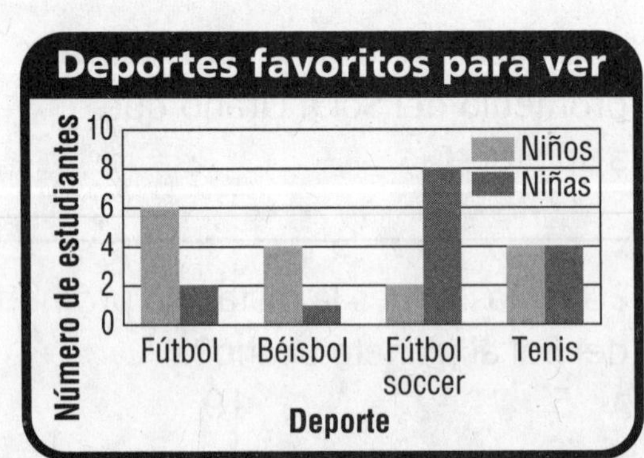

Nombre ____________________ Lección 19.7

Taller de resolución de problemas
Destreza: Hacer generalizaciones

Resolución de problemas • Práctica de destrezas

USA DATOS Para los ejercicios 1 a 3, usa la tabla de rangos de peso. Haz una generalización. Después resuelve el problema.

1. Completa la tabla.

Información que se conoce

El cuadro muestra el rango de peso para adultos con buena salud. Los adultos que tienen ■ de estatura deberían pesar entre ■ y 184 libras. Los adultos con buena salud que pesan entre 139 y 174 libras pueden medir aproximadamente ■ de estatura. Un adulto que mide 5′7″ debería pesar entre ■ y ■.

- Los pesos mínimos aumentan en ■ libras.
- Los pesos máximos aumentan en ■ libras.

Estatura (pies, pulg)	Rangos de peso en adultos (en libras)	
	Mínimo	Máximo
5'7"	127	159
5'8"	131	164
5'9"	135	169
5'10"	139	174
5'11"	143	179
6'0"	147	184

2. Kosi mide 5′9″. ¿Cuál es el rango de peso saludable para Kosi?

____

3. Gwen es una adulta saludable que pesa 135 libras. De acuerdo con el cuadro, ¿cuál sería el rango de Gwen en estatura?

____

Aplicaciones mixtas

Para los ejercicios 4 a 7, usa la tabla rangos de peso.

4. ¿Cuánto más grande es el rango de peso de un adulto saludable que mide 6′0″ de uno que mide 5′7″?

____

5. Gino pesa 180 libras. Aproximadamente, ¿cuánto más pesa Gino que Tim, quien tiene el peso máximo para una estatura de 5′9″?

____

6. Si el patrón continúa, ¿cuál será el rango de peso saludable para un adulto que mide 6′1″?

____

____

7. **Formula un problema** Mira el ejercicio 4. Cambia los números para hacer un problema nuevo.

____

____

Nombre ______________________________

Lección 19.8

Álgebra: Pares ordenados en una gráfica

Para los ejercicios 1 a 4, usa la cuadrícula de la derecha. Escribe el par ordenado para cada punto.

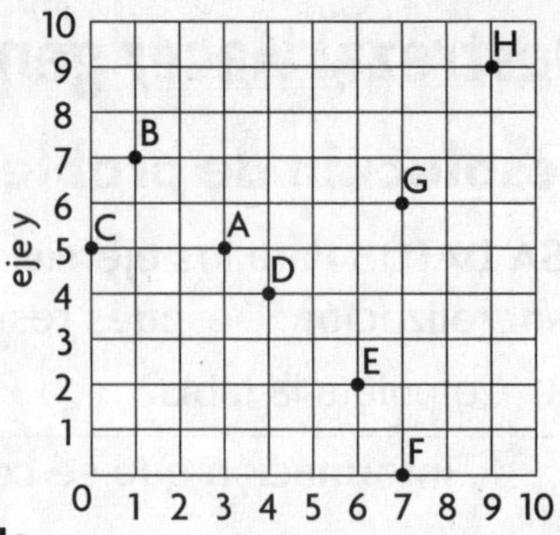

1. C (■, ■) **2.** G (■, ■)

3. D (■, ■) **4.** B (■, ■)

Para los ejercicios 5 y 6, escribe el par ordenado para cada tabla. Después usa la cuadrícula de la derecha para representar los pares ordenados.

5.

Asientos (*x*)	1	2	3	4
Patas (*y*)	3	6	9	12

(■, ■), (■, ■), (■, ■), (■, ■)

6.

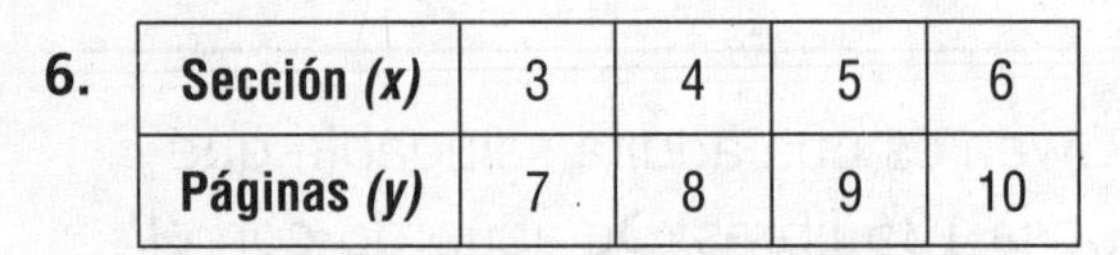

Sección (*x*)	3	4	5	6
Páginas (*y*)	7	8	9	10

(■, ■), (■, ■), (■, ■), (■, ■)

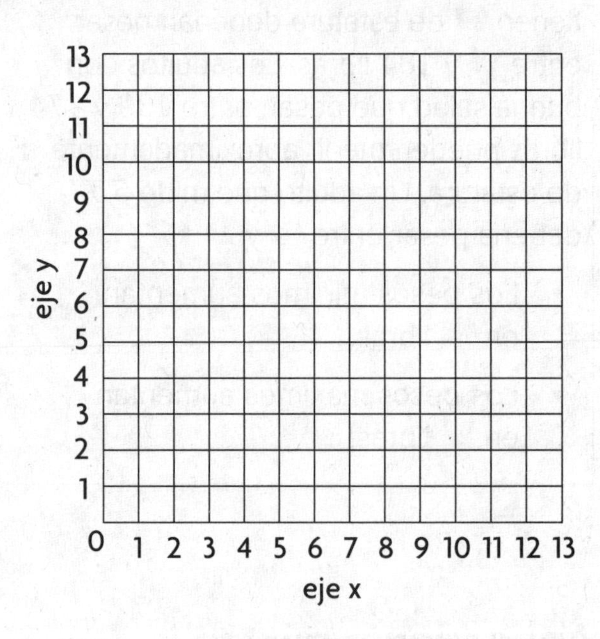

Resolución de problemas y preparación para el TAKS

7. Observa el ejercicio 6. Fabio está haciendo un libro en que las secciones aumentan en cierto número de páginas. ¿Cuántas páginas tendrá la sección 10?

8. Mira el ejercicio 5. Kip hace asientos de tres patas. Si tiene suficientes sillas para hacer asientos usando 24 patas, ¿cuántos asientos puede hacer?

____

9. Usa la cuadrícula de coordenadas del comienzo de la página. ¿Cuál es el par ordenado para el punto F?

A (6, 2) **C** (3, 5)

B (9, 9) **D** (7, 0)

10. Marly usa 4 tazas de harina para hacer una torta. ¿Cuántas tortas puede hacer Marly con 28 tazas de harina?

F 4 **H** 7

G 6 **J** 8

Nombre ____________________

Representar combinaciones

Escribe las letras de la palabra BUSCA en una tira de papel con 5 secciones. Usa el papel para hacer un modelo de todas las combinaciones del número dado de letras.

1. 1 letra ____________

2. 5 letras ____________

3. 3 letras ____________

4. 4 letras ____________

5. 2 letras ____________

Usa una tabla para resolver.

6. ¿Cuántas combinaciones de 3 nombres puedes hacer de los nombres David, Sarah, Daphne y Trent?

____

Combinaciones			
David	Sarah	Daphne	Trent

7. ¿Cuántas combinaciones de 2 letras puedes hacer con las letras de la palabra CASA?

____

8. ¿Cuántas combinaciones de 4 refrigerios puedes hacer de manzana, naranja, pera, zanahoria, apio y guisante azucarado?

____

____

Nombre ______________________________

Combinaciones

Haz un modelo para hallar todas las combinaciones posibles.

1. Opciones de comida
salsa: marinera, queso, carne
pasta: espaguetis, linguine, macarrones

____

2. Opciones de refrigerio
fruta: manzana, naranja, ciruela
vegetal: apio, zanahoria

____

3. Opciones de artículos de escritorio
lapiceros: estilógrafo, bolígrafo, marcador
papel: blanco, rojo, amarillo

____

4. Opciones de hamburguesa
queso: suizo, cheddar, americano, provolone
salsas: de tomate, mostaza, mayonesa

____

Resolución de problemas y preparación para el TAKS

5. ¿De cuántas maneras se puede ordenar la fruta del ejercicio 2?

____

6. ¿De cuántas maneras se puede ordenar el queso del ejercicio 4?

____

USA DATOS Para los ejercicios 7 y 8, usa la tabla.

7. ¿Cuántas combinaciones diferentes de ensalada son posibles?

Vegetales	
Vegetales mixtos	Aceite y vinagre
Romana	César
Hoja roja	Rancho
	Mostaza y miel

A 7 **C** 12
B 9 **D** 16

8. Se añade espinaca como una cuarta opción de vegetal al ejercicio 9. Enumera todas las combinaciones posibles que hay ahora.

____

____

Diagramas de árbol

Completa el diagrama de árbol para hallar el número de combinaciones posibles.

1. Gatos
   raza: Angora, Siamés, Atigrado
   colores: negro, blanco, gris, crema

   Angora
   Siamés
   Atigrado

2. Desayuno
   entrada: huevos, cereal, wafles, panqueques
   fruta: naranja, manzana, pera, fresa

   huevos
   cereal
   wafles
   panqueques

Resolución de problemas y preparación para el TAKS

3. Gil tiene 4 pares diferentes de guantes y 5 pares diferentes de medias. ¿Cuántas combinaciones diferentes de guantes y medias puede elegir Gil?

   ____

4. **Formula un problema** Mira el ejercicio 2. Escribe un problema similar cambiando las elecciones.

   ____

5. Tina hace vestuario para muñecas. Ella puede hacer pantalones o faldas con tela azul, roja o estampada. ¿Cuántas combinaciones diferentes son posibles?

   A 3 **C** 9
   B 6 **D** 12

6. Eduardo hace una bandera. Él puede elegir entre estrellas, rayas o árboles en un fondo rojo, azul o verde. ¿Cuántas combinaciones no llevan rayas o fondo rojo?

   ____

Nombre________________________________

Taller de resolución de problemas
Estrategia: Hacer una lista organizada

Resolución de problemas • Práctica de la estrategia

USA DATOS Para los Ejercicios 1 a 3, usa las ruedas giratorias. Haz una lista organizada para resolver.

1. Franco hizo estas ruedas giratorias para un juego del carnaval de la escuela. ¿Cuáles son las combinaciones posibles?

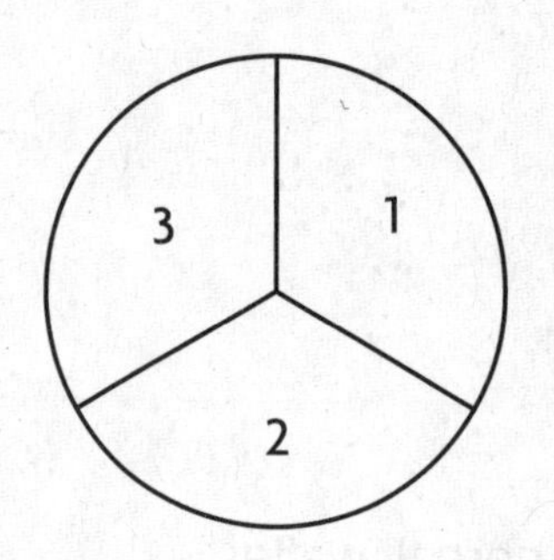

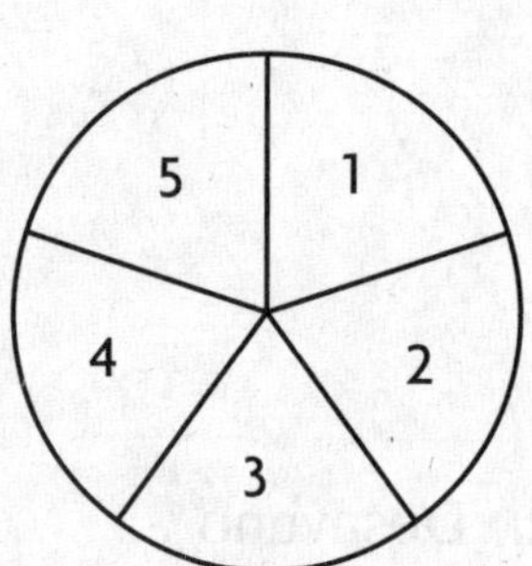

____

____

____

2. Para ganar, Gloria debe hacer girar ambos punteros para sacar más de 6 en total. Nombra las maneras como Gloria puede ganar.

____

3. Patty puede ganar si ella hace girar ambos punteros para sacar más de 5. Nombra las maneras como Patty puede ganar.

____

Práctica de estrategias mixtas

4. Pedro hace tarjetas para un juego. Cada tipo de tarjeta será de un color diferente. Los palos serán corazones y banderas. En cada palo habrá 3 grupos: números, letras y símbolos. ¿Cuántos colores habrá?

____

5. **Problema abierto** Probablemente hiciste una lista organizada para resolver el Ejercicio 4. ¿Cuál otra estrategia usarías para resolverlo? Explica.

____

____

____

6. El papá de Jorge manejó su carro por 103,240 millas. Su madre manejó el de ella por 69,879. ¿Cuánto más manejó su padre?

____

7. Hay 110 estudiantes en cuarto grado. Treinta y dos asisten sólo a música, 25 asisten sólo a arte y 12 asisten a ambas. ¿Cuántos estudiantes no asisten a arte o a música?

____

Más sobre las combinaciones

¿Cuántas parejas diferentes de artículos puede haber si en cada pareja debe haber 1 artículo para cada categoría?

1. **Flor:** margarita, rosa, pensamiento
   Hoja: olmo, roble, laurel, pera

   ____

2. **Carro:** sedan, convertible, SUV, camioneta
   Color: rojo, azul, blanco, negro, gris

   ____

3. **Bicicletas:** bicicleta, triciclo, uniciclo
   Color: negro, rojo, azul, verde, amarillo, blanco

   ____

4. **Reloj:** de pulsera, de pendiente, de bolsillo
   Hora: Este, Central, Pacífico

   ____

5. **Estación:** verano, otoño, invierno, primavera
   Tiempo: lluvioso, soleado, ventoso, nublado

   ____

6. **Vehículos:** carro, bus, camión, camión con remolque
   Año: 2006, 2007, 2008, 2009

   ____

Resolución de problemas y preparación para el TAKS

7. Enumere las maneras diferentes en que se pueden acomodar en la mesa, el martillo, el destornillador y el taladro manual.

   ____

   ____

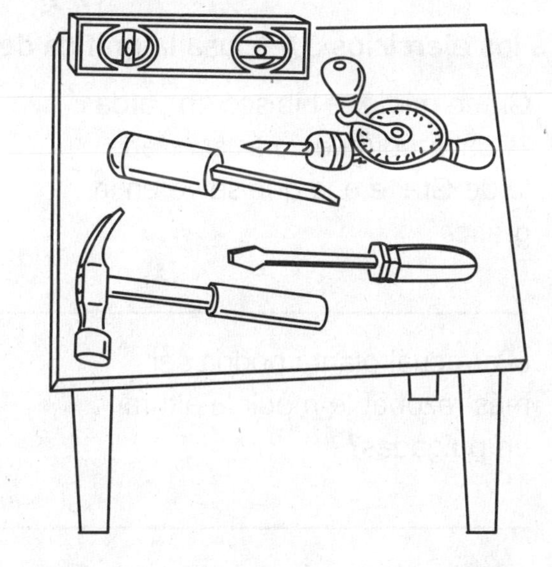

8. Si cada una de las herramientas que ves viene con un rótulo negro o rojo, ¿cuántas combinaciones de herramientas y rótulos hay?

   ____

9. Don tiene las cuatro puntas de flecha que ves. ¿De cuántas maneras puede Don acomodarlas para una exhibición?

   A 24 **C** 12
   B 18 **D** 9

10. Jan tiene 5 dijes para poner en su brazalete. ¿De cuántas maneras puede Jan pegar los dijes?

    F 100 **H** 125
    G 120 **J** 150

Nombre ____________________

Medir partes fraccionarias

Estima a la $\frac{1}{2}$ pulgada más cercana. Después mide al $\frac{1}{8}$ de pulgada más cercano.

1. 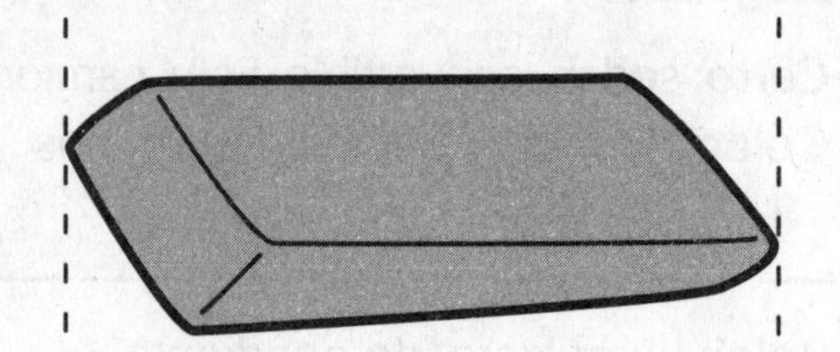

2. 

3. 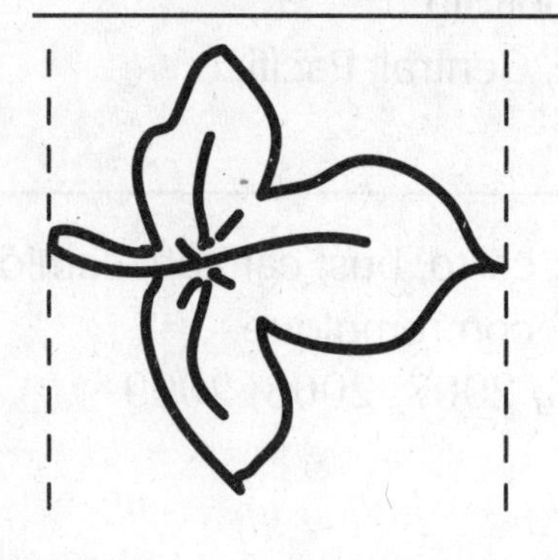

4. 

Resolución de problemas y preparación para el TAKS

Para los ejercicios 5 y 6, usa la gráfica de barras.

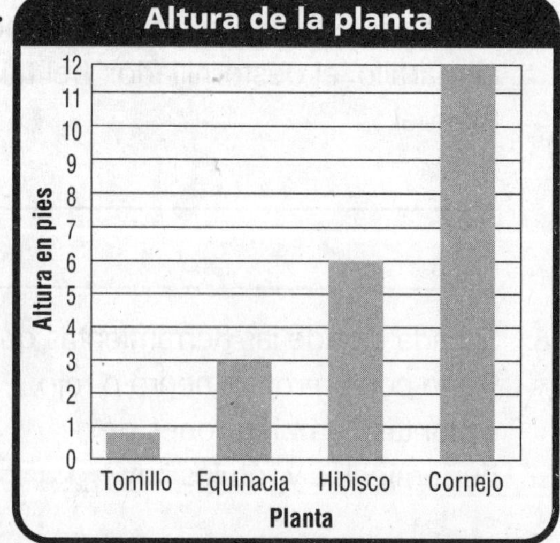

5. Grace midió el hibisco en yardas. ¿Cuál medida es más acertada, la de Grace o la que se ve en la gráfica?

6. ¿Para cuál planta podría ser más razonable medir la altura en pulgadas?

7. ¿Cuál es la longitud del estambre al $\frac{1}{8}$ de pulgada más cercano?

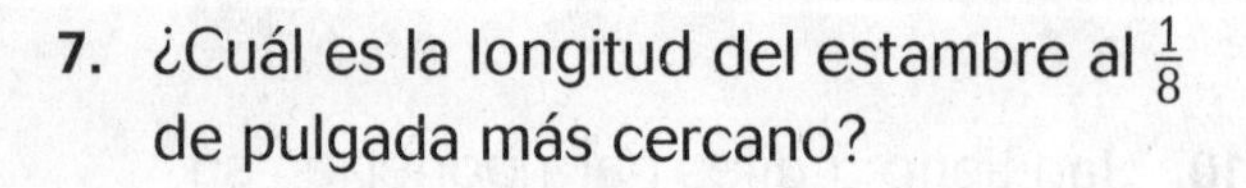

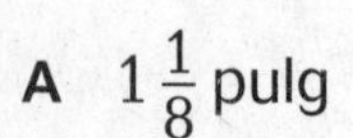

A $1\frac{1}{8}$ pulg **C** $1\frac{3}{8}$ pulg

B $1\frac{1}{4}$ pulg **D** $1\frac{1}{2}$ pulg

8. Haley pintó un dibujo con brochas que tenían $1\frac{1}{8}$ de pulg de ancho, $1\frac{3}{4}$ de pulg de ancho, $1\frac{3}{8}$ de pulg de ancho y $1\frac{1}{2}$ de pulg de ancho. Ordena el ancho de las brochas de mayor a menor.

Nombre____

Lección 21.2

Álgebra: Convertir unidades lineales usuales

Completa. Di si multiplicas o divides. Encierra M o D.

M o D
1. 7 yd = ■ pulg

M o D
2. ■ millas = 7,040 yd

M o D
3. 15 pies = ■ yd

M o D
4. ■ pulg = 7 pies

M o D
5. 144 pulg = ■ pies

M o D
6. ■ yd = 288 pulg

Compara. Escribe <, > ó = en cada ●.

7. 60 pulg ● 5 pies
8. 36 pies ● 11 yd
9. 98 pulg ● 5 yd
10. 3,520 yd ● 1 mi

Escribe una ecuación que puedas usar para completar cada tabla. Después completa la tabla.

11.

Pulgadas, n	48	60	72	84	96
Pie, f	4	5	■	■	■

____

12.

Millas, m	1	2	3	4	5
Yardas, y	1,760	3,520	■	■	■

____

Resolución de problemas y preparación para el TAKS

Para los ejercicios 13 y 14, usa la tabla Tela necesaria.

13. Sara tiene 8 yardas de tela. ¿Cuántas yardas de tela le quedarán si hace 3 disfraces pequeños?

____

14. ¿Cuántas pulgadas de tela se necesitan para hacer un disfraz para un perro talla grande?

____

Tela necesaria	
Disfraz para perro	
Talla	Yardas
Pequeña	$2\frac{5}{8}$
Mediana	$2\frac{7}{8}$
Grande	$3\frac{1}{8}$

15. George mide 75 pulgadas. ¿Cuánto mide en pies?

____

16. Barbara mide 64 pulgadas. ¿Cuánto mide en pies?

____

Nombre ____________________

Peso

Completa. Di si multiplicas o divides. Encierra M o D.

M o D

1. 176 oz = ■ lb

M o D

2. ■ oz = 5 lb

M o D

3. 7 T = ■ lb

M o D

4. ■ oz = 12 lb

M o D

5. 320 oz = ■ lb

M o D

6. ■ T = 8,000 lb

Elige la medida más razonable.

7. 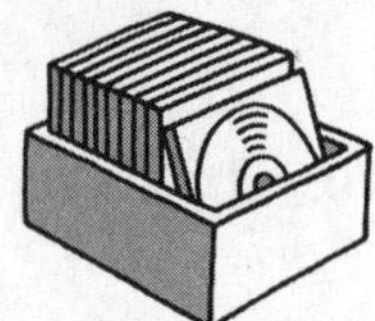

4 oz ó 4 lb

8. 

6 oz ó 6 lb

9. 

aproximadamente 16 lb ó 16 T

10. 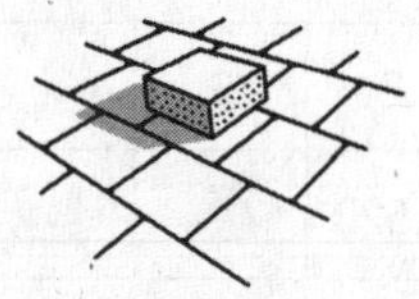

aproximadamente 7 lb ó 7 T

11. 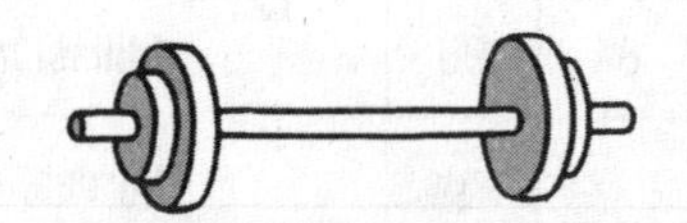

100 oz ó 100 lb

12. 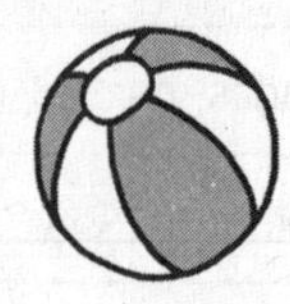

5 oz ó 5 lb

Resolución de problemas y preparación para el TAKS

USA DATOS Para los ejercicios 13 y 14, usa la tabla.

13. En libras y onzas, ¿cuánto maíz y carne come un cuervo en una semana?

____

14. ¿Cuántas libras de comida más come un tigre en 2 días que un cuervo en 32 días?

____

Consumo de comida al día de animales adultos

Animal	Dieta	Cantidad
Cuervo	Maíz, carne	11 oz
Tigre	Carne	14 lb
Panda	Bambú	26 lb

15. Karen compra cinco bolsas de 4 lb de comida para gato. ¿Cuánto es esto en onzas?

A 64 onzas
B 320 onzas
C 20 onzas
D 160 onzas

16. Dos sapos Goliath pueden pesar más de 208 onzas. ¿Cuánto es esto en libras?

F 9 lbs
G 11 lbs
H 13 lbs
J 15 lbs

Nombre ____________________

Capacidad usual

Completa cada tabla. Elige las unidades.

1.

cuartos, ct	5	10	15
tazas, tz			

2.

pintas, pt		14	16
cuartos, ct	3		

3.

galones, gal		4	
pintas, pt	16		48

4.

cucharadita, cdta			
cucharada, cda	5	10	15

5.

tazas, tz		20	
pintas, pt	8		12

6.

galones, gal			
cuartos, ct	16	24	36

Encierra en un círculo la unidad de capacidad más razonable.

7.

cuartos o galones

8.

cucharaditas o pintas

9.

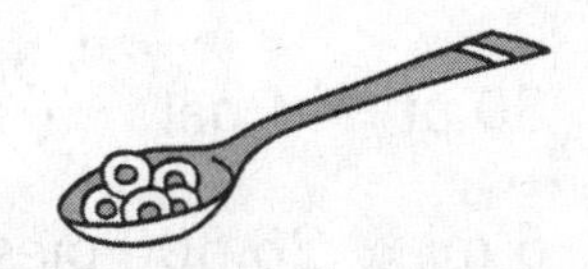

cucharadas o cuartos

10.

cucharaditas o tazas

11.

cucharaditas o cuartos

12.

pintas o galones

Resolución de problemas y preparación para el TAKS

USA DATOS Para los ejercicios 13 a 15, usa la receta.

Refresco de té verde

3 pintas de té verde

$\frac{1}{2}$ pinta de jugo de naranja

1 taza de jugo de limón

1 cuarto de limonada

Alcanza para 12 vasos

13. ¿Cuál es el total del líquido de la receta en onzas?

____

14. ¿Cuántas onzas hay en una porción de refresco de té?

____

15. Sandy hace 4 galones de refresco de té para una reunión. ¿Cuántas pintas de refresco de té hace?

____

16. Randy llenó 48 jarras de una pinta con gelatina. ¿Cuántos galones de gelatina hizo Randy? Explica.

____

Nombre ____

Álgebra: Convertir unidades

Completa. Di si multiplicas o divides. Encierra M o D.

1. M o D

96 oz = ■ lb

2. M o D

■ ct = 104 pt

3. M o D

9 yd = ■ pulg

4. M o D

7 ct = ■ c

5. M o D

512 oz = ■ lb

6. M o D

■ lb = 14 T

ÁLGEBRA Compara. Escribe >, < o = para cada ●.

7. 30 pt ● 4 gal

8. 7 lb ● 112 oz

9. 6,500 lb ● 3 T

10. 5 mi ● 26,500 pies

11. 398 pulg ● 11 yd

12. 35 lb ● 560 oz

Completa la tabla. Convierte las unidades.

13.

Tazas, tz	■	■	16
Cuartos, ct	8	6	■

14.

Galones, gal	12	■	16
Pintas, pt	■	112	■

15.

Pulgadas, pulg	144	288	■
Yardas, yd	■	■	18

Resolución de problemas y preparación para el TAKS

16. Georgia quiere hacer un disfraz que se lleva 6 yardas de tela. Tiene 200 pulgadas de tela. ¿Tiene Georgia suficiente tela para hacer el disfraz completo?

____

17. Benny da vueltas en su bicicleta alrededor de una pista que tiene 1,100 yardas. Si Benny da 80 vueltas a la pista, ¿cuántos pies habrá recorrido alrededor de la pista?

____

18. Uma usa 5 pintas de jugo de uva, 3 pintas de jugo de limón y 7 cuartos de jugo de naranja para hacer un refresco. ¿Cuántas tazas de refresco hace Uma en total?

____

19. Un águila buscando una presa voló en círculos y después voló directamente al norte 3 millas. ¿Cuántos pies viajó?

____

Nombre_______________________________________ Lección 21.6

Taller de resolución de problemas
Estrategia: Comparar estrategias

Resolución de problemas • Práctica de estrategias.

Elige una estrategia para resolver. Explica tu elección.

1. Karen visitó un acuario con un tanque para peces pequeños que medía 8 pies de largo. ¿De cuántas pulgadas de largo es el tanque?

____

2. Bea frió 36 porciones de 4 onzas de bagre. ¿Cuántas libras de pescado frió en total?

____

3. Lyle hizo 7 cuartos de salsa tártara para el club de excursión. ¿Cuántas frascos de $\frac{1}{2}$ pinta necesitará para guardar toda la salsa?

____

4. Mitch dio una milla del hilo de pescar a cada uno de los 4 competidores en un campeonato de pesca. ¿Cuántos pies de hilo repartió?

____

Resolución de problemas y preparación para el TAKS

USA DATOS Para los ejercicios 5 a 8, usa la tabla.

Excursión de pesca en mar abierto de los escuchas Pescados más grandes atrapados		
Pescado	**Peso (lb)**	**Longitud (pies)**
Bacalao	85	6
Platija	15	2
Lubina	45	4
Azul	12	3
Searobin	7	$1\frac{1}{4}$

5. Si el próximo searobin más grande atrapado pesara 80 onzas, ¿cuántas onzas pesaron los dos searobins más grandes?

____

6. Tendidos de extremo a extremo, ¿cuánto medirán en pulgadas todos los peces más grandes puestos en una fila?

____

7. ¿Cuántas onzas más pesará el platija que el pez azul?

____

8. **Problema abierto** ¿Qué estrategia usarías para hallar el peso en onzas de la pesca total? Explica tu elección.

____

Nombre ______________________________

Longitud métrica

Elige la unidad de medida más razonable. Escribe *mm, cm, dm, m* o *km*.

1. 

____

2. 

____

3. 

____

Estima al centímetro más cercano. Después mide al medio centímetro más cercano. Escribe tu respuesta como un decimal.

4. 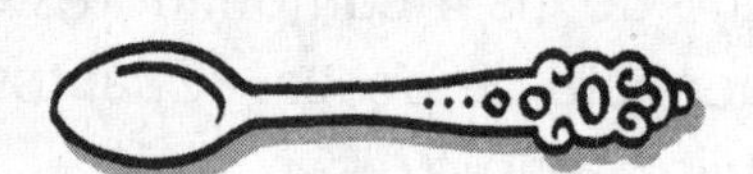

____

5. 

____

Estima al medio centímetro más cercano. Después mide al milímetro más cercano.

6. 

____

7. 

____

Resolución de problemas y preparación para el TAKS

8. En el ejercicio 1, ¿cuál es la longitud de la hormiga al milímetro más cercano?

____

9. ¿Cuál es la unidad de medida más razonable que se puede usar para medir este cuaderno?

A milímetros **C** metros

B centímetros **D** kilómetros

Nombre________________________________ Lección 22.2

Masa

Elige la medida más razonable.

1. 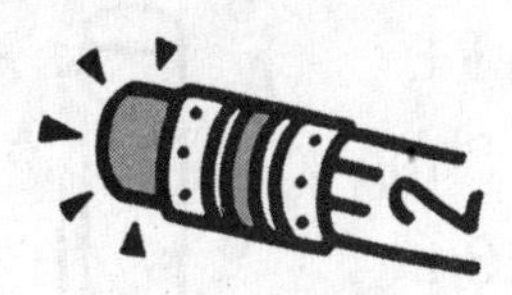

20 g o 20 kg

2. 

14,500 kg o 14,500 g

3. 

5,220 g o 1.22 kg

4. 

8,000 g o 1 kg

5. 

300 g o 300 kg

6. 

23 g o 23 kg

Compara la masa de cada objeto a un kilogramo. Escribe aproximadamente *1 kilogramo, menos que 1 kilogramo* o *más que 1 kilogramo.*

7. 

8. 

9. 

________________ ________________ ________________

Resolución de problemas y preparación para el TAKS

USA DATOS Para los ejercicios 10 y 11, usa la tabla.

Masa de pelotas de deportes

Básquetbol
616 gramos

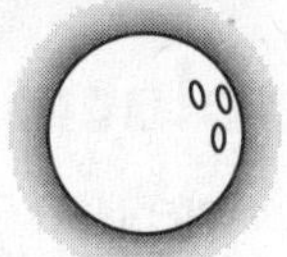

Bolos
6 kilogramos

Tenis de mesa
2.5 gramos

Tenis
57 gramos

10. ¿Cuál es la masa total en gramos de cada una de las pelotas de deportes?

____

11. ¿Cuál tiene la masa más grande, 1 pelota de básquetbol u 11 pelotas de tenis?

____

12. Wanda necesita un kilogramo de mantequilla de maní. ¿Cuántos frascos de 510 gramos necesitará comprar?

A 2 **C** 4

B 3 **D** 5

13. Ed compró una caja de 1.02 kg de fideos ramen. Hay 12 paquetes en cada caja. ¿Cuál es la masa de cada paquete?

F 0.85 **H** 85

G 8.5 **J** 0.085

Nombre ______________________________ **Lección 22.3**

Capacidad

Elige la medida más razonable. Encierra en un círculo *a*, *b* o *c*.

1. **a.** 8 L
b. 8 mL
c. 20 mL

2. **a.** 4 L
b. 1 L
c. 10 mL

3. **a.** 1 L
b. 3 mL
c. 3 L

Estima y di si cada objeto tiene una capacidad de *aproximadamente un litro, menos que un litro* o *más que un litro*.

4.

____

5.

____

6.

____

Compara. Escribe $<$, $>$ ó $=$ en cada ●.

7. 25 L ● 52 L

8. 1,300 mL ● 3,100 mL

9. 9 L ● 9,000 mL

Resolución de problemas y preparación para el TAKS

10. Kyle usa 1 litro de gasolina para manejar 12 km. ¿Qué tan lejos puede manejar con 500 mL de gasolina?

____

11. Patti usa 2 L de salsa por cada 4 porciones de espaguetis. ¿Cuántos litros necesita para servir 12 porciones?

____

12. Jane mide la capacidad de un recipiente en litros. ¿Cuál de los siguientes objetos es más probable para hacer la medición?

A tanque de gas
B taza de té
C el océano
D botella de perfume

13. Hal mide la capacidad de un recipiente en mL. ¿Cuál de los siguientes objetos es más probable para hacer la medición?

F gotero
G tanque de gas
H el océano
J una piscina

Nombre ______________________

Taller de resolución de problemas
Estrategia: Hacer una tabla

Resolución de problemas • Práctica de estrategias

Haz una tabla para resolver cada problema.

1. Sam quiere saber cuál va a ser la estatura de su hermanito de dos años de edad cuando sea adulto. Fue a la biblioteca y halló esta información: un niño que mide 87 cm a la edad de dos años medirá aproximadamente 174 cm cuando sea adulto, un niño que mida 90 cm a la edad de dos años medirá aproximadamente 180 cm cuando sea adulto, y un niño que mida aproximadamente 92 cm a la edad de dos años medirá aproximadamente 184 cm cuando sea adulto. Aproximadamente, ¿cuál será la estatura del hermanito de Sam cuando sea adulto?

____

2. Un patrón de losetas de mosaico está alineado en este orden: 8 cm, 5 cm, 8 cm y 12 cm. ¿Cuántos metros de largo será el patrón si se repite 50 veces?

____

Práctica de estrategias mixtas

USA DATOS Para los ejercicios 3 y 4, usa el dibujo.

3. Dibuja una tabla para mostrar las estaturas de las personas más altas y personas más bajas en orden de la mayor estatura a la menor. Incluye tu estatura en la tabla.

Las personas más altas y más bajas en la historia

Persona	Estatura
Hombre más alto	2.720 m
Hombre más bajo	57 cm
Mujer más alta	2.48 m
Mujer más baja	61 cm

4. ¿Cuántos decímetros de diferencia hay entre la estatura de la mujer más alta y el hombre más bajo?

____

5. Dick compra una planta que crecerá 10.4 cm en 2 días. ¿Cuántos milímetros crecerá por día?

____

Nombre ____________________

Elegir el instrumento y la unidad adecuados

Elige el instrumento y la unidad para medir cada uno.

Instrumentos	Unidades
regla	mi
taza para medir	g
balanza de resorte	pulg
regla de pulgadas	mm
metro	L
gotero	mL
cuentamillas	kg

1. ancho de una ventana ____________________
2. capacidad de una botella ____________________
3. peso de una manzana ____________________
4. distancia al teatro ____________________
5. masa de una gota de agua ____________________
6. longitud de una grapa ____________________
7. masa de una docena de rosas ____________________
8. capacidad de una taza de té ____________________
9. longitud de la entrada de la casa ____________________
10. peso de una lámpara ____________________
11. longitud de un clavo ____________________
12. capacidad de una ponchera ____________________

Resolución de problemas y preparación para el TAKS

13. ¿Qué instrumento métrico o usual usarías para medir la longitud del camino del jardín?

____

14. ¿Cuál unidad métrica o usual usarías para medir la distancia de la cafetería al salón de arte en tu escuela?

____

15. ¿Qué instrumento usarías para medir la capacidad de un recipiente de leche?

A gotero

B regla de 1 yarda

C taza de medir

D balanza de resortes

16. ¿Cuál unidad métrica o usual usarías para medir la altura de una encimera?

____

Nombre____

Estimaciones razonables

Haz un círculo alrededor de la estimación más razonable.

1.

2 cm ó 2 m

2.

12,000 g ó 12,000 kg

3.

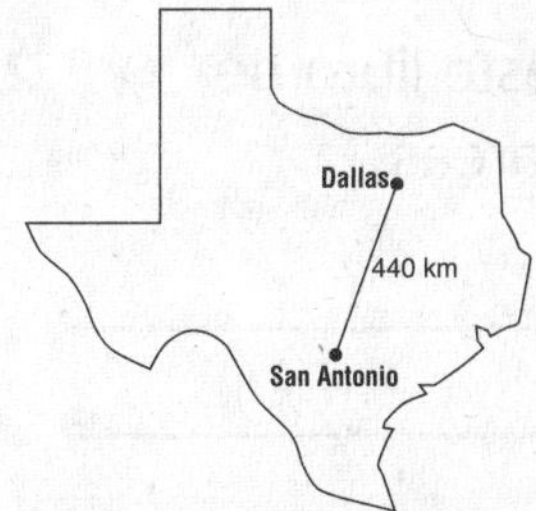

275 mi ó 275 yardas

4.

5 L ó 5 mL

5.

4 oz ó 4 lb

6.

3 ct ó 3 gal

Resolución de problemas y preparación para el TAKS

Para los ejercicios 7 y 8, usa el cuento increíble.

Cuento increíble de Harry en Texas

Todo es más grande en Texas. Harry viajó 52,800 pies a la tienda de un pueblo vecino para comprar un par de botas. Las botas que compró pesaron 5 toneladas. Cuando se detuvo para almorzar, bebió un vaso de leche de 80 litros.

7. ¿Cuál es una estimación métrica razonable de la distancia a un vecindario de la ciudad?

____

8. ¿Cuál es una estimación usual razonable del peso de un par de botas?

____

9. Diana compró queso para hacer sándwiches para cuatro amigos. ¿Cuál es la estimación más razonable de la cantidad de queso que compró?

A 1 ton   **C** 5 libras

B 500 libras   **D** 1 libra

10. A Qixo le gusta ver los osos negros en el zoológico. ¿Cuál es la mejor estimación de cuánto pesa un oso negro, 200 kg ó 2,000 kg?

____

Nombre ____________________

Estimar y medir el perímetro

Usa una cuerda para estimar y medir el perímetro de cada objeto.

1. este libro de tareas

____

____

2. la entrada a tu cuarto

____

____

3. la pantalla del TV

____

____

4. la puerta de tu refrigerador

____

____

Halla el perímetro de cada figura.

5. ____________

6. ____________

7. ____________

8. ____________

9. ____________

Resolución de problemas y preparación para TAKS

Para los Ejercicios 10 y 11, usa el papel punteado de arriba.

10. Dibuja y rotula un cuadrado con un perímetro de 8 unidades. ¿Cuál es la longitud de los lados?

____

11. Dibuja y rotula un cuadrado con un perímetro de 16 unidades. ¿Cuál es la longitud de los lados?

____

12. ¿Cuál rectángulo tiene mayor perímetro?

A 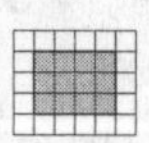

B 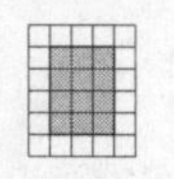

C 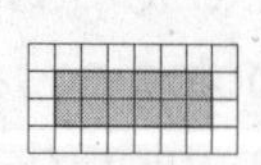

D 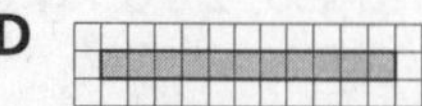

13. ¿Cuál rectángulo tiene mayor perímetro?

F 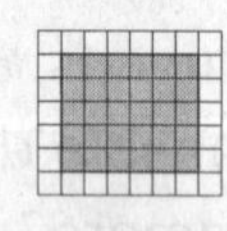

G 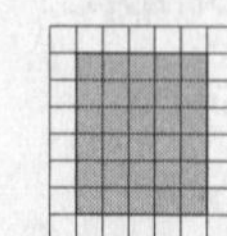

H 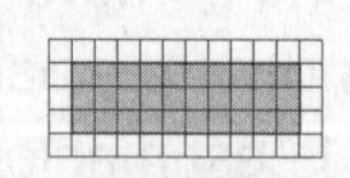

J 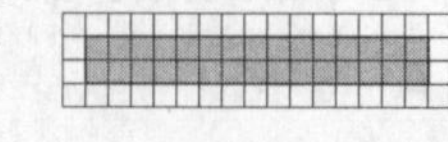

Perímetro

Halla el perímetro.

1.

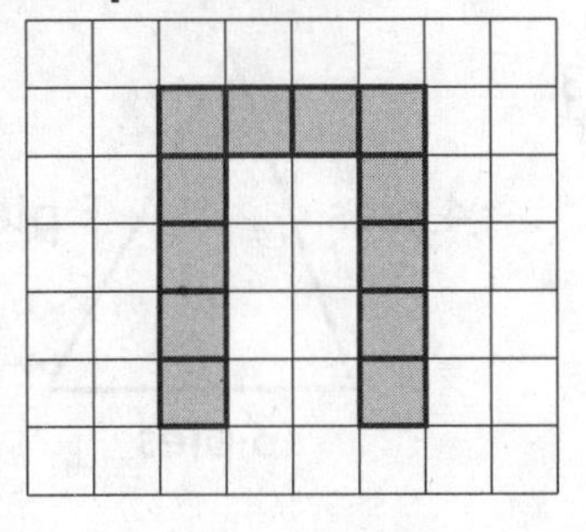

____

2.

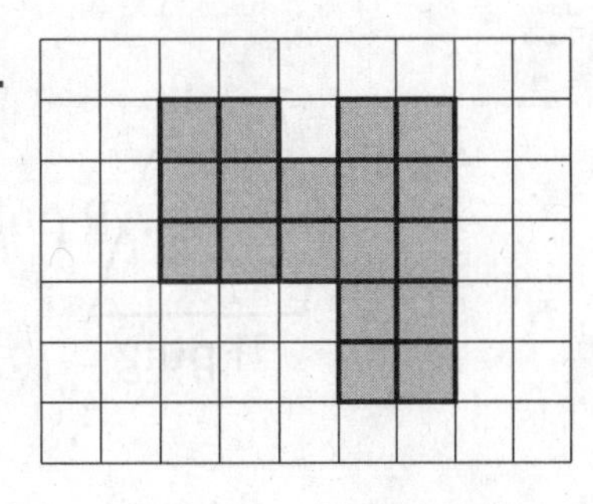

____

3.

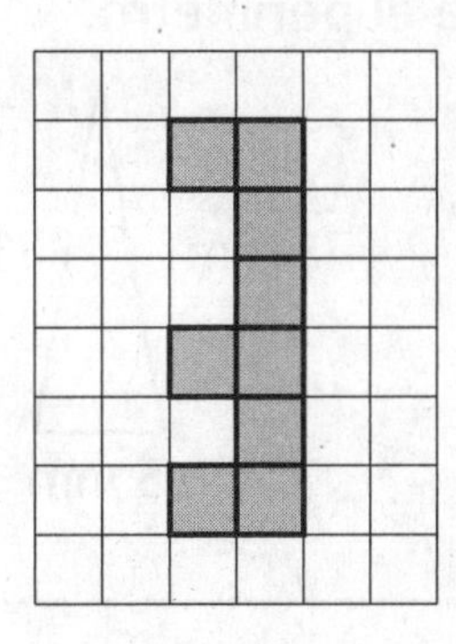

____

4.

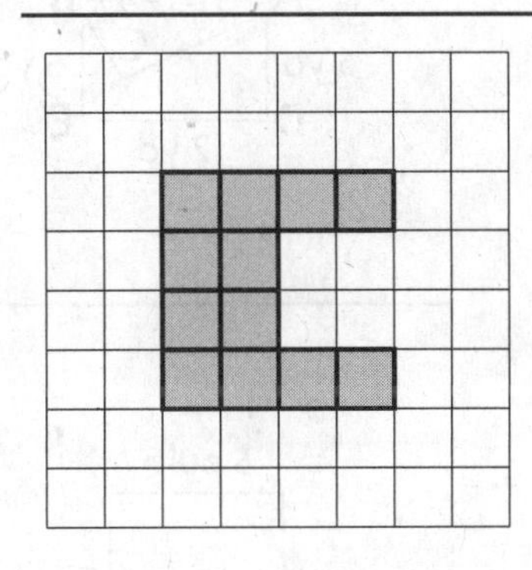

____

5.

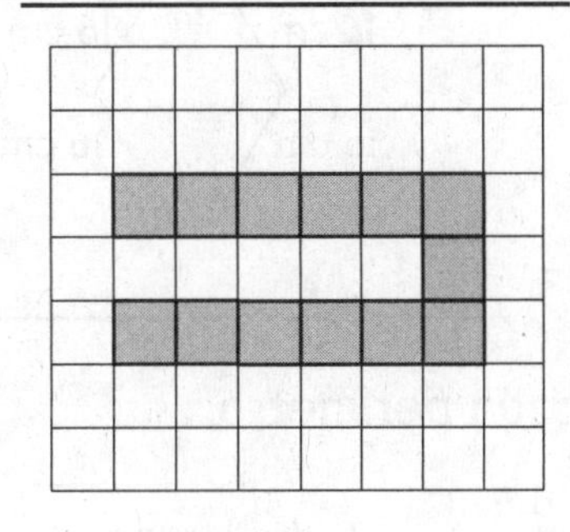

____

6.

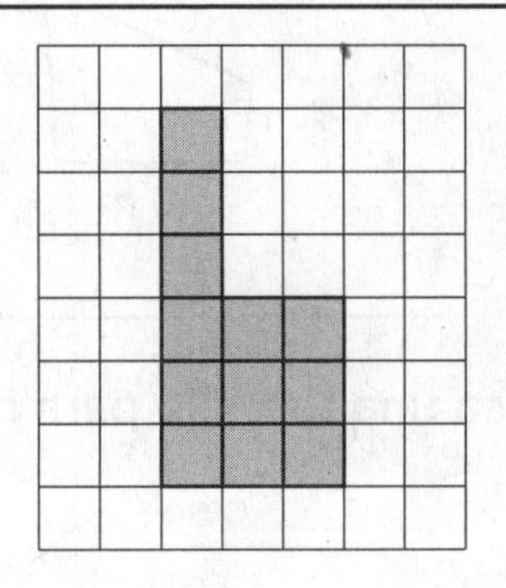

____

Resolución de problemas y preparación para el TAKS

USA DATOS Para los ejercicios 7 y 8, usa el mapa.

7. Estima el perímetro que se ve en las rectas negras.

____

8. Aproximadamente, ¿cuán mayor es el perímetro que se ve en las rectas negras sólidas que la distancia de San Antonio a Houston y a Dallas?

____

9. ¿Cuál es el perímetro de esta figura?

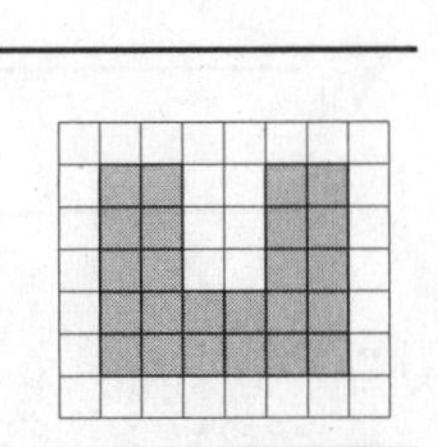

____

10. ¿Cuál es el perímetro de esta figura?

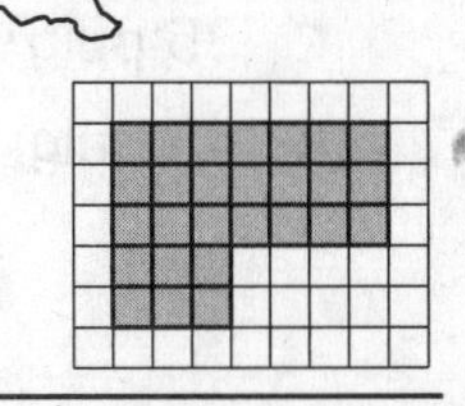

____

Nombre____

Lección 23.3

Álgebra: Hallar el perímetro

Halla el perímetro.

1.

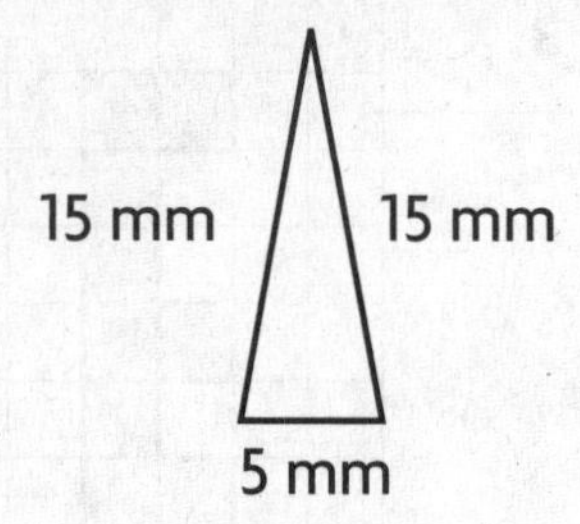

____

2.

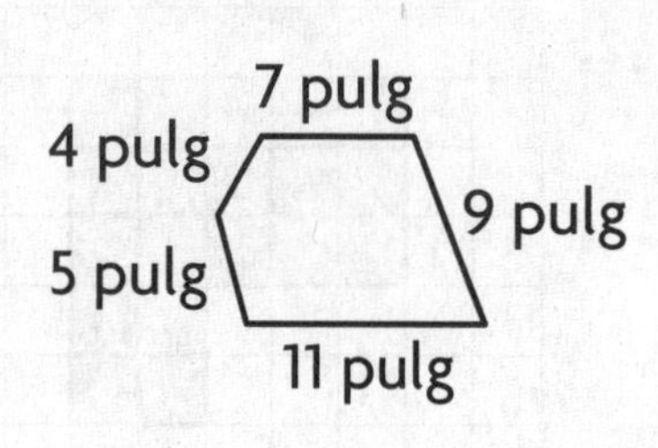

____

3.

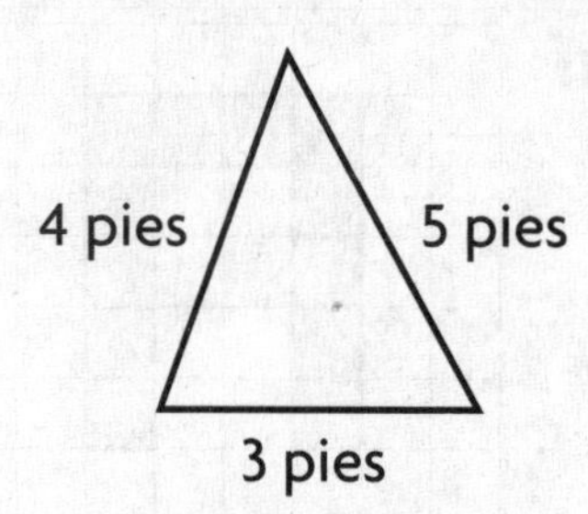

____

4.

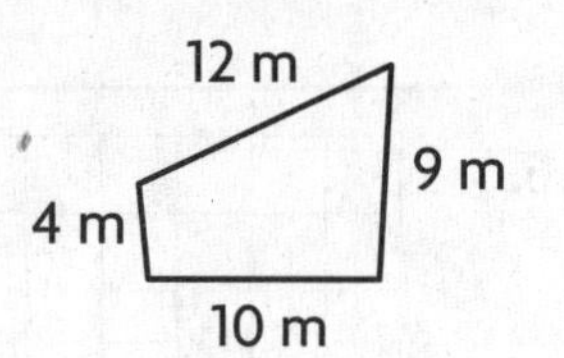

____

5.

16 cm
16 cm
16 cm
16 cm
16 cm
16 cm

____

6.

A 9 yd 2 yd B
C
6 yd
6 yd
D
E
12 yd

____

Usa una fórmula para hallar cada perímetro.

7.

7 cm
7 cm
7 cm
7 cm
7 cm

____

8.

7 yds
15 yds

____

9.

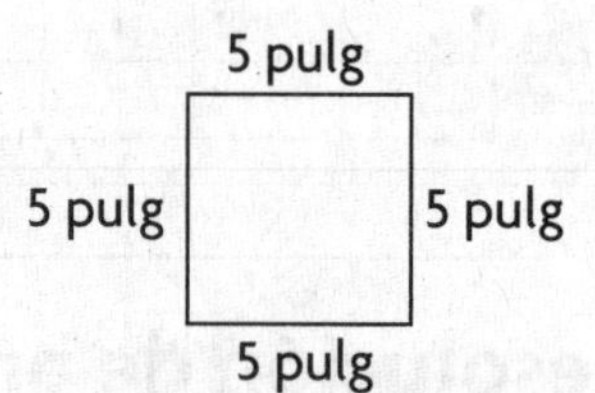

____

Resolución de problemas y preparación para el TAKS

10. Razonamiento El perímetro de un triángulo isósceles es 20 pulg. Su base es 8 pulg. ¿Cuál es la longitud de los otros dos lados?

____

11. Razonamiento El perímetro de un rectángulo es 46 pies. El ancho es 10 pies. ¿Cuál es la longitud?

____

12. ¿Cuál es el perímetro de esta figura?

A 18 pulg

B 27 pulg

C 36 pulg

D 45 pulg

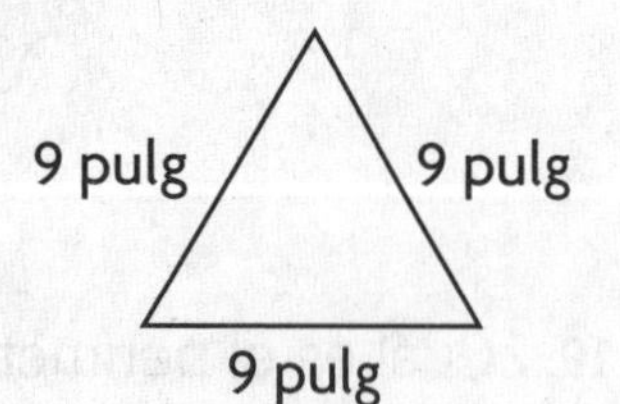

13. ¿Cuál es el perímetro de un hexágono equilátero con lados de 6 cm de longitud? Explica.

____

____

Nombre________________________

Taller de resolución de problemas
Estrategia: Comparar estrategias

Resolución de problemas • Práctica de estrategias

1. Leo hace un borde de ladrillo alrededor de su jardín cuadrado. Cada lado tiene 15 pies de longitud. Cada ladrillo tiene un pie de longitud. ¿54 ladrillos serán suficientes? Si no, ¿cuántos más necesitará?

____

2. Devon quiere pegar una cenefa trenzada alrededor del borde de un marco para fotos que tiene 10 por 12. Después él quiere pegar un fleco alrededor del borde de la cenefa trenzada. La cenefa tiene 2 pulgadas de ancho. ¿Cuánta cenefa y fleco necesitará?

____

3. Leon cose un bordado con cuentas alrededor de una manta rectangular con lados de 1 yd por 2 yd. ¿Cuántos pies de cuentas necesita?

____

4. Joan pega 1 piedra preciosa por pulgada en cada lado de 4 cuadrados con lados de 3, 4, 5 y 6 pulgadas. ¿Cuántas piedras preciosas necesita?

____

Resolución de problemas y preparación para el TAKS

Elige una estrategia para resolver. Explica tu elección.

USA DATOS Para los ejercicios 5 y 6, usa la tabla.

5. Grant compró un pedazo de alfombra de 5 por 8 y 9 yardas de cerca. ¿Cuánto gastó?

____

Provisiones para edificios Bart	
Provisión	**Costo**
Libro de autoayuda	$15
Alfombra para exteriores	$8/pie cuadrado
Cercas	$15/yarda

6. El Sr. Daley gastó $195 en 3 libros de autoayuda y alguna cerca. ¿Cuántas yardas de cerca compró?

____

7. El perímetro de un triángulo es 27 pulgadas. Los lados son iguales. ¿Cuál es la longitud de cada lado?

____

Nombre ______________________________

Lección 23.5

Estimar el área

Estima el área de cada figura. Cada unidad representa 1 m cuadrado.

1. 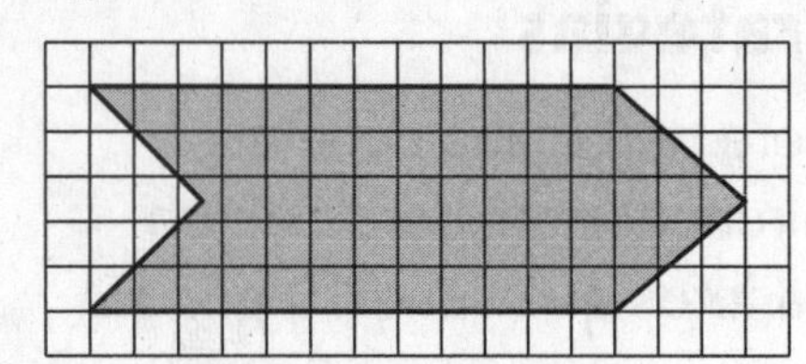

____

2. 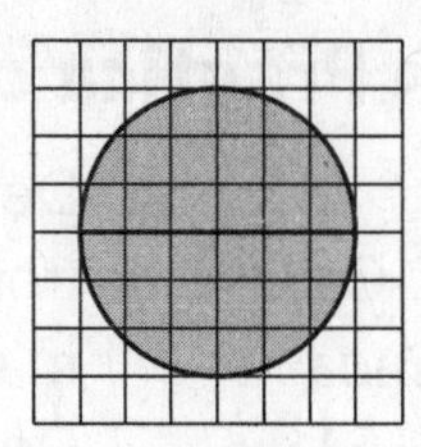

____

3. 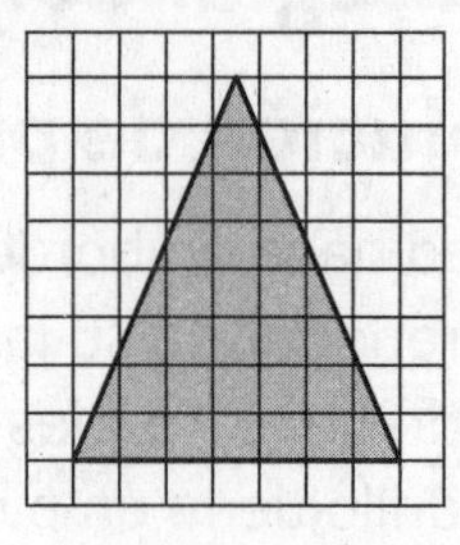

____

4. 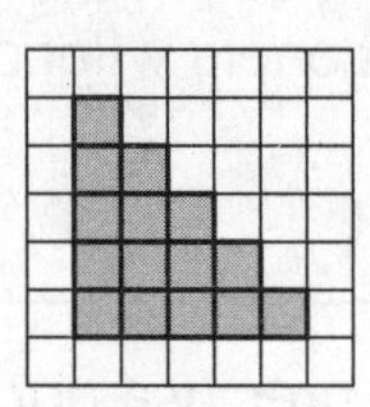

____

5. 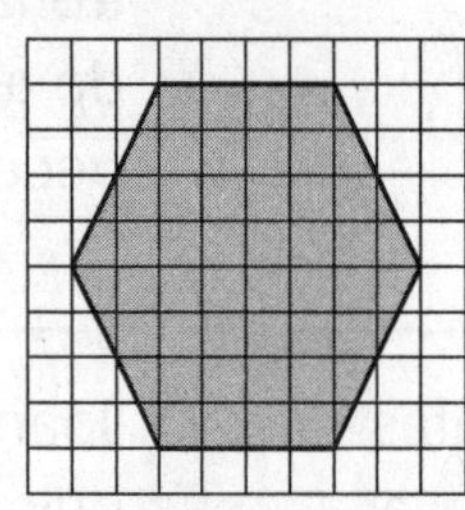

____

6. 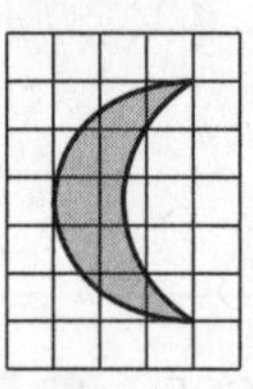

____

Dibuja cada figura en el papel cuadriculado de la derecha. Después, estima el área.

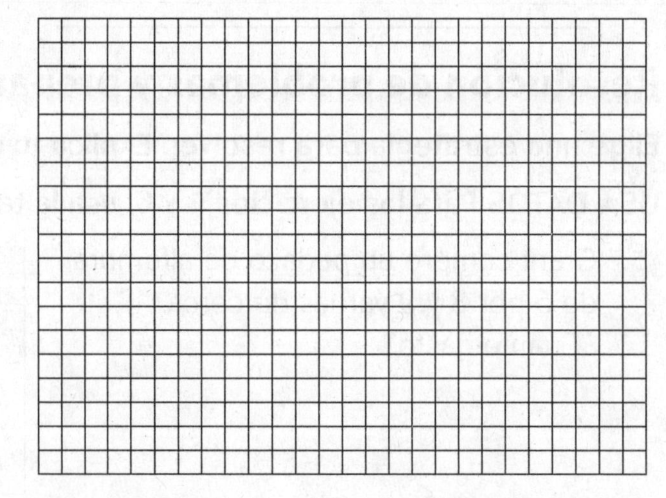

7. hexágono

8. triángulo recto

9. figura con líneas rectas

10. figura con líneas rectas y curvas

USA DATOS Para los Ejercicios 11 y 12, usa el diagrama.

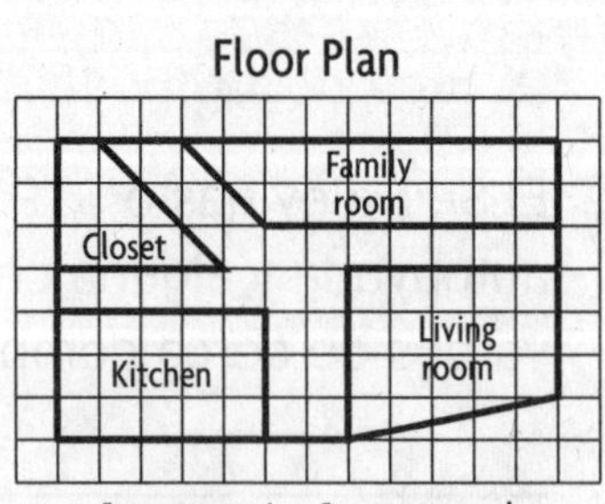

11. ¿Aproximadamente, cuántas yardas cuadradas tiene el pasillo?

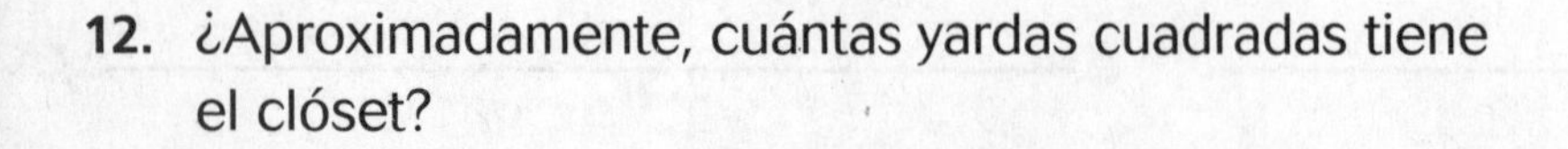

12. ¿Aproximadamente, cuántas yardas cuadradas tiene el clóset?

____

Nombre_______________________________________

Álgebra: Hallar el área

Halla el área.

1.

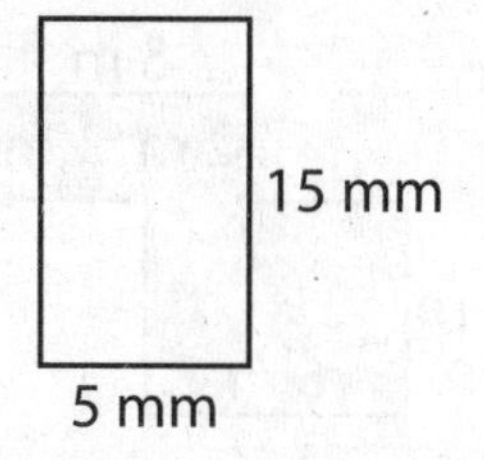

____

2.

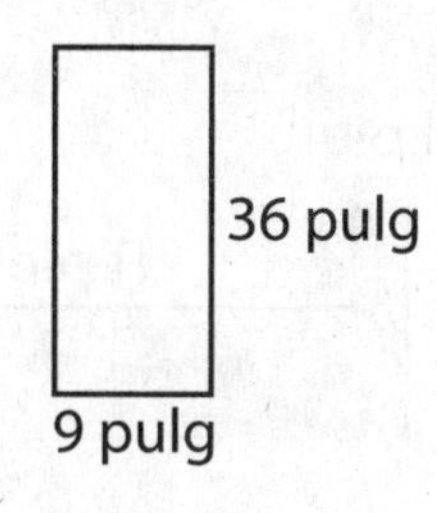

____

3.

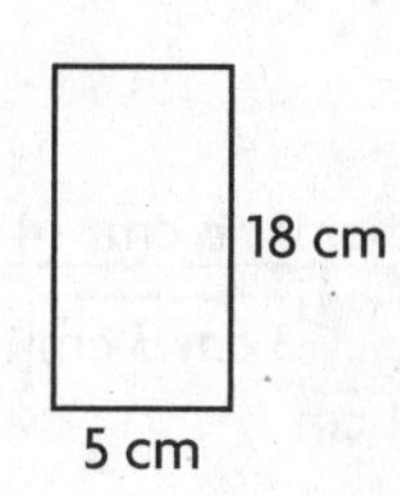

____

Usa una regla de centímetros para medir cada figura.

Halla el área y el perímetro.

4.

3 cm

3 cm

____

____

5.

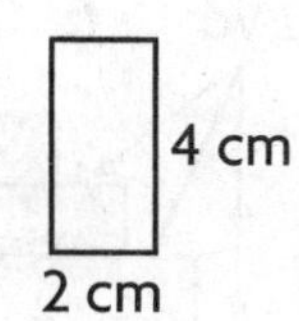

____

____

6.

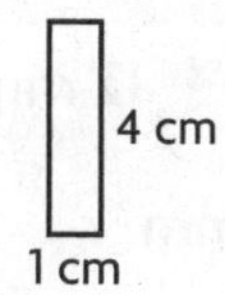

____

____

Resolución de problemas y preparación para el TAKS

USA DATOS **Para los ejercicios 7 y 8, usa el diagrama.**

7. ¿Cuál es el área y el perímetro de todo el patio?

____

8. ¿Cuánto más pequeña es el área del patio que el área del prado?

____

45 pies

Césped

30 pies

30 pies

7 pies *Patio*

8 pies *Patio*

15 pies

9. ¿Cuál es el área de esta figura?

A 152 pies cuadrados

B 162 pies cuadrados

C 180 pies cuadrados

D 200 pies cuadrados

9 pies

18 pies

10. Usa una fórmula para hallar el área de un rectángulo que tiene 7 cm por 35 cm.

____

Nombre_______________________________________

Perímetro y área de figuras complejas

Halla el perímetro y el área de cada figura.

1.

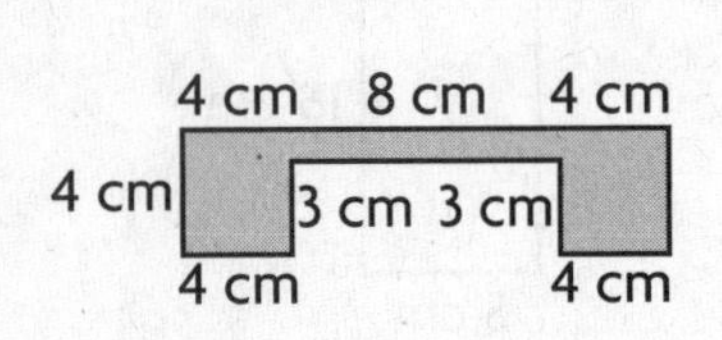

____

____

2.

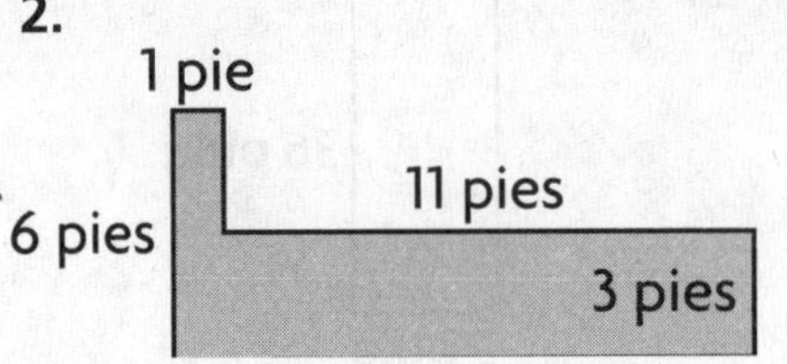

____

____

3.

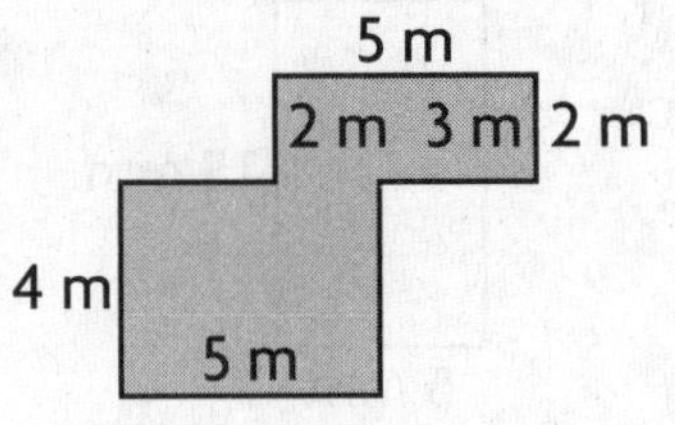

____

____

4.

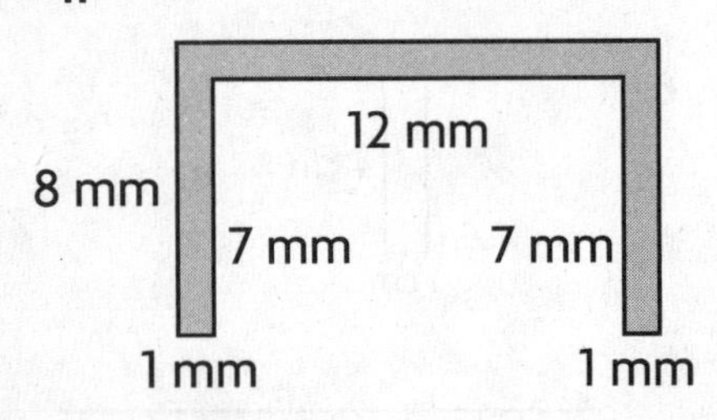

____

____

5.

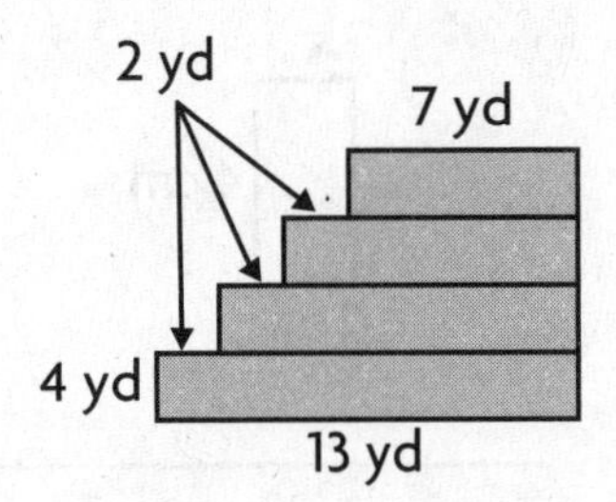

____

____

6.

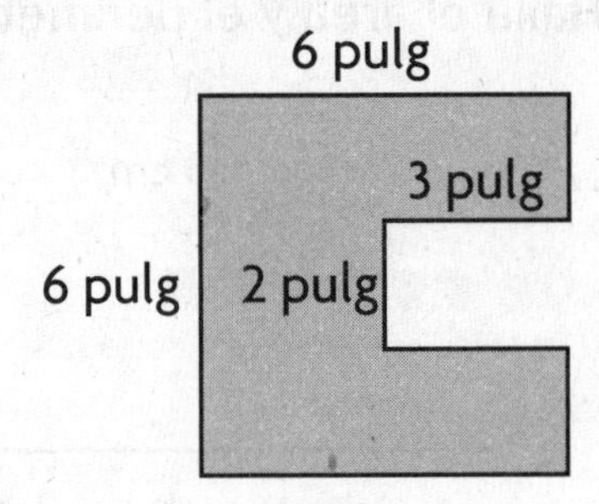

____

____

Resolución de problemas y preparación para el TAKS

Para los ejercicios 7 y 8, usa los ejercicios 5 y 6 de arriba.

7. Mira el ejercicio 5. ¿Cuál sería el perímetro si se añadiera al final un quinto escalón con 5 yd de longitud?

____

8. Mira el ejercicio 6. ¿Cuál sería el área si todas las medidas se duplicaran?

____

9. ¿Cuál es el perímetro total de esta figura?

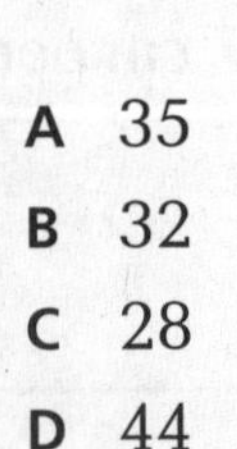

A 35

B 32

C 28

D 44

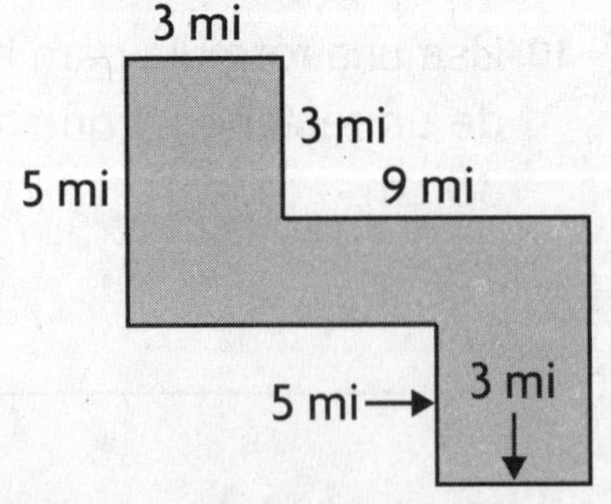

10. ¿Cuál es el área total de la figura del ejercicio 9?

F 30

G 34

H 48

J 42

Nombre________________________________ **Lección 23.8**

Relacionar perímetro y área

Halla el área y el perímetro de cada figura. Después, dibuja otra figura que tenga el mismo perímetro pero un área diferente.

1. 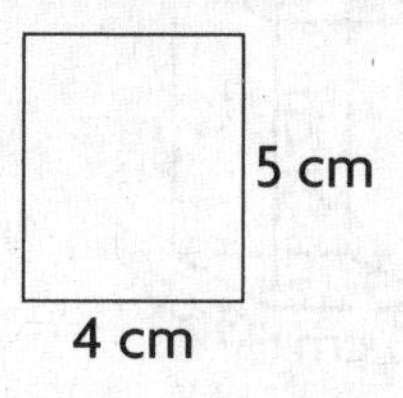

2. 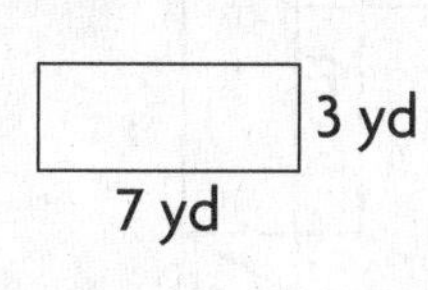

3. 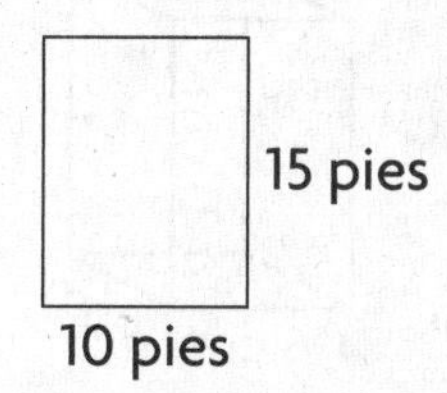

______________________ ______________________ ______________________

______________________ ______________________ ______________________

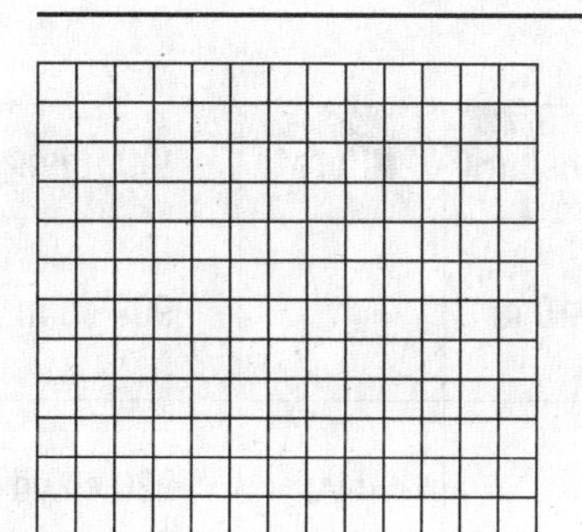

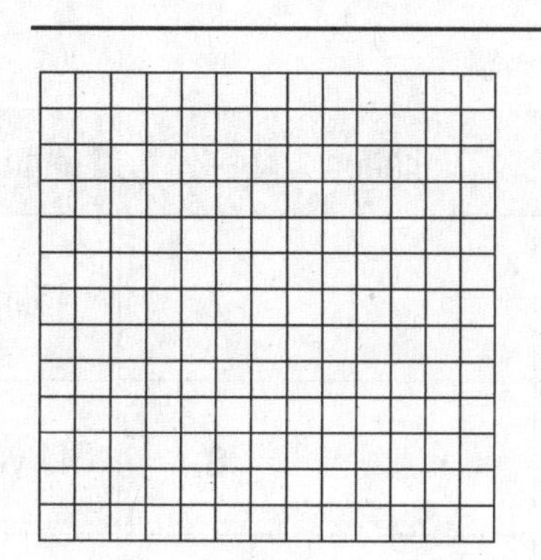

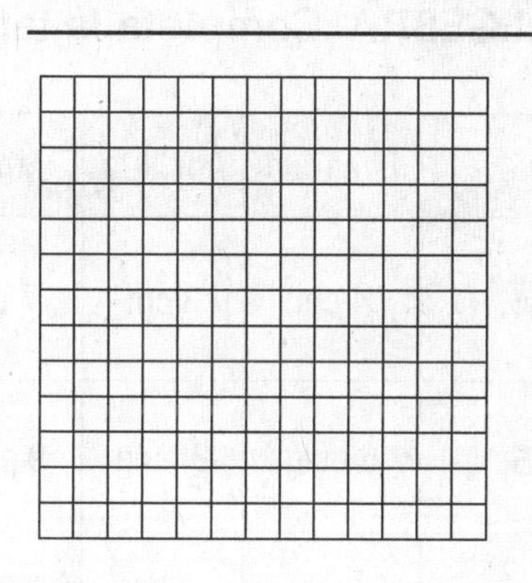

Resolución de problemas y preparación para TAKS

Para los Ejercicios 4 y 5, usa las figuras a-c.

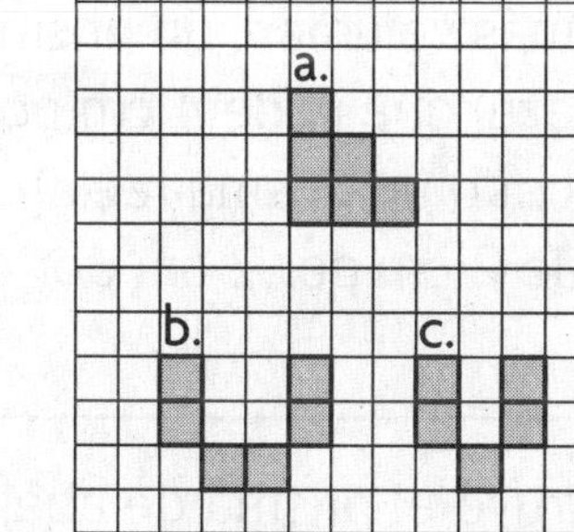

4. ¿Cuáles figuras tienen la misma área pero diferentes perímetros?

____

5. ¿Cuáles figuras tienen el mismo perímetro pero diferentes áreas?

____

6. Los rectángulos de abajo tienen la misma área. ¿Cuál tiene mayor perímetro?

A 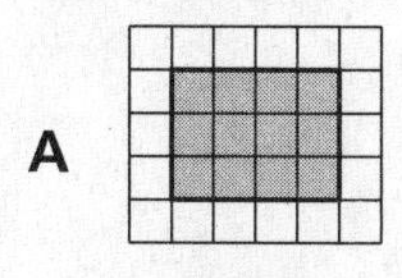

C 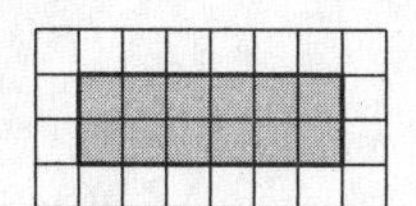

B 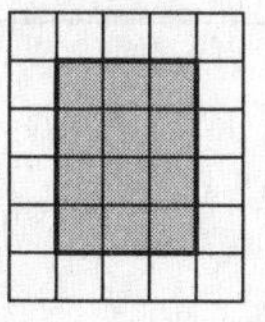

D 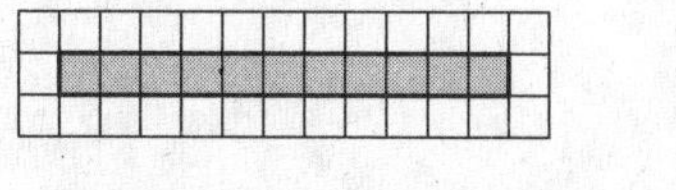

7. Los rectángulos de abajo tienen el mismo perímetro. ¿Cuál tiene mayor área?

F 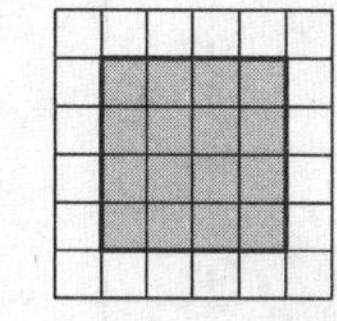

H 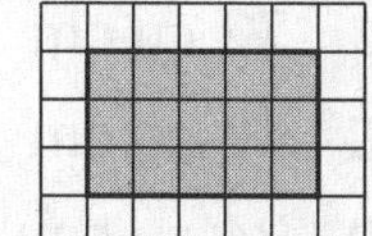

G 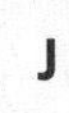

J 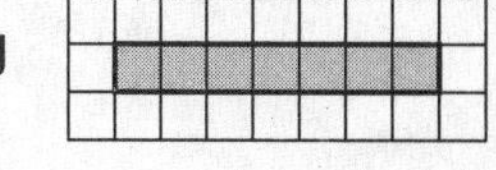

Estimar y medir el volumen de los prismas

Estima. Después cuenta o multiplica para hallar el volumen.

1.

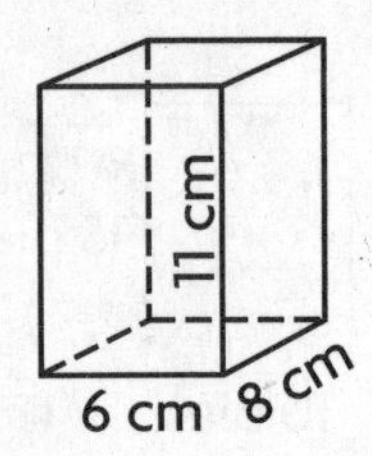

____

2.

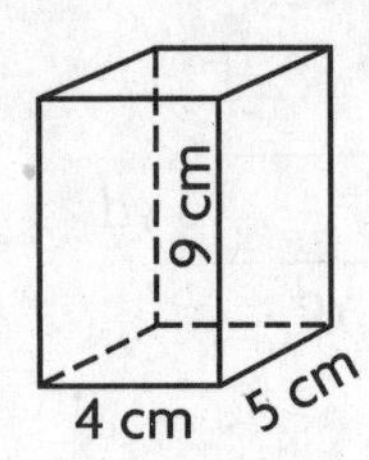

____

3.

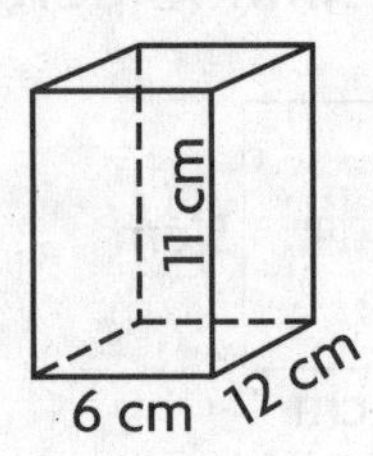

____

ÁLGEBRA **Completa la tabla.**

	Longitud	Anchura	Altura	Volumen		Longitud	Anchura	Altura	Volumen
4.	4 cm	3 cm	7 cm		**7.**	15 m	10 m		900 cu m
5.	6 pulg	3 pulg	9 pulg		**8.**	11 yd		4 yd	220 cu yd
6.	12 pies	7 pies	15 pies		**9.**		12 mm	15 mm	2,700 cu mm

Resolución de problemas y preparación para el TAKS

10. ¿Cuál tiene más volumen, un prisma rectangular azul que mide 4 cm por 1 cm por 3 cm o un prisma rectangular rojo que mide 2 cm por 2 cm por 4 cm?

____

11. El volumen de un prisma rectangular es 200 cm cúbicos. Si la longitud y la anchura son 5 cm cada uno, ¿cuál es la altura?

____

12. Jamal construyó el prisma de abajo con cubos de centímetro. ¿Cuál es el volumen de la figura?

A 288 cu cm

B 72 cu cm

C 48 cu cm

D 24 cu cm

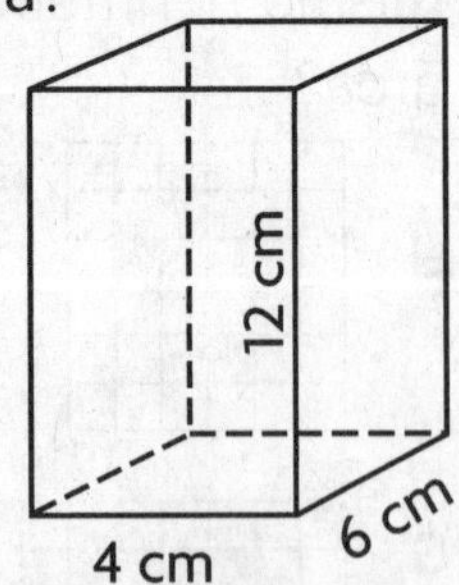

13. El volumen de un prisma rectangular es 60 pulgadas cúbicas. La altura es 4 pulgadas. ¿Cuál podría ser la longitud y la anchura del prisma rectangular?

____

Nombre ____________________

Lección 24.2

Taller de resolución de problemas
Destreza: Demasiada/Poca información

Resolución de problemas • Práctica de destrezas

Decide si el problema tiene demasiada o poca información. Después resuelve si es posible.

1. Jana está haciendo un paquete para enviarlo a su abuela. El paquete tiene 8 pulg por 12 pulg y se llenó con 20 artículos. Si el volumen del paquete es de 1,440 pulg cúbicas, ¿cuál es la altura del paquete?

   ____

2. Georgia hace un prisma rectangular para que su perro de 60 libras duerma en él. Una yarda cúbica tiene 46,656 pulgadas. El volumen del prisma rectangular es de 2 yd cúbicas. Si la longitud y la anchura son de 1 yd cada una, ¿puede un perro que mide 30 pulgadas caminar dentro del prisma?

   ____

3. Garth y tres primos construyen una plataforma giratoria con 5 llantas, un disco y una caja de madera que tiene 2 pies de ancho por 1 yd de alto por 4 pies de longitud. ¿Cuál es el volumen de la caja?

   ____

4. El joyero de Mónica es de 6 pulgadas por 5 pulgadas. Tiene 2 cajones. La caja está pintada de color rosado y tiene 7 cintas de color azul marino. ¿Cuál es el volumen del joyero?

   ____

Aplicaciones mixtas

5. **Formula un problema** Usa la información del ejercicio 4. Reescribe el problema pero cambiando los números de tal forma que se pueda resolver.

   ____

   ____

6. Un parque de diversiones tiene 12 carros chocones. Cada carro tiene capacidad para 3 personas. La vuelta en un carro chocón dura 10 minutos. Si todos los carros están llenos todo el tiempo, ¿cuántas personas pueden montar en una hora?

   ____

7. Cyndi necesita 55 gemas de vidrio para decorar un cubo. Vienen 7 gemas en un paquete por $3.79. ¿Cuánto necesitará gastar Cyndi para decorar el cubo?

   ____

8. **Problema abierto** Jill hace una pila con cubos. ¿Cómo se relacionarán las dimensiones de cada cubo?

   ____

   ____

Nombre ____

Comparar el volumen de los prismas.

Compara el volumen de las figuras. Escribe <, > o = para cada ●.

1.  ●

2. 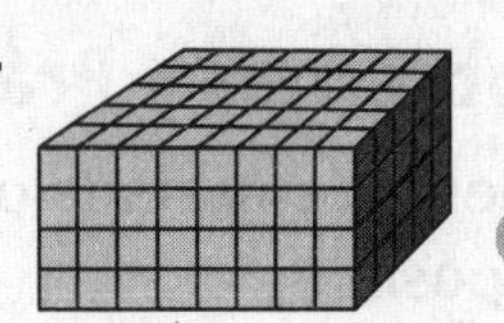 ● 

Construye o dibuja cada prisma. Después compara los volúmenes.

3. Prisma: A — longitud: 10 cm, ancho: 3 cm, altura: 7 cm
   Prisma B — longitud: 10 cm, ancho: 5 cm, altura: 4 cm

   Prisma A ● Prisma B

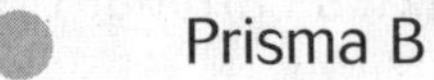

4. Prisma: A — longitud: 5 cm, ancho: 8 cm, altura: 6 cm
   Prisma B — longitud: 6 cm, ancho: 6 cm, altura: 5 cm

   Prisma A ● Prisma B

5. Prisma: A — longitud: 2 cm, ancho: 2 cm, altura: 5 cm
   Prisma B — longitud: 10 cm, ancho: 5 cm, altura: 4 cm

   Prisma: A ● Prisma: B

6. Prisma: A — longitud: 5 cm, ancho: 4 cm, alto: 1 cm
   Prisma B — longitud: 2 cm, ancho: 3 cm, altura: 12 cm

   Prisma: A ● Prisma: B

Resolución de problemas y preparación para el TAKS

7. ¿Quién tiene mayor volumen, un prisma de 4 unidades de longitud, 5 unidades de ancho y 6 unidades de alto o un cubo con una longitud, ancho y altura de 6 unidades?

   ____

8. Dos prismas tienen el mismo volumen. Uno mide 4 mm por 6 mm por 10 mm. El otro mide 8 mm de longitud y 15 mm de alto. ¿Cuál es el ancho del segundo prisma?

   ____

9. Amie tiene un juguete con forma de cubo. El volumen es 125 pulgadas cúbicas. ¿Cuál puede ser la longitud, ancho y altura del juguete?

   ____

10. Carey tiene una caja de figuras de miniatura que tiene un volumen de 343 pulgadas cúbicas. ¿Cuál sería la longitud, el ancho y la altura de la caja?

   ____

Nombre ______________________________ **Lección 24.4**

Relacionar volumen y capacidad

Di si medirías la capacidad o el volumen.

1. la cantidad de agua en un cubo de hielo

____

2. la cantidad de espacio que ocupa un termo

____

3. la cantidad de aire en una llanta

____

4. la cantidad de té en una taza

____

5. el espacio en la cabina de una camioneta

____

6. el espacio en una habitación

____

7. la cantidad de petróleo en un oleoducto

____

8. la cantidad de sangre en las venas del cuerpo

____

Resolución de problemas y preparación para el TAKS

USA DATOS Para los ejercicios 9 y 10, usa la tabla.

Objeto	Capacidad	Volumen
Humus	26 cuartos	1 pie cúbico
Soda	2 litros	61 pulgadas cúbicas
Cartón de leche	1 cuarto	Aproximadamente 58 pulgadas cúbicas

9. ¿Cuántos cuartos de humus pueden caber en un recipiente de 5 pies cúbicos?

____

10. Aproximadamente, ¿cuántas pulgadas cúbicas se necesitan para guardar 10 cuartos de leche?

____

11. Cass quiere saber con cuánto gas se llenará el tanque del carro de la familia. ¿Qué medida tendría que usar?

A capacidad
B longitud
C masa
D volumen

12. Lex quiere saber cuánta cocoa caliente cabe en sus termos. ¿Qué medida tendría que usar?

F capacidad
G longitud
H masa
J volumen

Repaso en espiral

Repaso en espiral

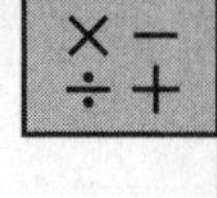

Para los ejercicios 1 a 4, compara los números. Escribe <, > o = en cada ◯.

1. 56 ◯ 79
2. 324 ◯ 423
3. 912 ◯ 912
4. 203 ◯ 193

Para los ejercicios 5 a 8, escribe la hora. Escribe una manera de leer la hora.

5. 

6. 

7. 

8.

Para los ejercicios 9 a 11, usa los datos de la gráfica.

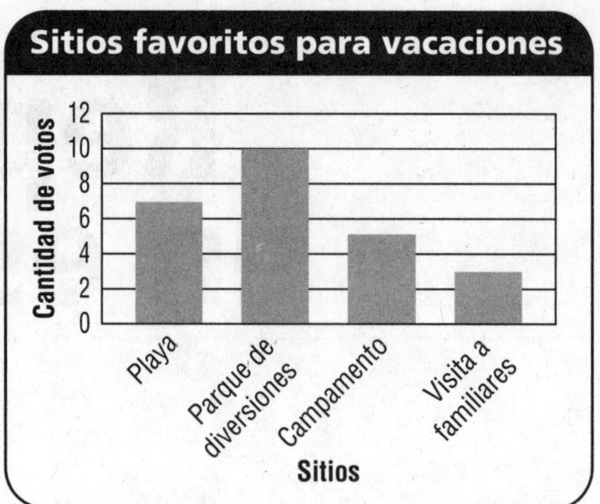

9. ¿Cuántas personas votaron por la playa? ______
10. ¿Cuántas personas votaron por el parque de diversiones? ______
11. ¿Qué lugar obtuvo la menor cantidad de votos? ______

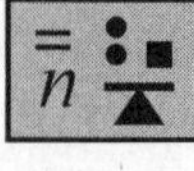

Para los ejercicios 12 y 13, escribe la familia de operaciones para cada grupo de números.

12. 2, 3, 5
13. 2, 7, 9

Repaso en espiral

Para los ejercicios 1 y 2, usa la predicción y la prueba para resolver los problemas.

1. En un partido de fútbol, los Dragones anotaron 3 puntos más que las Águilas. Entre los dos equipos anotaron un total de 7 puntos. ¿Cuántos puntos anotó cada uno de los equipos?

   ____

2. En la feria de la escuela, se vendieron en total 300 botellas de jugo de manzana y uva. Se vendieron 80 botellas más de jugo de manzana que de uva. ¿Cuántas botellas de cada tipo de jugo se vendieron?

   ____

Para los ejercicios 6 a 8, usa los datos de la tabla.

Mrs. Yin's class voted for their favorite color.

Color	Votos
Negro	2
Azul	8
Verde	5
Rojo	7
Amarillo	4

6. ¿Qué color tuvo la mayoría de votos?

   ____

7. ¿Cuántos votos hubo en total?

   ____

8. ¿Cuántos estudiantes más votaron por el color rojo que por el amarillo?

   ____

Para los ejercicios 3 a 5, elige la mejor unidad de medida.

3. La longitud de un autobús escolar: ¿9 pies o 9 yardas?

   ____

4. La distancia entre la ciudad de Nueva York y Los Ángeles: ¿2,500 yardas o 2,500 millas?

   ____

5. La cantidad de café en una vaso con asa: ¿2 tazas o 2 cuartos?

   ____

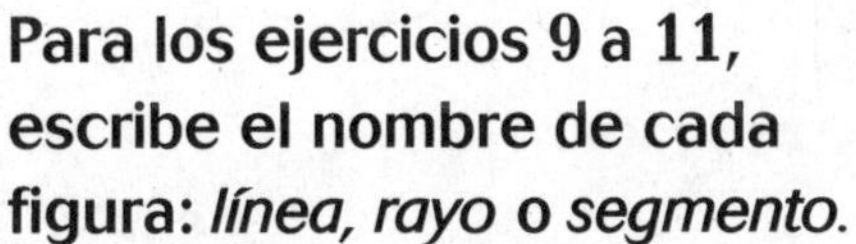

Para los ejercicios 9 a 11, escribe el nombre de cada figura: *línea, rayo* **o** *segmento.*

9. ←――――→

   ____

10. •――――•

   ____

11. •――――→

   ____

Repaso en espiral

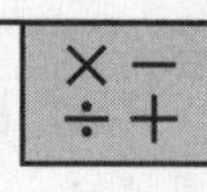

Para los ejercicios 1 a 4, compara usando <, > o =.

1. 5,327 ◯ 5,341

2. 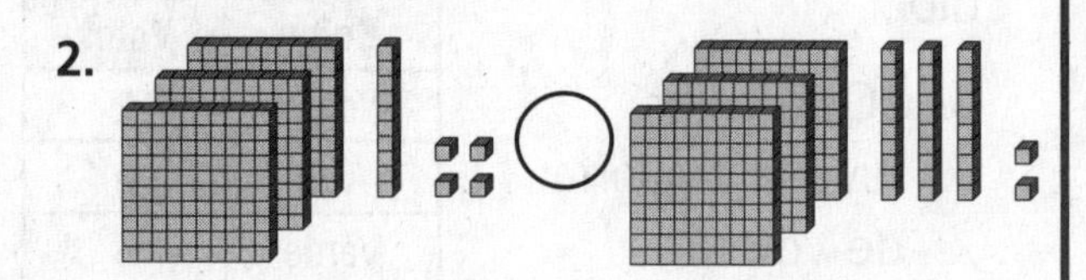

3. Recta numérica: 3,300 — 3,340 — 3,380 — 3,420 — 3,460

   3,340 ◯ 3,460

4. 4,039 ◯ 4,039

Para los ejercicios 5 a 8, elige la unidad que usarías para medir cada uno. Escribe *taza, pinta, cuarto* o *galón*.

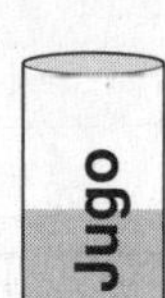

5. ______________ 6. ______________

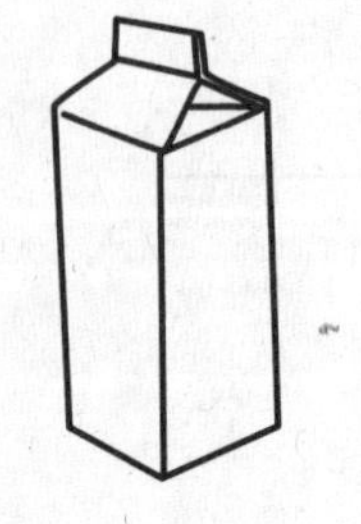

7. ______________ 8. ______________

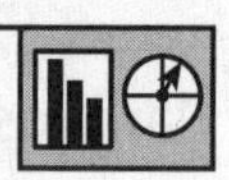

Para los ejercicios 9 a 11, usa la tabla de abajo para decir si cada evento es *probable, poco probable* o *imposible*.

Las canicas de Warren	
Azules	●●
Verdes	●●●●●●●●
Rojas	●●●●●●●●●●●●●●●●

9. Warren sacará una canica roja.

   ____

10. Warren sacará una canica amarilla.

    ____

11. Warren sacará una canica azul.

    ____

Para los ejercicios 12 a 15, escribe una operación relacionada. Úsala para completar el enunciado numérico.

12. 7 + ☐ = 9

    ____

13. ☐ − 3 = 9

    ____

14. 4 + ☐ = 6

    ____

15. 8 − ☐ = 5

    ____

Repaso en espiral

Para los ejercicios 1 y 2, di si estimas o hallas una respuesta exacta. Después resuelve el problema.

1. Ketan necesita comprar un cuaderno, un lápiz y una pluma. Un cuaderno cuesta $4.75, un lápiz cuesta $1.29 y una pluma cuesta $1.69. Aproximadamente, ¿cuánto dinero necesita Ketan?

____

____

2. Un autobús escolar tiene 32 filas de asientos. En cada asiento se pueden sentar dos estudiantes. ¿Cuántos estudiantes puede llevar el autobús escolar?

____

____

Para los ejercicios 3 a 5, elige la mejor estimación.

3. Diámetro de una moneda de centavo: 2 cm o 2 dm

____

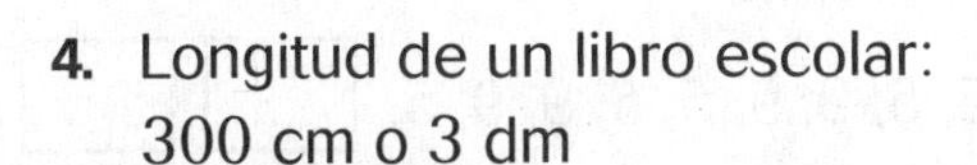

4. Longitud de un libro escolar: 300 cm o 3 dm

____

5. Longitud de un cepillo para el cabello: 15 cm o 15 dm

____

Para los ejercicios 6 a 9, anota los resultados posibles para cada uno.

6. Elena lanza una moneda de 25¢.

____

____

7. Genaro lanza un dado.

____

____

8. Lynne hace girar una flecha giratoria.

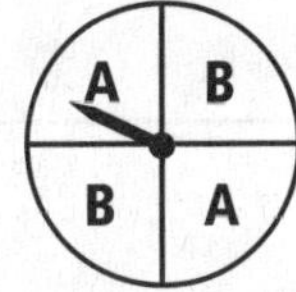

____

____

9. Haley elige una canica.

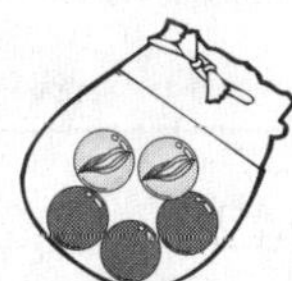

____

____

Para los ejercicios 10 a 12, usa las figuras de abajo.

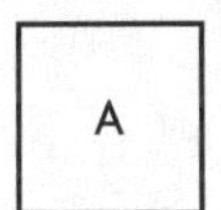

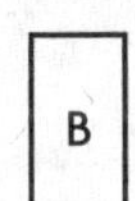

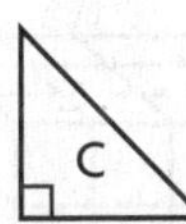

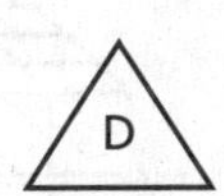

10. ¿Cuáles figuras tienen cuatro lados?

____

11. ¿Cuáles figuras tienen ángulos rectos?

____

12. ¿Cuál figura tiene tres ángulos agudos?

____

Repaso en espiral

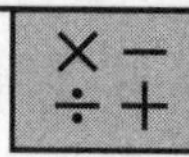

Para los ejercicios 1 a 4, estima. Después halla la suma o la diferencia.

1. $2{,}345 + 1{,}179$

____

____

2. $4{,}845 - 2{,}954$

____

____

3. $9{,}678 - 928$

____

____

4. $6{,}429 + 3{,}218$

____

____

Para los ejercicios 5 y 6, escribe el volumen de cada figura en unidades cúbicas.

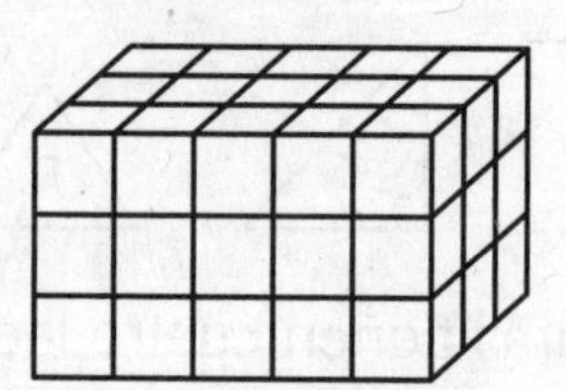

5. ______________________

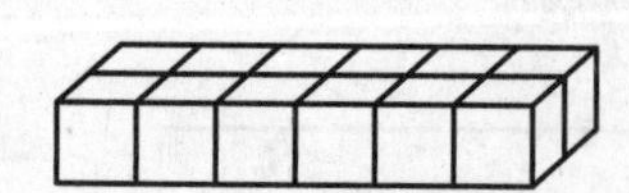

6. ______________________

Para los ejercicios 7 y 8, usa los datos de la gráfica.

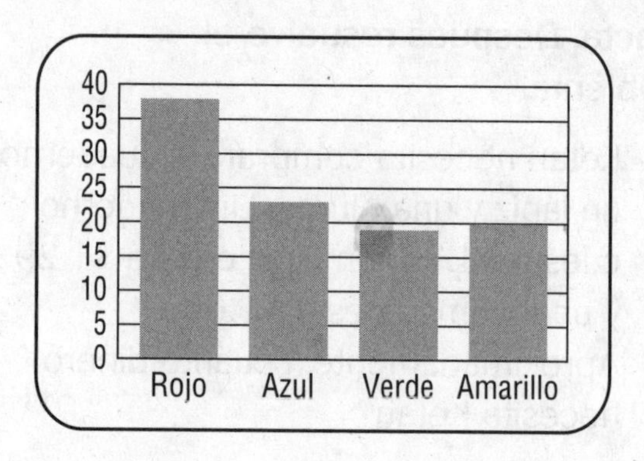

7. Kim gira una rueda giratoria. ¿En qué color es probable que se pare la rueda?

____

8. ¿El número de veces que la rueda se pare en rojo es mayor o menor que el número de veces se para el verde?

____

Para los ejercicios 9 a 12, predice los siguientes dos números o formas en cada patrón.

9. 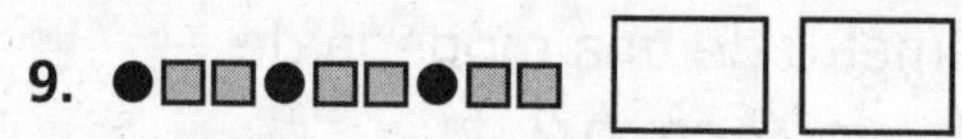

10. 2, 2, 2, 5, 2, 2, 2, 5, 2, ☐ ☐

11. 9, 5, 5, 9, 9, 5, 5, 9, 9, 5, ☐ ☐

12. ☐☐▲▲☐☐▲▲☐☐ ☐ ☐

Repaso en espiral

Para los ejercicios 1 y 2, di si estimas o hallas una respuesta exacta. Después resuelve el problema.

1. El auditorio de la escuela tiene 300 asientos. Para la obra de teatro de la primavera, la escuela vendió por anticipado 187 boletos. En la noche de la presentación, ellos vendieron 109 boletos más en la puerta. ¿La escuela vendió boletos para todos los asientos?

   ____

2. El entrenador de atletismo de César quiere que él corra aproximadamente 15 millas a la semana. Si César corre 4 millas el lunes, 7 millas el miércoles y 3 millas el viernes, ¿habrá él corrido suficiente?

   ____

Para los ejercicios 3 y 4, usa un modelo para resolver.

3. Ian llenó una caja con bloques. Puso 4 capas. Cada capa tenía 2 filas de 4 bloques. ¿Cuál era el volumen de la caja?

   ____

4. Una caja tiene un volumen de 12 unidades cúbicas. La caja tiene 3 filas con 4 cubos en cada fila. ¿Cuántas capas tiene la caja?

   ____

Para el ejercicio 5, usa la pictografía Fruta favorita.

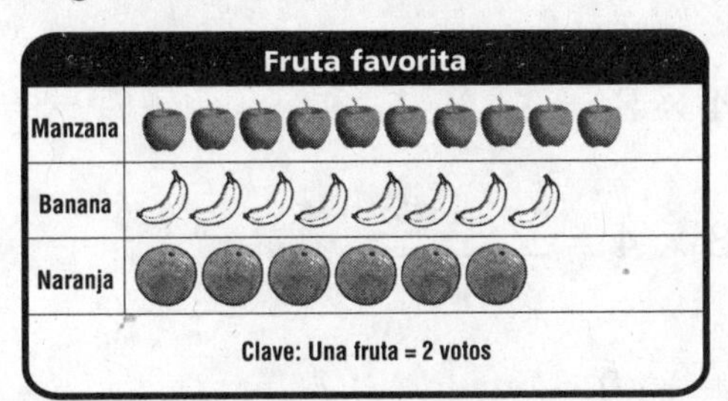

5. Usa los datos de la pictografía para hacer una gráfica de barras.

6. ¿Qué fruta obtuvo más votos?

   ____

7. ¿Cuántos votos más recibieron las bananas que las naranjas?

   ____

Para los ejercicios 8 a 10, halla el área de cada figura. Escribe la respuesta en unidades cuadradas.

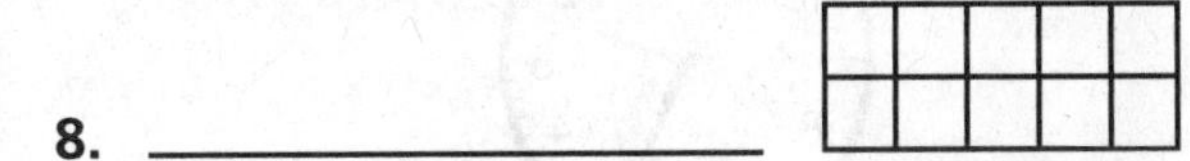

8. ______________

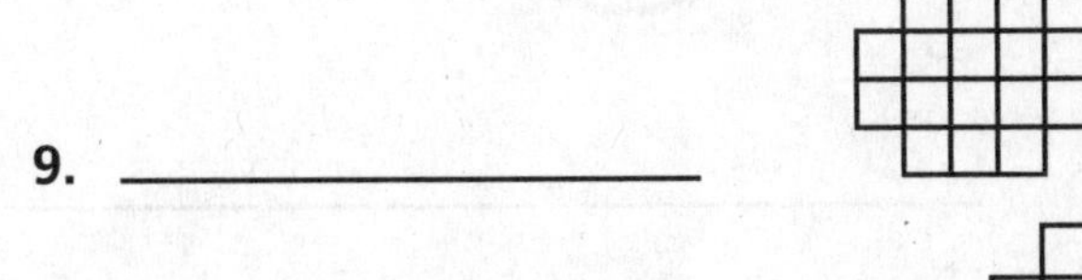

9. ______________

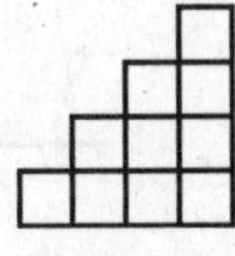

10. ______________

Repaso en espiral

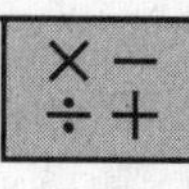

Para los ejercicios 1 a 4, halla el producto.

1. $4 \times 3 =$ ______

2. $8 \times 4 =$ ______

3. 5×4

4. 4×4

Para los ejercicios 5 y 6, escribe la hora. Escribe una manera de leer la hora.

5.

______

______

6.

______

______

______

Para los ejercicios 7 a 9, usa la siguiente encuesta.

Color del cabello de los estudiantes en la clase del maestro Provost	
Negro	6
Rubio	5
Café	8
Rojo	2

7. ¿Qué color de cabello fue el más común? ______

8. ¿Cuántos estudiantes se observaron en la encuesta?

______

9. ¿Cuál es el título de esta encuesta?

______

______

______

Para los ejercicios 10 a 13, halla el valor de la variable. Después escribe un enunciado relacionado.

10. $36 \div t = 6$

______

11. $a \times 3 = 21$

______

12. $y \div 3 = 6$

______

13. $9 \times m = 63$

______

Repaso en espiral

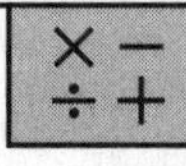

Para los ejercicios 1 a 4, halla el cociente. Escribe un enunciado de multiplicación relacionado.

1. $120 \div 10 =$ ______

____

2. $99 \div 11 =$ ______

____

3. $36 \div 3 =$ ______

____

4. $72 \div 2 =$ ______

____

Para los ejercicios 5 a 8, escribe cada temperatura en °F.

5.

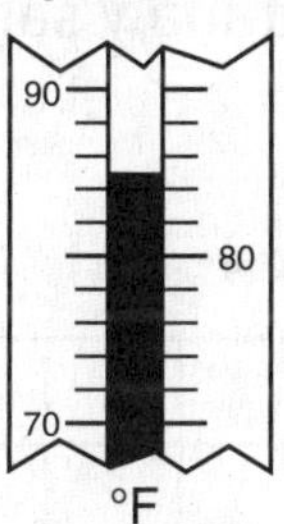

______

6.

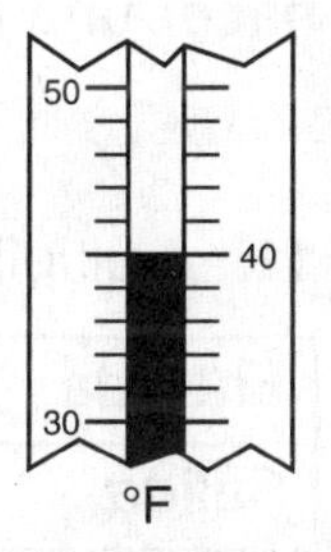

______

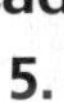

7.

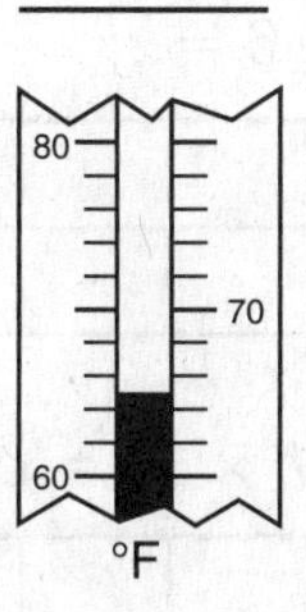

______

8.

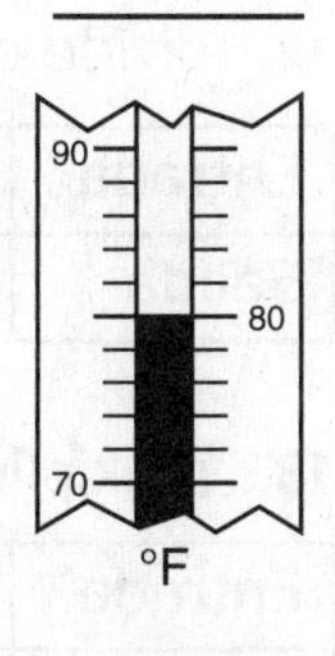

______

Para los ejercicios 9 a 11, usa la siguiente pictografía.

Anotaciones marcadas en una temporada	
Ryan	⚽ ⚽ ⚽ ⚽
Eric	⚽ ⚽
Roy	⚽ ⚽

Clave: Cada ⚽ = 2 anotaciones.

9. ¿Cuántas anotaciones marcó Ryan?

____

10. ¿Cuáles jugadores tienen la misma cantidad de anotaciones?

____

11. ¿Cuántas anotaciones se marcaron en total?

____

Para los ejercicios 12 a 14, traza y recorta cada par de figuras. Di si las figuras son congruentes. Escribe *sí* o *no*.

12. ______

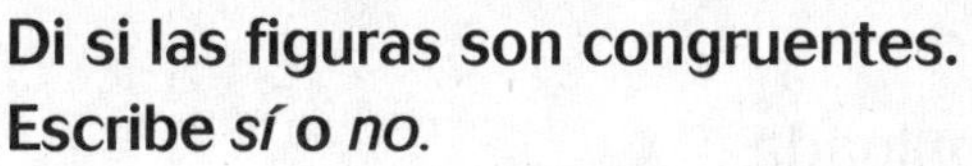

13. ______

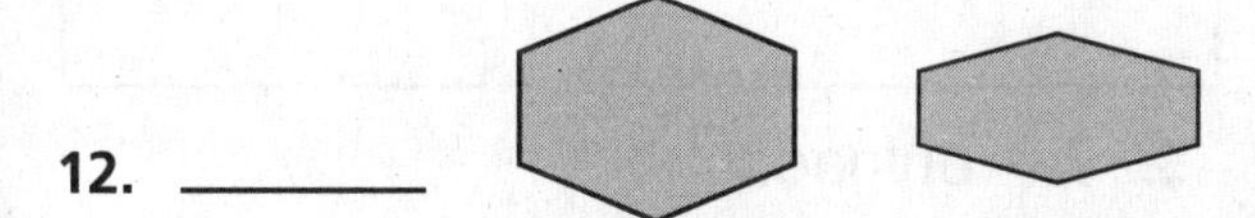

14. ______

Repaso en espiral

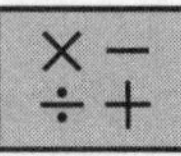

Para los ejercicios 1 a 3, halla el producto.

1\.

$5 \times 17 =$ ☐

2\.

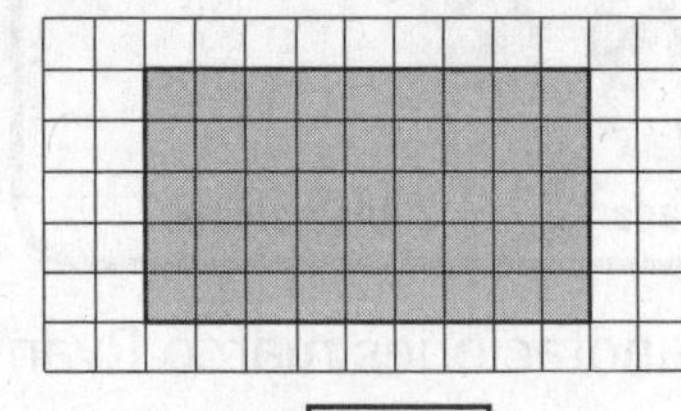

$5 \times 9 =$ ☐

3\.

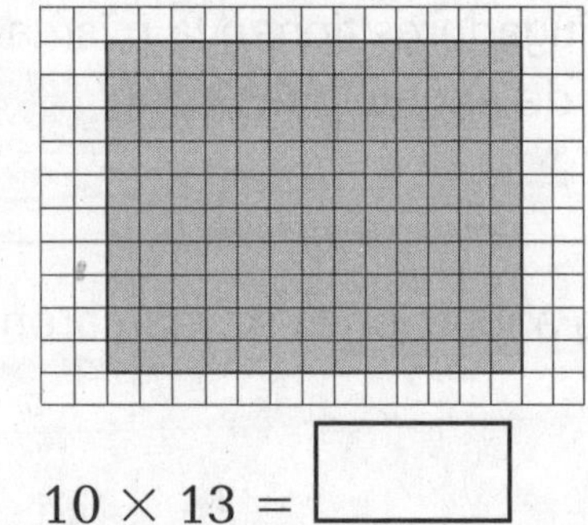

$10 \times 13 =$ ☐

Para los ejercicios 4 a 7, usa una regla. Dibuja una línea por cada longitud.

4\. 1 pulgada

5\. $2\frac{1}{4}$ pulgadas

6\. $1\frac{1}{2}$ pulgadas

7\. $1\frac{1}{8}$ pulgadas

Para los ejercicios 8 a 10, usa la siguiente tabla.

Talla de camiseta	Niños	Niñas
Pequeña	8	7
Mediana	6	9
Grande	4	2

8\. ¿Cuántos niños usan la talla mediana?

____

9\. ¿A cuántos estudiantes se les hizo la encuesta en total?

____

10\. ¿Cuántas más niñas que niños usan la tallas mediana?

____

Para los ejercicios 11 a 13, usa la regla y la ecuación para hacer una tabla de entrada y salida.

11\. multiplica por 4; $t \times 4 = h$

Entrada					
Salida					

12\. divide entre 6; $u \div 6 = z$

Entrada					
Salida					

13\. multiplica por 10; $b \times 10 = c$

Entrada					
Salida					

Nombre_______________________________________ **Semana 10**

Repaso en espiral

Para los ejercicios 1 a 4, usa el cálculo mental para completar el patrón.

1. $4 \times 2 = 8$

   $4 \times 20 = \square$

   $4 \times 200 = \square$

   $4 \times 2{,}000 = \square$

2. $6 \times 8 = 48$

   $6 \times 80 = \square$

   $6 \times 800 = \square$

   $6 \times 8{,}000 = \square$

3. $8 \times 3 = 24$

   $8 \times 30 = \square$

   $8 \times 300 = \square$

   $8 \times 3{,}000 = \square$

4. $5 \times 7 = 35$

   $5 \times 70 = \square$

   $5 \times 700 = \square$

   $5 \times 7{,}000 = \square$

Para los ejercicios 5 a 8, compara. Escribe <, > ó = en cada ◯.

5. 19 onzas ◯ 1 libra

6. 32 onzas ◯ 2 libras

7. 23 onzas ◯ 3 libras

8. 8 onzas ◯ 1 libra

Para los ejercicios 9 a 11, usa la siguiente gráfica de barras.

9. ¿Cuántos libros se leyeron en total?

   ____

10. ¿En qué meses se leyó la misma cantidad de libros?

    ____

11. ¿Cuántos más libros se leyeron en enero que en abril?

    ____

Para los ejercicios 12 a 14, di si la línea es un eje de simetría. Escribe *sí* o *no*.

12. _______ 

13. _______ 

14. _______ 

Repaso en espiral

Para los ejercicios 1 y 2, resuelve el problema.

1. En 1996, las personas en Estados Unidos comieron el equivalente a 100 acres de pizza cada día. ¿Sería razonable decir que las personas comieron el equivalente a 1,000 acres de pizza en una semana? Explica.

   ____

   ____

2. La familia Paine hace una fiesta de pizzas. Ellos necesitan 9 pizzas. Si cada pizza cuesta $17, ¿es $150 una estimación razonable para el total? Explica.

   ____

Para los ejercicios 3 y 4, usa los termómetros. Halla la diferencia en temperaturas.

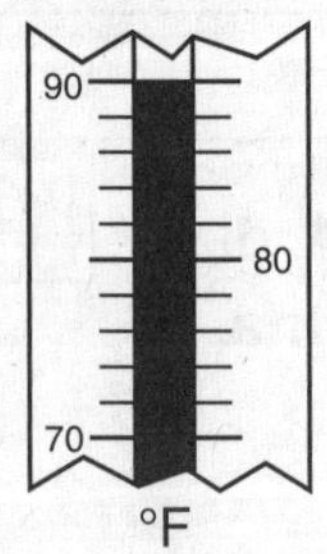

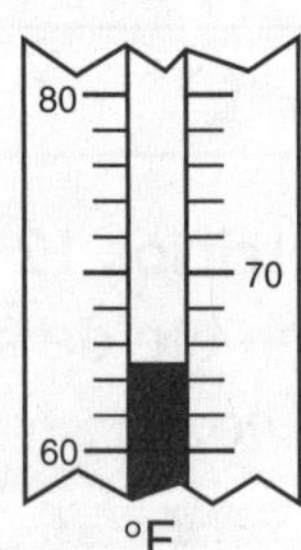

3. __________

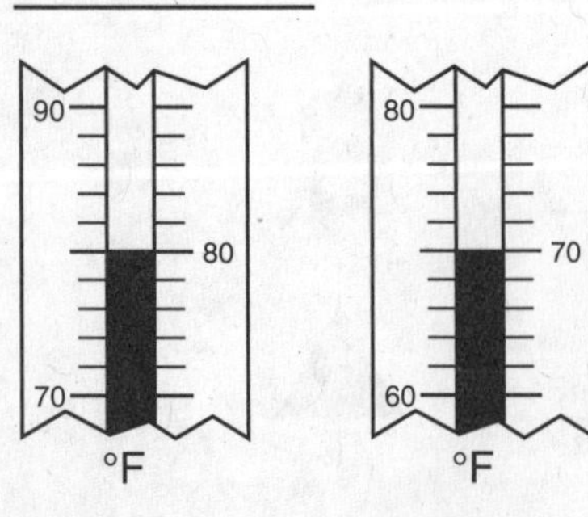

4. __________

Para los ejercicios 5 a 7, usa la siguiente rueda giratoria.

5. ¿Cuál resultado es más probable?

   ____

6. ¿Cuál resultado es menos probable?

   ____

7. ¿Cuáles resultados son igualmente probables?

   ____

Para los ejercicios 8 a 11, halla el valor de la variable. Después escribe un enunciado relacionado.

8. $36 \div t = 6$

   ____

9. $a \times 3 = 21$

   ____

10. $y \div 3 = 6$

    ____

11. $9 \times m = 63$

    ____

Repaso en espiral

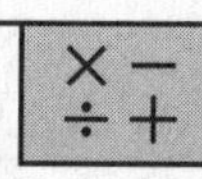

Para los ejercicios 1 a 5, estima el producto.

1. $78 \times 34 =$ ____________

2. $91 \times 46 =$ ____________

3. $22 \times 33 =$ ____________

4. $61 \times 359 =$ ____________

5. $20 \times 119 =$ ____________

Para los ejercicios 9 y 10, usa la siguiente gráfica.

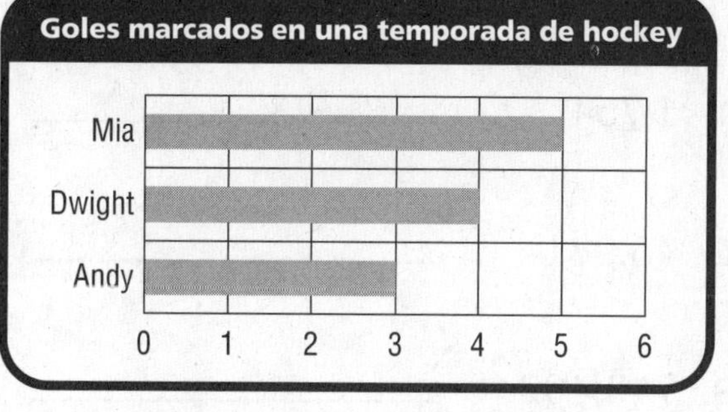

9. ¿Cuántos goles se marcaron en total en toda la temporada?

____

10. ¿Cuántos más goles marcó Mia que Andy?

____

Para los ejercicios 6 a 8, elige la unidad que usarías para medir cada uno. Escribe *centímetro, metro* o *kilómetro*.

6. altura de un pupitre

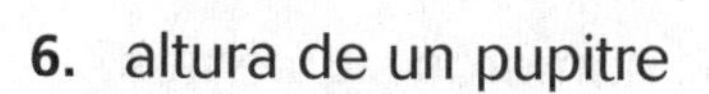

7. longitud de un lápiz

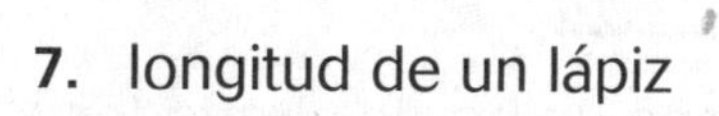

8. cuatro manzanas de casas

____

Para los ejercicios 11 a 13, di si se usó una traslación para mover la figura. Escribe *sí* o *no*.

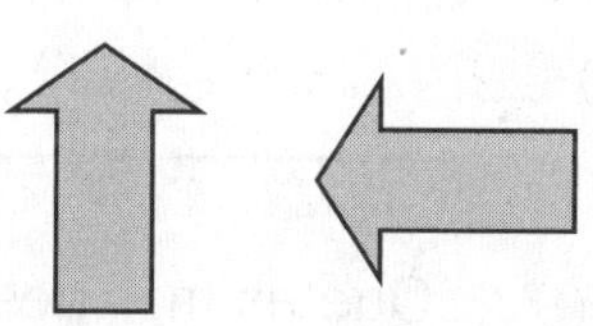

11. ________

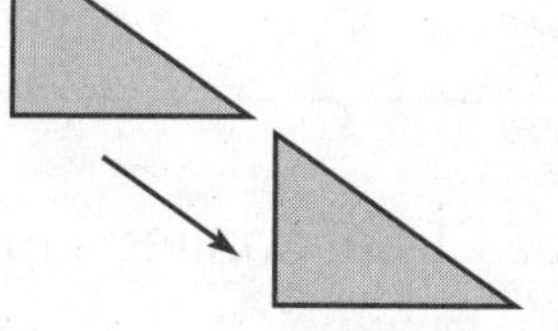

12. ________

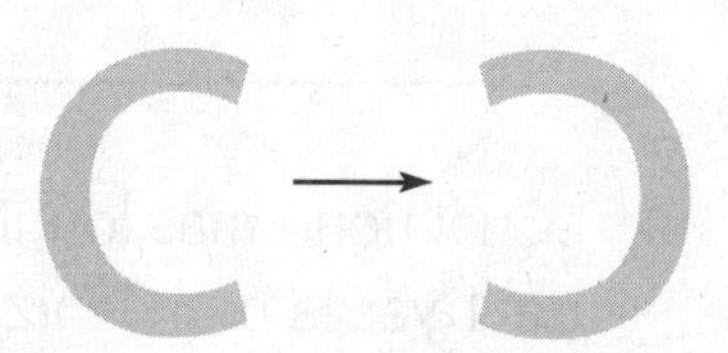

13. ________

Repaso en espiral

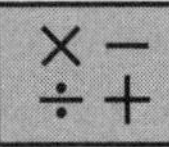

Para los ejercicios 1 a 5, redondea cada número al valor posicional del dígito subrayado.

1. 1,$\underline{7}$54 ____________
2. $\underline{4}$5,981 ____________
3. 7$\underline{1}$3,402 ____________
4. $\underline{3}$,922,703 ____________
5. 9,$\underline{7}$79,911 ____________

Para los ejercicios 6 a 9, compara.

6. ¿Qué es más ancho: una hoja de cuaderno o la entrada a un cuarto?

____

7. ¿Qué es más pesado: un libro escolar o un sujetapapeles?

____

8. ¿Cuál contiene más: una tina o una piscina?

____

9. ¿Cuál tiene más longitud: una regla de 1 yarda o un lápiz?

____

Para los ejercicios 10 a 12, usa los datos de la pictografía.

Peces atrapados	
Aidan	🐟🐟🐟🐟🐟🐟
Steve	🐟🐟
Tracy	🐟🐟🐟🐟
Clave: Cada 🐟 = 2 peces	

10. ¿Quién atrapó más peces?

____

11. ¿Quién atrapó menos cantidad de peces?

____

12. ¿Cuántos peces se atraparon en total?

____

13. El maestro Heinze escribió un patrón de números en el tablero. Si él continúa el patrón, ¿cuáles serán los dos números siguientes?
50, 55, 60, 65, 70, 75

____

14. Chelsea diseña un borde alrededor de su cuarto. El patrón es de dos estrellas y un círculo. Para su patrón, ella pintó 12 figuras. ¿Cuál es la forma de la figura número 9 del patrón de Chelsea?

____

Repaso en espiral

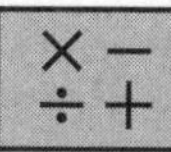

Para los ejercicios 1 y 2, escribe una fracción en números y en palabras que nombre la parte sombreada.

1. 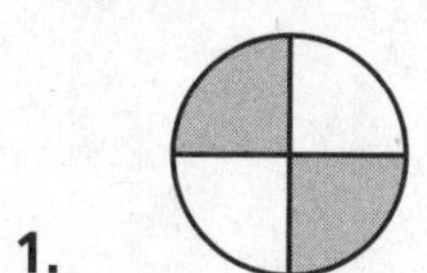

____

____

2. 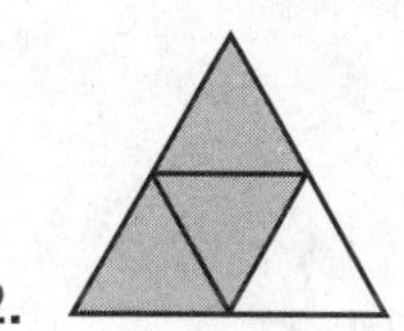

____

____

Para los ejercicios 3 a 6, elige la unidad que usarías para medir cada uno. Escribe *pulgada, pie, yarda* o *milla*.

3. un campo de fútbol

____

4. una autopista

____

5. una pluma

____

6. un carro

____

Para los ejercicios 7 y 8, usa la siguiente pictografía.

Premios ganados en el lanzamiento de aros	
Animales de peluche	★★★★
Juego libre	★★★★★★★★
Pez dorado	★★
Clave: Cada ★ = 1 premio	

7. Explica como mostrarías los datos en la pictografía si se hubieran ganado 3 molinillos.

____

____

8. ¿Qué premio ganó la mayoría? ¿Qué premio ganó minoría?

____

____

Para los ejercicios 9 a 12, clasifica cada ángulo como *agudo, recto* u *obtuso*.

9. 

____

10. 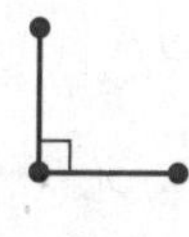

____

11. 

____

12.

____

Repaso en espiral

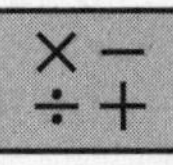

Para los ejercicios 1 a 5, divide y comprueba.

1. $498 \div 7 =$ ________
2. $186 \div 5 =$ ________
3. $304 \div 6 =$ ________
4. $101 \div 7 =$ ________
5. $\$198 \div 3 =$ ________

Para los ejercicios 8 a 11, halla el promedio.

8. 94, 84, 83, 71

____

9. 405, 323, 289

____

10. 20, 17, 12, 11, 9, 3

____

11. 78, 67, 53, 49, 31, 22

____

Para los ejercicios 6 y 7, escribe el volumen en unidades cúbicas.

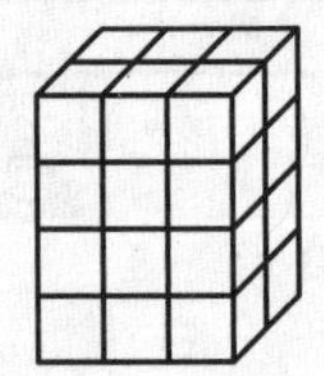

6. ________________

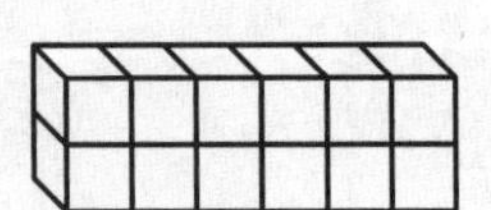

7. ________________

Para los ejercicios 12 a 15, usa cálculo mental y patrones para hallar el producto.

12. $7 \times 30 =$ ________
13. $5 \times 600 =$ ________
14. $4 \times 3{,}000 =$ ________
15. $8 \times 8{,}000 =$ ________

Repaso en espiral

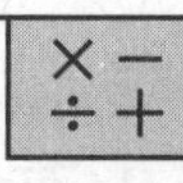

Para los ejercicios 1 a 4, divide y comprueba

1. $189 \div 3 =$ ____________

2. $564 \div 7 =$ ____________

3. $898 \div 9 =$ ____________

4. $732 \div 8 =$ ____________

Para los ejercicios 8 a 10, usa la siguiente tabla.

Canicas			
	Rojo	Azul	Verde
Grande	3	4	1
Mediana	6	2	2
Pequeña	1	6	0

8. ¿Cuántas canicas pequeñas azules hay?

   ____

9. ¿Cuántas canicas grandes rojas hay?

   ____

10. ¿Cuántas canicas verdes hay en total?

    ____

Para los ejercicios 5 a 7, elige la unidad que usarías para medir cada uno. Escribe *mL* o *L*.

5. ____________

6. ____________

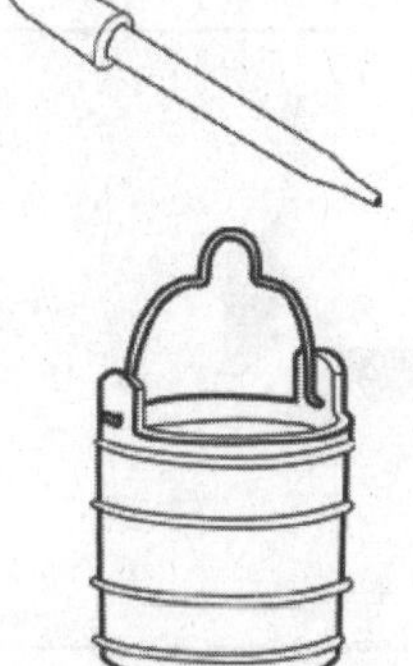

7. ____________

Para los ejercicios 11 a 14, escribe un enunciado de multiplicación para cada matriz.

11. ____________________

12. ____________________

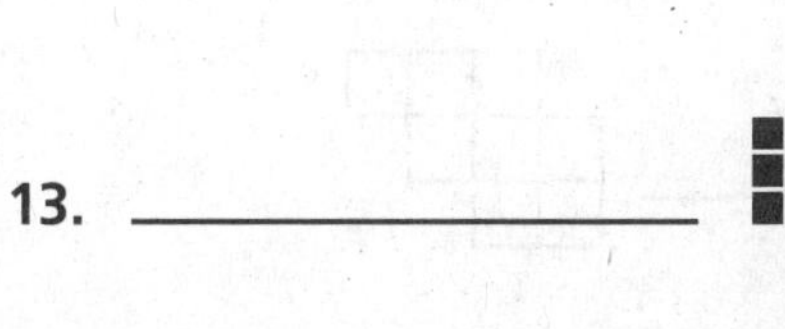

13. ____________________

14. ____________________

Nombre___________________________________ **Semana 17**

Repaso en espiral

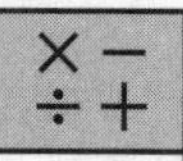

Para los ejercicios 1 a 4, ordena las fracciones de *menor* a *mayor*.

1. $\frac{2}{3}, \frac{1}{2}, \frac{4}{5}$ ____________

2. $\frac{2}{5}, \frac{5}{8}, \frac{3}{7}$ ____________

3. $\frac{1}{3}, \frac{1}{2}, \frac{1}{4}$ ____________

4. $\frac{3}{4}, \frac{5}{6}, \frac{3}{8}$ ____________

Para los ejercicios 5 a 7, halla el perímetro de cada figura.

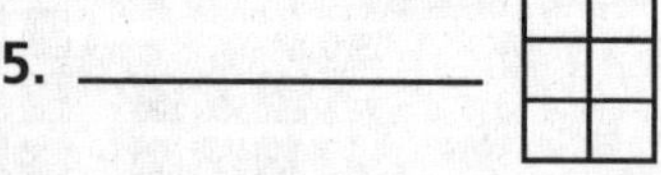

5. ____________

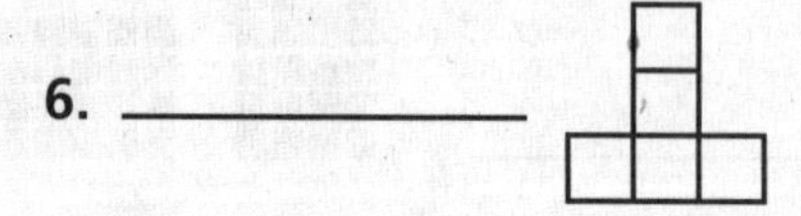

6. ____________

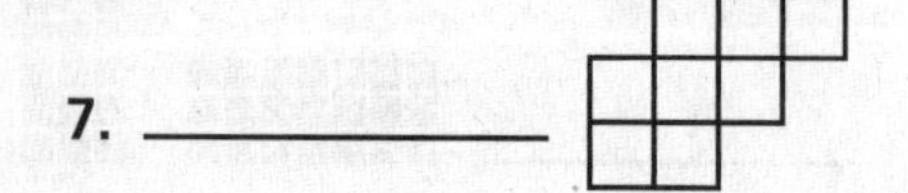

7. ____________

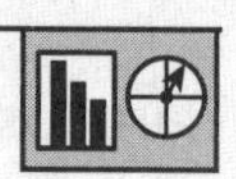

Para los ejercicios 8 a 10, usa la siguiente flecha giratoria. Di si cada evento es *probable, poco probable* o *imposible*.

8. La flecha se parará en 1.

____

9. La flecha se parará en 3.

____

10. La flecha se parará en 4.

____

Para los ejercicios 11 a 14, di cómo se movió cada figura. Escribe *traslación* o *rotación*.

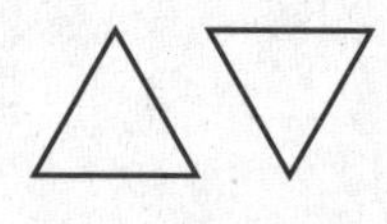

11. ____________ 12. ____________

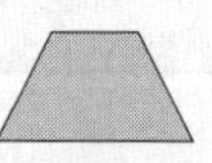

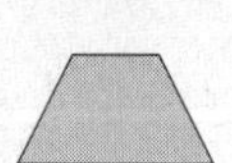

13. ____________ 14. ____________

Repaso en espiral

Para los ejercicios 1 a 4, vuelve a nombrar cada fracción como un número mixto y cada número mixto como una fracción.

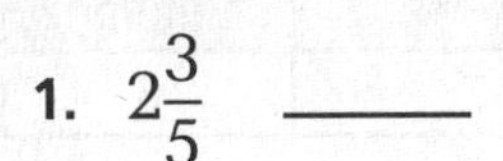

1. $2\frac{3}{5}$ ______

2. $\frac{8}{3}$ ______

3. $4\frac{1}{5}$ ______

4. $\frac{15}{7}$ ______

Para los ejercicios 8 a 10, anota los resultados posibles para cada uno.

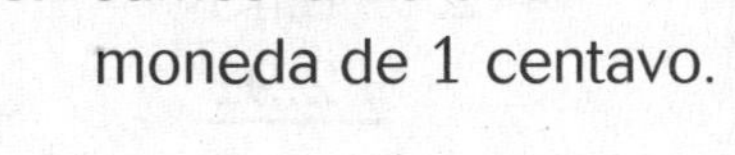

8. James lanza una moneda de 1 centavo.

____

9. Joe saca una moneda.

____

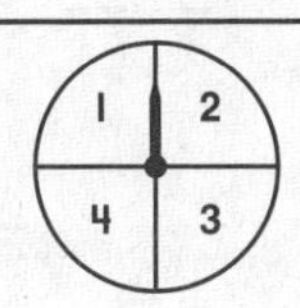

10. Ella gira una flecha giratoria.

____

Para los ejercicios 5 a 7, halla el perímetro de las figuras.

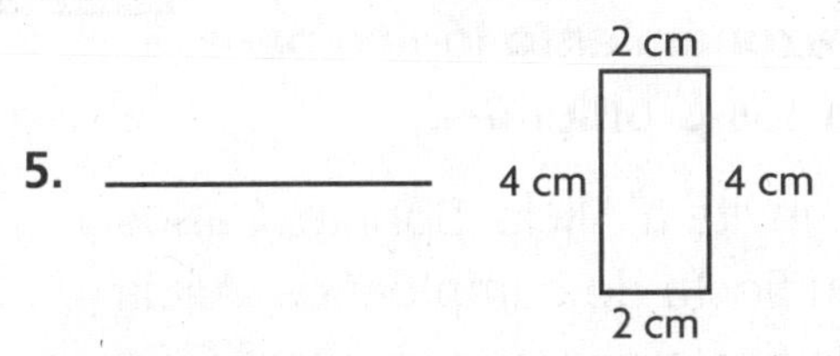

5. ______________

4 cm 5 cm 7 cm

6. ______________

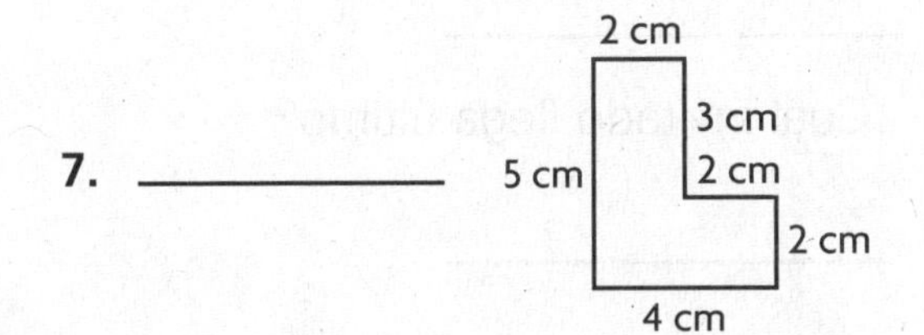

7. ______________

Para los ejercicios 11 a 14, nombra el cuerpo geométrico que se describe.

11. 6 caras

____

12. 6 aristas

____

13. 5 vértices

____

14. 9 aristas

____

Repaso en espiral

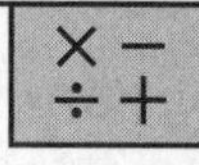

Para los ejercicios 1 a 4, halla la suma o la diferencia. Anota la respuesta.

1. $\begin{array}{r} 34.23 \\ -3.56 \\ \hline \end{array}$

2. $\begin{array}{r} 6.45 \\ +2.91 \\ \hline \end{array}$

3. $\begin{array}{r} 7.3 \\ +2.1 \\ \hline \end{array}$

4. $\begin{array}{r} \$81.65 \\ -\$49.76 \\ \hline \end{array}$

Para los ejercicios 5 a 8, escribe la hora como la muestra un reloj digital.

5. 25 minutos para las siete

____

6. 38 minutos después de las nueve

____

7. 10 minutos para las tres

____

8. 29 minutos después de las seis

____

Para los ejercicios 9 a 11, usa la siguiente tabla de conteo.

Comida favorita			
	Pizza	Hamburguesa	Trozos de pollo
Frecuencia	10	7	6

9. Más estudiantes eligieron hamburguesas que pizza. ¿Verdadero o falso?

____

10. ¿Cuántos estudiantes votaron por trozos de pollo?

____

11. ¿Cuál comida obtuvo más votos?

____

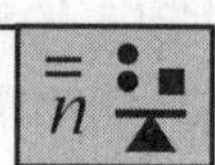

Para los ejercicios 12 y 13, usa el razonamiento lógico para resolver los problemas.

Melinda invita a Alicia, Bonnie, Carlos y Dan a su fiesta de cumpleaños. Alicia llega a la fiesta después de Dan. Carlos llega después de Alicia. Bonnie llega a la fiesta antes de Dan.

12. ¿Cuál invitado llega primero a la fiesta?

____

13. ¿Cuál invitado llega último?

____

Repaso en espiral

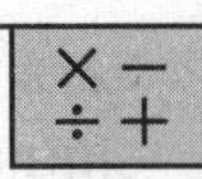

Para los ejercicios 1 a 4, escribe cada fracción como un decimal.

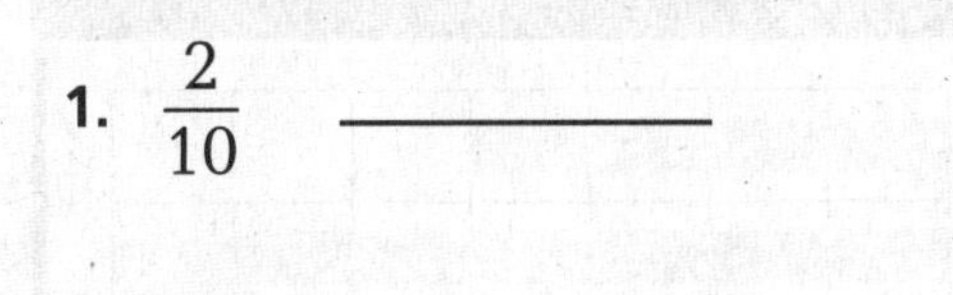

1. $\frac{2}{10}$ __________

2. $\frac{38}{100}$ __________

3. $\frac{90}{100}$ __________

4. $\frac{5}{10}$ __________

Para los ejercicios 5 a 8, usa el termómetro para hallar la temperatura en °C.

5.

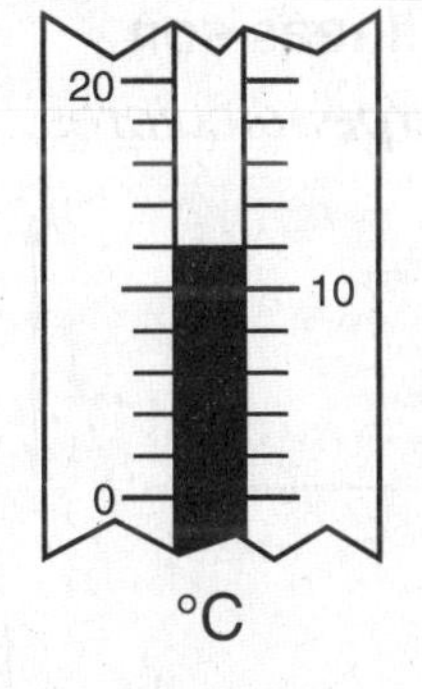

____

6.

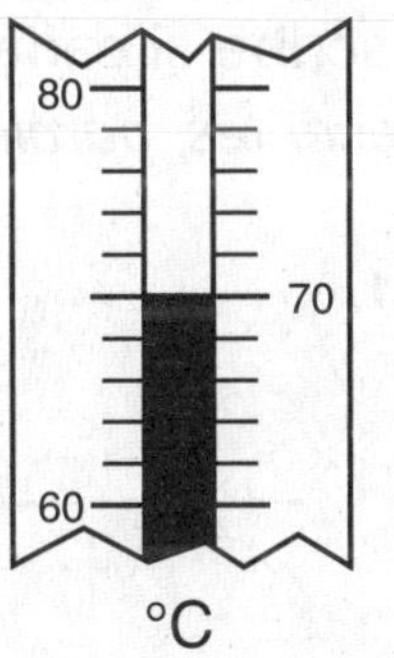

____

7.

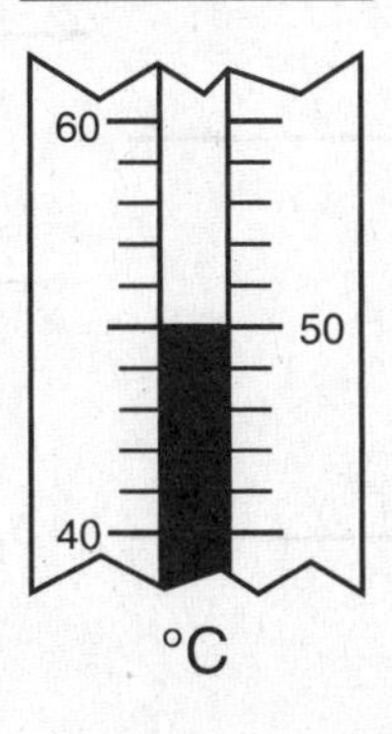

____

8.

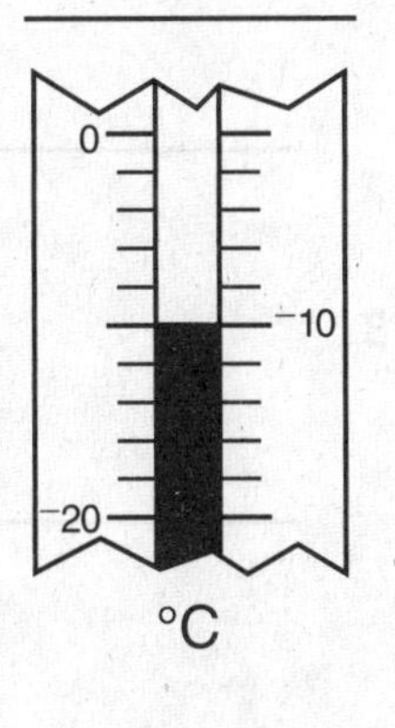

____

Para los ejercicios 9 y 10, usa la siguiente gráfica de barras.

Galleta favorita

Crema de cacahuate

Chocolate

Avena

2 4 6 8 10 12 14

9. ¿Cuál galleta fue elegida por el menor número de votantes?

____

10. ¿Cuántos votantes eligieron de galleta de avena como su favorita?

____

Para los ejercicios 11 a 13 escribe una operación relacionada. Úsala para completar el enunciado de numéros.

11. $7 + \square = 10$

____

12. $7 - \square = 7$

____

13. $7 - \square = 4$

____

Nombre____ **Semana 21**

Repaso en espiral

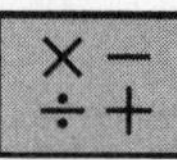

Para los ejercicios 1 a 4, escribe dos fracciones equivalentes para cada una.

1. $\frac{1}{2}$ ____________

2. $\frac{8}{10}$ ____________

3. $\frac{4}{6}$ ____________

4. $\frac{3}{4}$ ____________

Para los ejercicios 5 a 8, usa el termómetro para hallar la temperatura en °F.

5. 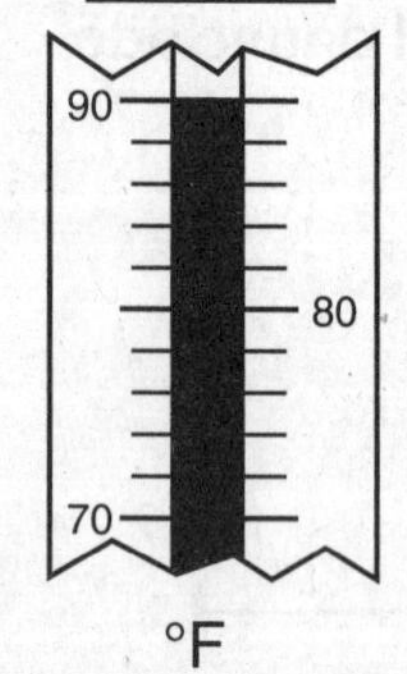

6. 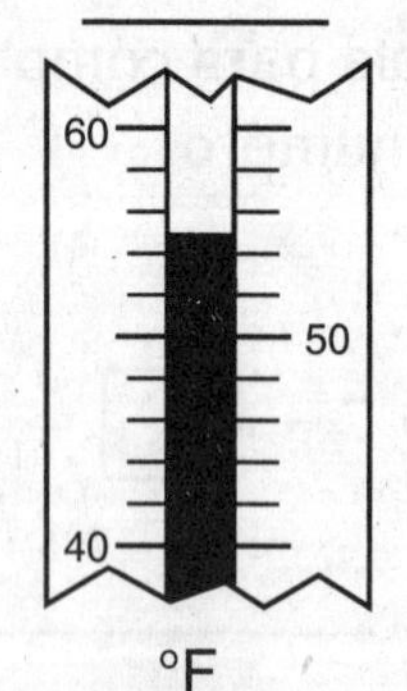

7. 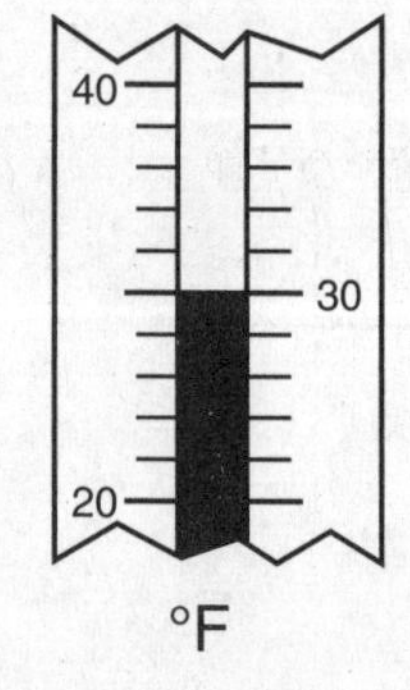

8. 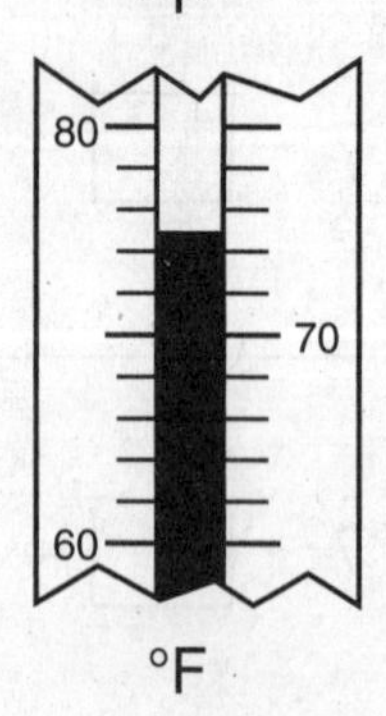

Para los ejercicios 9 y 10, usa la siguiente gráfica de barras.

Color de los zapatos de los estudiantes

Blanco
Negro
Café
1 2 3 4 5 6 7

9. ¿Cuántos estudiantes tienen zapatos negros?

____

10. ¿Cuántos más estudiantes tienen zapatos blancos que zapatos cafés?

____

Para los ejercicios 11 a 13, escribe si cada par de líneas son *secantes, paralelas* o *perpendiculares*.

11. 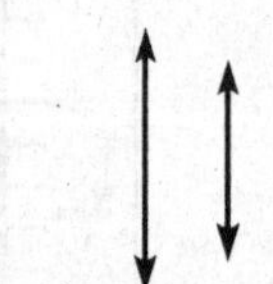

____

12. 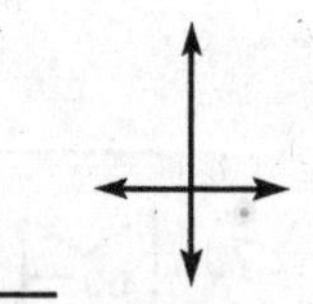

____

13.

____

Repaso en espiral

Para los ejercicios 1 a 3, escribe la cantidad como una fracción de un dólar, como un decimal y como una cantidad de monedas

1. 7 monedas de centavo

____

2. 5 monedas de 5¢ y 2 monedas de 1 centavo

____

3. 2 monedas de 10¢ y 1 moneda de 5¢

____

Para los ejercicios 4 a 6, estima a la pulgada más cercana. Después mide a la media pulgada más cercana.

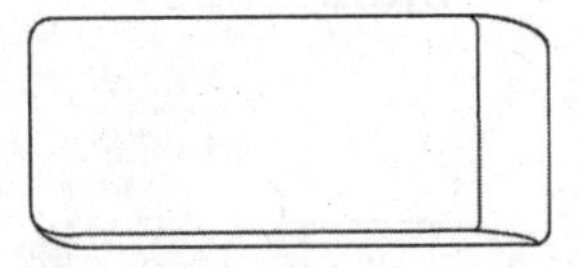

4. _______________

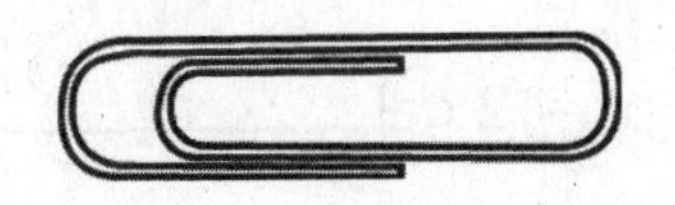

5. _______________

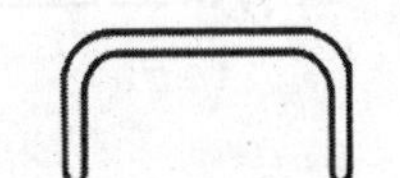

6. _______________

Para los ejercicios 7 y 8, haz una tabla para resolver.

7. ¿Cuántas combinaciones de 2 letras se pueden hacer de las letras en la palabra BATE?

_____

B	A	T	E

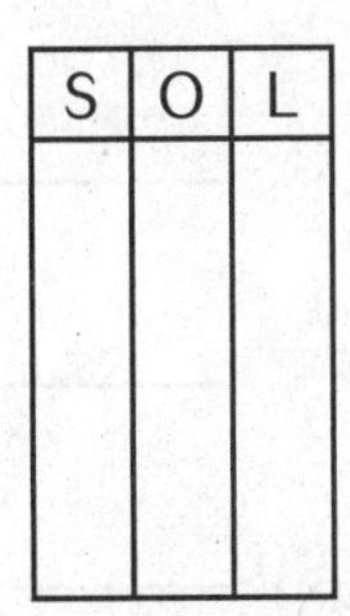

S	O	L

8. ¿Cuántas combinaciones de 2 letras se pueden hacer de las letras en la palabra SOL?

_____

Para los ejercicios 9 a 11, di si cada figura parece que tiene *no eje de simetría, 1 eje de simetría* o *más de 1 eje de simetría.*

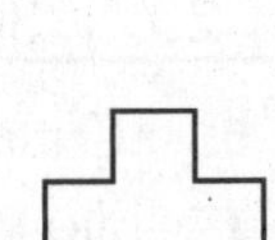

9. _______________

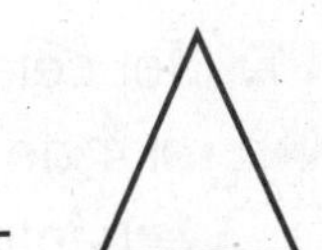

10. _______________

11. _______________

Repaso en espiral

Para los ejercicios 1 a 5, escribe un decimal equivalente para cada uno. Puedes usar modelos de decimales.

1. 0.5 ________

2. 0.80 ________

3. 0.3 ________

4. $\frac{2}{10}$ ________

5. 0.90 ________

Para los ejercicios 6 y 7, usa el siguiente calendario.

Julio						
Dom.	Lun.	Mar.	Mié.	Jue.	Vie.	Sáb.
1	2	3	4	5	6	7
8	9	10	11	12	13	14
15	16	17	18	19	20	21
22	23	24	25	26	27	28
29	30	31				

6. ¿Cuántas semanas hay entre el 8 de julio y el 29 de julio?

____

7. Jet celebró el día de la independencia el 4 de julio. Si hoy es el 19 de julio, ¿cuántos días han pasado desde el día en que él celebro?

____

8. En verano, la clase de lectura de Amy empieza el 9 de julio. Si la clase es dura 14 días, ¿cuándo terminará?

____

Para los ejercicios 9 y 10, usa la gráfica de doble barra.

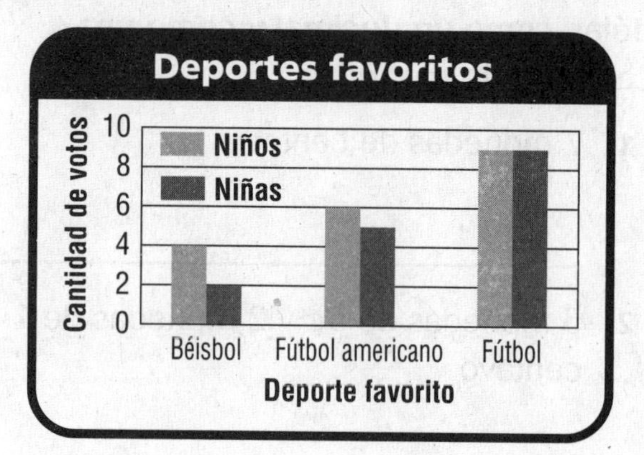

9. ¿Cuál deporte fue el menos popular en los niños?

____

10. ¿Cuál deporte fue igualmente popular en los niños y las niñas?

____

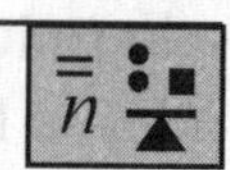

Para los ejercicios 11 a 14, completa. Di si *multiplicas* o *divides*.

11. 180 pulg = ☐ yd ________________

12. ☐ pt = 2 gal ________________

13. ☐ pies = 18 yd ________________

14. ☐ t = 6 ct ________________

Repaso en espiral

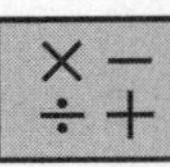

Para los ejercicios 1 a 4, halla la suma o la diferencia.

1. $5.4 + 1.7$

2. $12.67 - 10.23$

3. $89.45 - 21.96$

4. $\$3.25 + \$0.89$

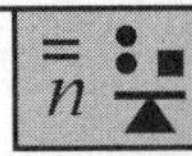

Para los ejercicios 5 a 8, completa. Di si *multiplicas* o *divides*.

5. ☐ oz = 13 lb ____________

6. ☐ lb = 12 T ____________

7. ☐ lb = 224 oz ____________

8. ☐ T = 32,000 lb ____________

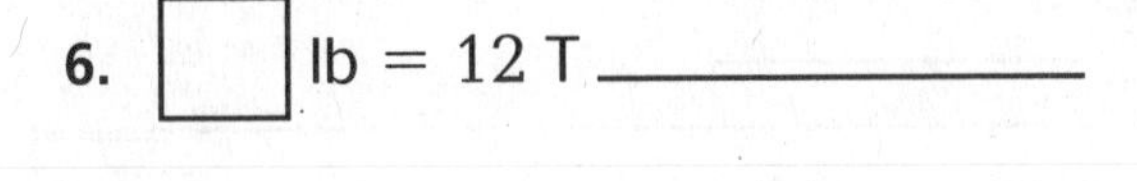

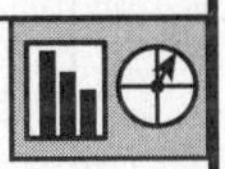

Para los ejercicios 9 a 10, usa la información que se da abajo.

9. Haz un modelo para hallar todas las combinaciones posibles.

Experimento de probabilidad
Color de loseta: roja, azul, verde
Intento: intento 1, intento 2, intento 3

10. Anota todas las combinaciones.

____
____
____
____
____

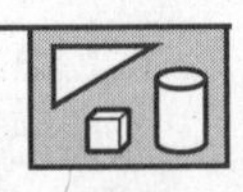

Para los ejercicios 11 y 12, usa la siguiente tabla.

Edificios famosos	Vértices	Aristas	Caras
Gran pirámide de Giza	5	8	4 triángulos, 1 cuadrado
Empire State	18	12	6 rectángulos

11. ¿A qué cuerpo geométrico se parece el edificio Empire State?

____

12. ¿A qué cuerpo geométrico se parece la gran pirámide de Giza?

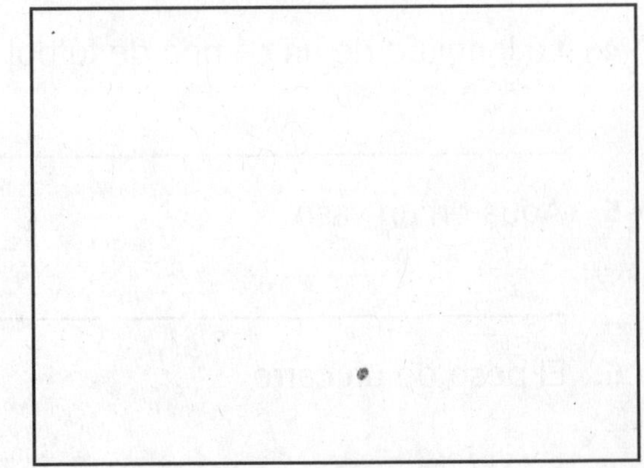

Nombre ______________________ **Semana 25**

Repaso en espiral

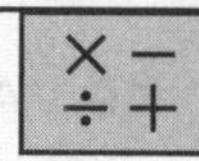

Para los ejercicios 1 y 2, elige una estrategia para resolver.

1. Un parque rectangular tiene un perímetro de 1,200 pies. ¿Cuál es la longitud del lado *D*? ________

   D

   500 pies *A* | *B* 500 pies

   C

2. Nikki recibe $15 a la semana para la mesada y por hacer tareas hogareñas. Ella gasta $7 en el cine. Su amiga Arial le paga $2 que le había prestado Nikki. Nikki ahora tiene $20. ¿Cuánto dinero tenía Nikki al comienzo? ________

Para los ejercicios 3 a 6, elige la unidad y herramienta que puedes usar para medir cada uno.

Herramienta	Unidades
Báscula de baño	oz
Taza para medir	lb
Regla de 1 metro	kg
Báscula para camión	m

3. El peso de un niño

   ____

4. La longitud de un campo de fútbol

   ____

5. Agua en un vaso

   ____

6. El peso de un carro

   ____

Para los ejercicios 7 y 8, usa la gráfica. Haz una generalización. Después resuelve el problema.

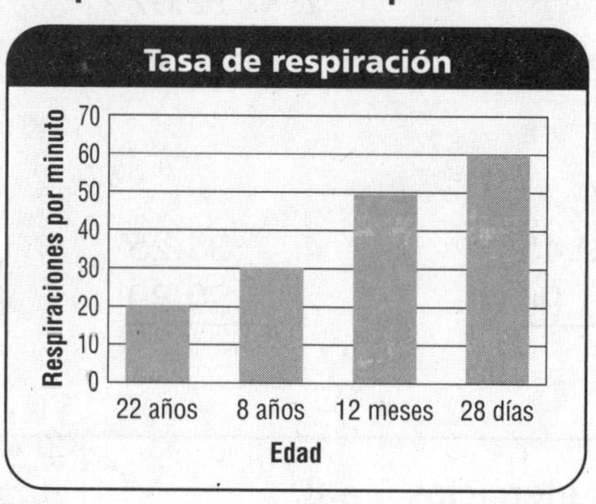

7. Jeff respira 20 veces por minuto. Gary respira 50 veces por minuto. ¿Quién es mayor? ________

8. Jenny respira 40 veces por minuto. ¿Quién es el más joven de los tres?

   ____

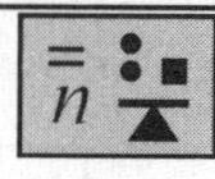

Para los ejercicios 9 a 12, usa la cuadrícula. Escribe el par ordenado para cada punto.

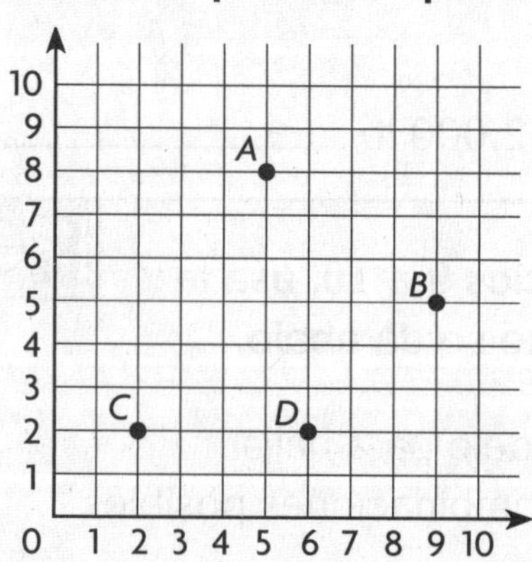

9. Punto *A*

   ____

10. Punto *B*

    ____

11. Punto *C*

    ____

12. Punto *D*

    ____

Nombre ____________________________________ **Semana 26**

Repaso en espiral

Para los ejercicios 1 a 4, compara. Escribe <, > o = en cada ◯.

1.  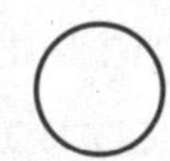  

2.    

3.    

4.  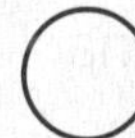  

Para los ejercicios 5 a 7, halla el perímetro.

5. 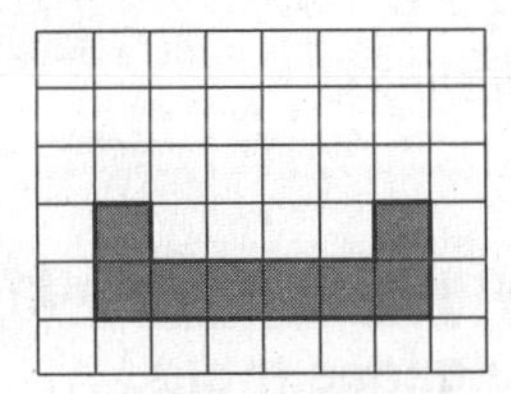

____

6. 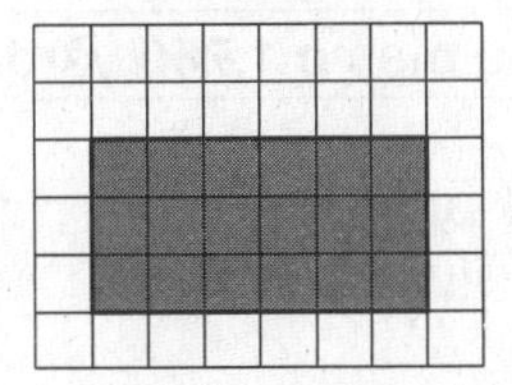

____

7. 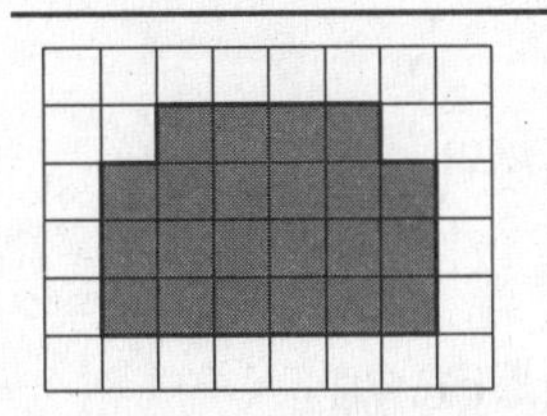

____

La cafetería de la escuela tiene dos elecciones para el almuerzo: pizza con queso o trozos de pollo. Con cada plato puedes elegir una taza de fruta o ensalada.

8. Completa el diagrama de árbol para mostrar todas las combinaciones.

pizza con queso	taza de fruta
	ensalada
trozos de pollo	taza de fruta
	ensalada

9. Enumera todas las diferentes combinaciones.

____

____

____

____

Para los ejercicios 10 a 12, dibuja cada uno de los siguientes en el círculo *B*.

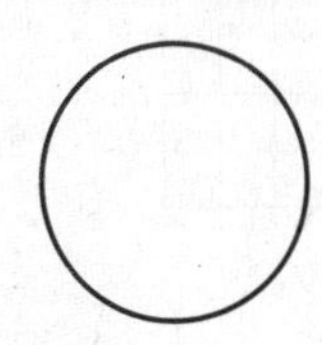

10. radio AB

11. diámetro AC

12. cuerda DE

Repaso en espiral

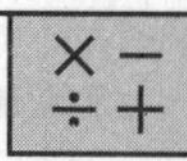

Para los ejercicios 1 a 4, di si las fracciones son equivalentes. Escribe *sí* o *no*.

1. ______________ $\frac{2}{4}, \frac{1}{2}$

2. ______________ $\frac{3}{8}, \frac{1}{4}$

3. ______________ $\frac{3}{4}, \frac{6}{8}$

4. ______________ $\frac{3}{9}, \frac{1}{3}$

Para los ejercicios 5 a 7, estima el área de cada figura. Cada unidad representa 1 pie cuadrado.

5.

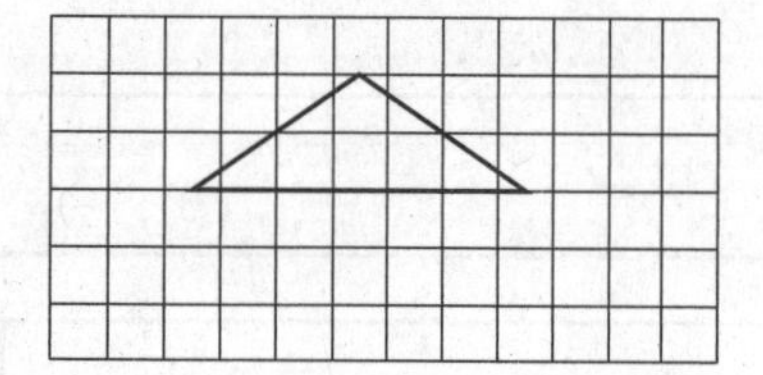

____

6.

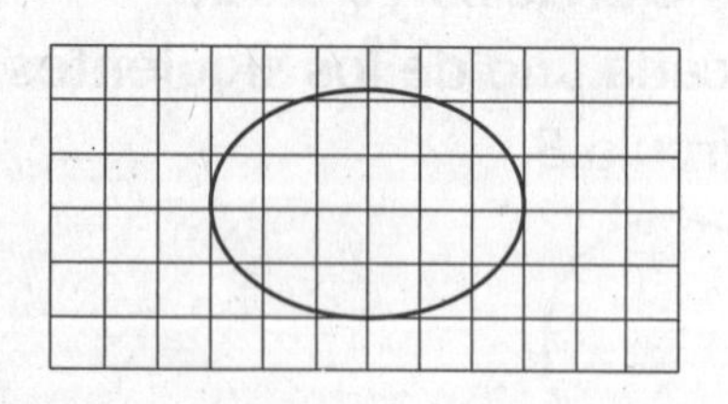

____

7.

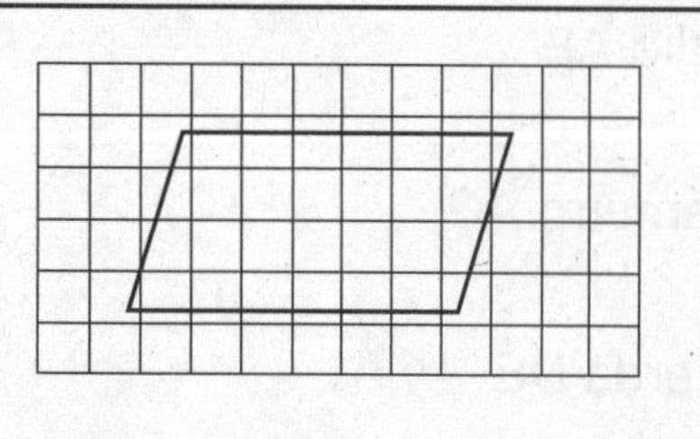

____

8. Audrey es una instructora de esquí. Para su uniforme, le dan un abrigo rojo y un abrigo verde; también le dan gorros rojos y verdes. Haz una lista organizada de las posibles combinaciones de la ropa.

Color de abrigos de esquí	Color de gorros de esquí

9. ¿Cuántas combinaciones posibles de ropa puede hacer Audrey?

____

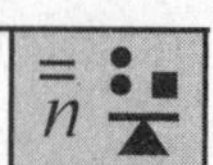

Para los ejercicios 10 a 13, completa. Di si *multiplicas* o *divides*.

Unidades comunes de longitud
1 pie = 12 pulgadas (pulg.)
1 yarda (yd) = 3 pies o 36 pulgadas
1 milla (mi.) = 5,280 pies o 1,760 yardas

10. ☐ yd = 324 pulg.

11. ☐ pie = 108 pulg.

12. ☐ pie = 10 yd

13. ☐ mi = 10,560 yd

Repaso en espiral

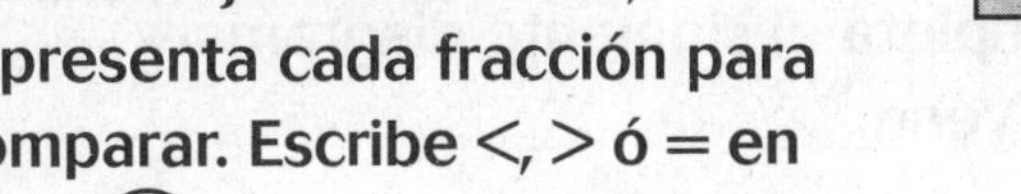

Para los ejercicios 1 a 5, representa cada fracción para comparar. Escribe $<$, $>$ ó $=$ en cada ◯.

1. $\frac{1}{3}$ ◯ $\frac{2}{3}$

2. $\frac{4}{5}$ ◯ $\frac{2}{5}$

3. $\frac{1}{8}$ ◯ $\frac{2}{9}$

4. $\frac{6}{12}$ ◯ $\frac{1}{2}$

5. $\frac{3}{7}$ ◯ $\frac{8}{9}$

Para los ejercicios 6 a 8, halla el área y el perímetro de cada figura. Después dibuja otra figura que tenga el mismo perímetro pero diferente área.

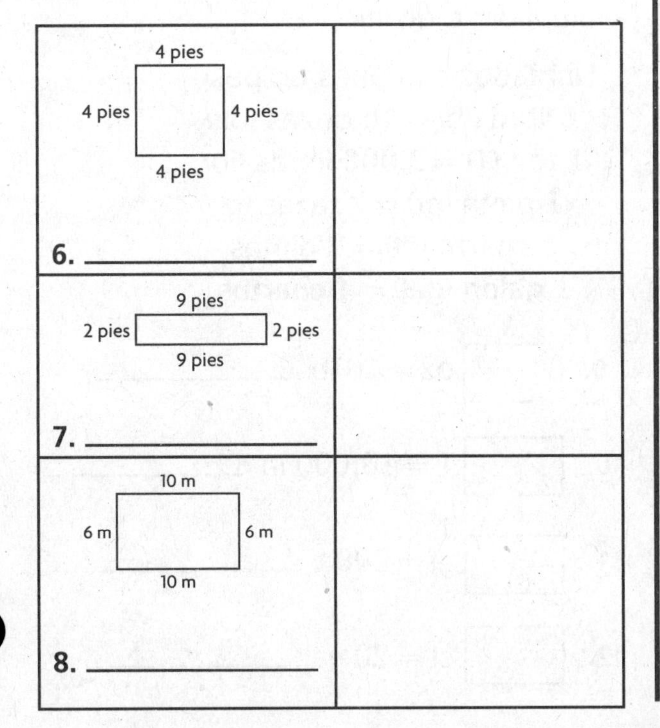

Para los ejercicios 9 a 12, di si los datos son *numéricos* o *categóricos*.

9. color del cabello

____

10. número de puntos en una entrada de béisbol

____

11. votos para presidente de la clase

____

12. mascota favorita

____

Para los ejercicios 13 a 16, nombra el término geométrico que mejor represente el objeto

13. una autopista

____

14. el centro de un reloj

____

15. la manecilla de un reloj

____

16. una línea de estacionamiento

____

Nombre________________________ **Semana 29**

Repaso en espiral

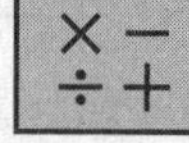

Para los ejercicios 1 a 3, escribe un número mixto para cada dibujo.

1. ______

2. ______

3. ______

Para los ejercicios 4 a 6, cuenta o multiplica para hallar el volumen.

4. 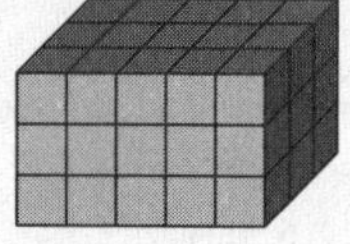

______

5. ______

6. 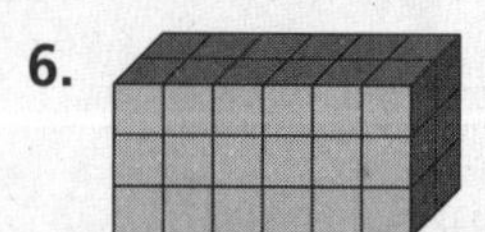

______

Para los ejercicios 7 y 8, completa el siguiente diagrama de Venn.

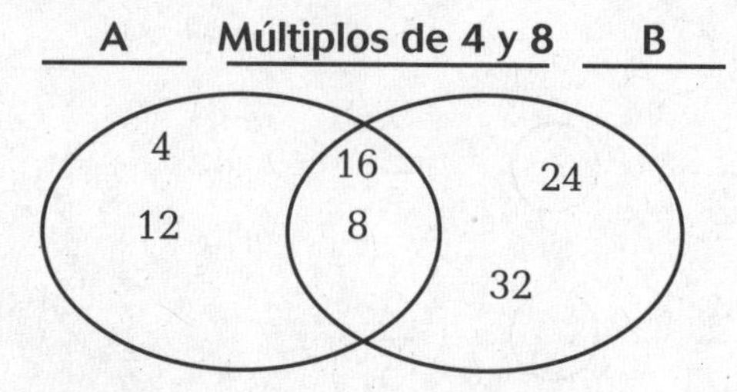

7. ¿Qué rótulos usarías para la sección A y la sección B?

______

______

8. ¿En cuál sección pondrías 36?

______

Para los ejercicios 9 a 12, completa. Di si debes multiplicar o dividir.

Unidades comunes de peso
1 libra (lb) = 16 onzas (oz)
1 ton (T) = 2,000 libras (lb)
1 pinta (pt) = 2 tazas (t)
1 cuarto (ct) = 2 pintas
1 galón (gal) = 4 cuartos

9. ☐ oz = 10 lb ______

10. ☐ T = 10,000 lb ______

11. ☐ ct = 200 t ______

12. ☐ ct = 20 gal ______

Repaso en espiral

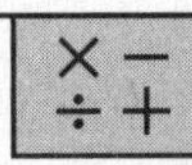

Para los ejercicios 1 a 3, compara los números mixtos. Usa <, > o =.

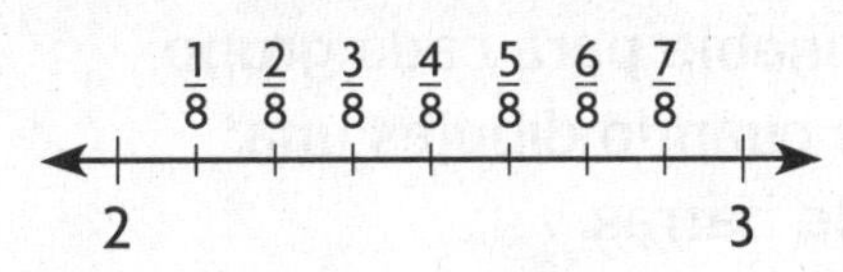

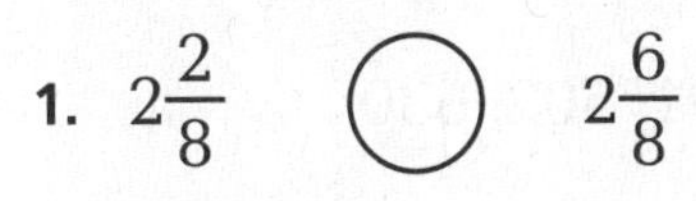

1. $2\frac{2}{8}$ ◯ $2\frac{6}{8}$

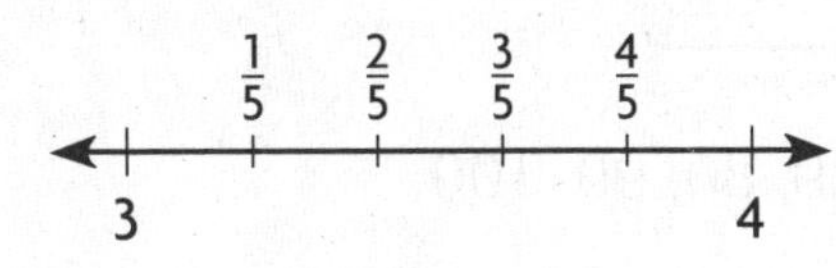

2. $3\frac{2}{5}$ ◯ $3\frac{1}{5}$

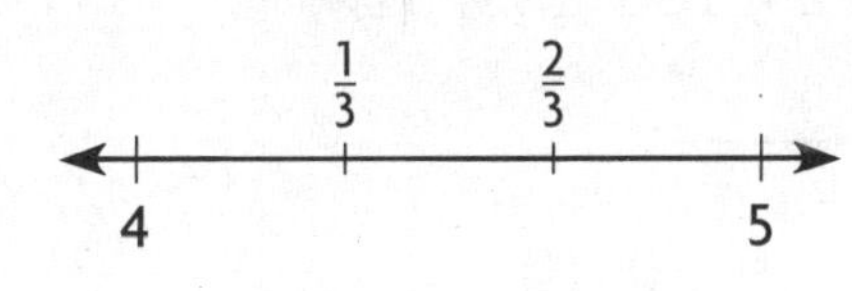

3. $4\frac{1}{3}$ ◯ $4\frac{1}{3}$

Para los ejercicios 4 y 5, compara los volúmenes de los cuerpos. Escribe <, > o = en cada ◯.

4. 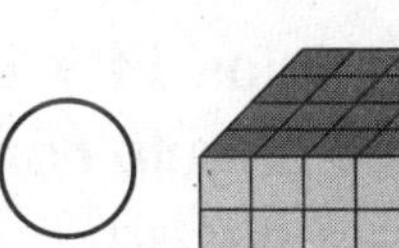

5. 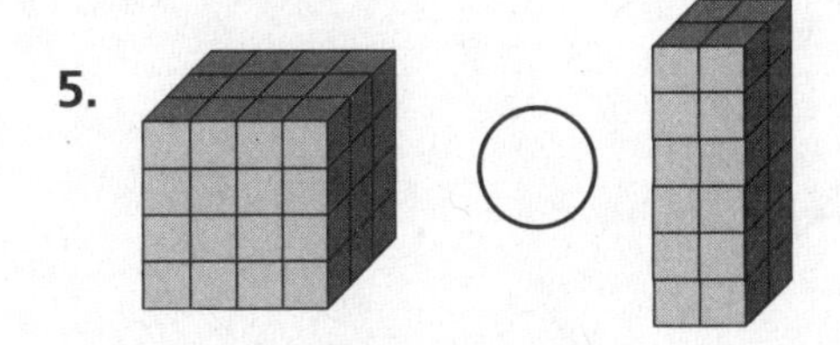

6. ¿Cuál tiene el volumen más grande: un prisma de 3 unidades de longitud, 3 unidades de ancho y 4 unidades de alto o un cubo con una longitud, ancho y altura de 4 unidades.

____

Para los ejercicios 7 a 9, usa la siguiente pictografía.

Hospitales del condado	
Pueblo A	+ + +
Pueblo B	+ + + + +
Pueblo C	+

Clave: Cada + = 2 hospitales

7. ¿Cuántos hospitales tiene el pueblo A?

____

8. ¿Cuál pueblo tiene menos hospitales?

____

9. ¿Cuántos hospitales hay en total?

____

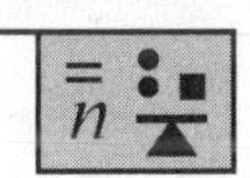

Para los ejercicios 10 a 12, halla una regla. Después halla los dos números siguientes en el patrón.

10. 39, 42, 45, 48, 51, 54, ☐, ☐

____

11. 110, 105, 100, 95, 90, ☐, ☐

____

12. 23, 33, 30, 40, 37, 47, 44, ☐, ☐

____

Nombre ______________________________ **Semana 31**

Repaso en espiral

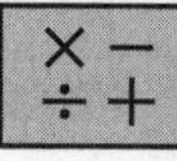

Para los ejercicios 1 a 4, escribe cada fracción como un decimal. Puedes usar un modelo o dibujo.

1. $\frac{1}{2}$ ____________

2. $\frac{90}{100}$ ____________

3. $\frac{7}{100}$ ____________

4. $\frac{65}{100}$ ____________

Para los ejercicios 5 a 8, elige la medida más razonable.

5. una moneda de 5¢: 1 g o 5 kg

____

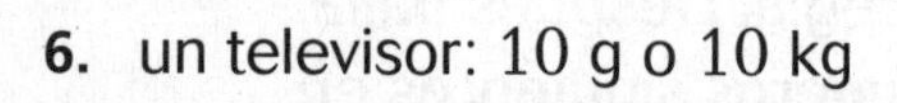

6. un televisor: 10 g o 10 kg

____

7. un carro: 2,000 g o 2,000 kg

____

8. un balón de fútbol: 500 g o 10 kg

____

Para los ejercicios 9 a 13, elige 5, 10 ó 100 como el intervalo más razonable para cada grupo de datos cuando dibujes una gráfica de barras.

9. 256, 387, 491, 502, 630

____

10. 10, 29, 80, 99, 100

____

11. 10, 129, 180, 199, 310

____

12. 1, 4, 7, 9, 10, 12

____

13. 8, 16, 19, 31, 44

____

Para los ejercicios 14 y 15, clasifica cada ángulo como *agudo, recto* u *obtuso*.

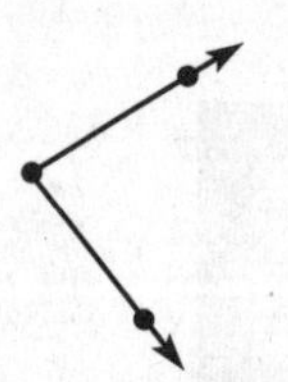

14. ____________

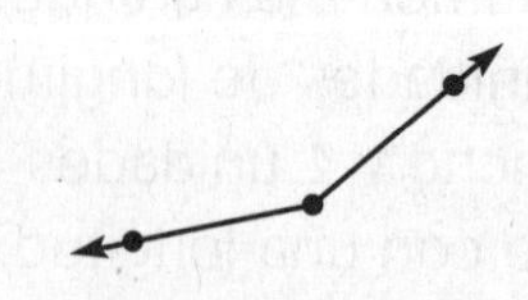

15. ____________

Repaso en espiral

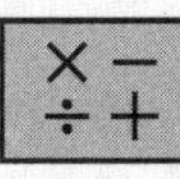

Para los ejercicios 1 a 4, escribe cada fracción como un decimal.

1. $\frac{79}{100}$ ________

2. $\frac{45}{100}$ ________

3. $\frac{3}{10}$ ________

4. $\frac{49}{100}$ ________

Para los ejercicios 5 a 8, elige la estimación más razonable.

5. una taza de café:
250 ml ó 25 L

____

6. un botón de la camisa:
1 lb ó 1 g

____

7. un pupitre:
10 kg ó 10 g

____

8. la distancia de Houston a El Paso:
750 mi ó 750 m

____

Para los ejercicios 9 a 11, usa la siguiente gráfica de barras.

Presupuesto de la familia Turri

Casa
Carro
Mobiliario
Comida
$0 $100 $200 $300 $400 $500 $600 $700

9. ¿Cuánto gastó en comida la familia Turri en julio?

____

10. ¿En qué gastó la familia Turris más dinero?

____

11. Estima el total de gastos de la familia Turris para el mes.

____

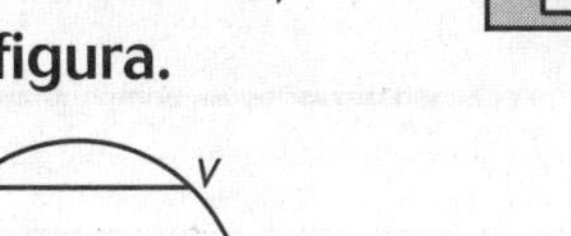

Para los ejercicios 12 a 15, usa la siguiente figura.

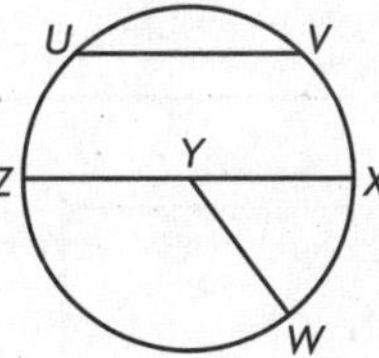

12. Identifica $\overline{ZX}$ ________

13. Identifica Y ________

14. Identifica $\overline{YW}$ ________

15. Identifica $\overline{UV}$ ________

Repaso en espiral

Para los ejercicios 1 a 4, ordena los decimales de *mayor* a *menor*.

1. .7, 1.71, .07

____

2. .05, 5, .5

____

3. .02, .04, .6

____

4. 5.01, 6.99, 6.8

____

Para los ejercicios 5 a 6, halla el perímetro de cada figura.

5.

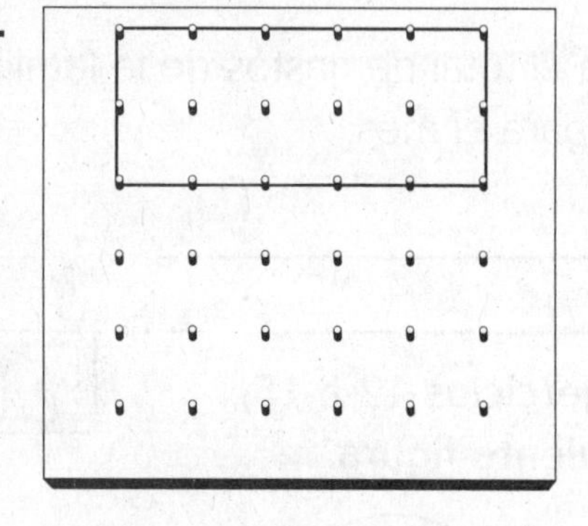

____

6.

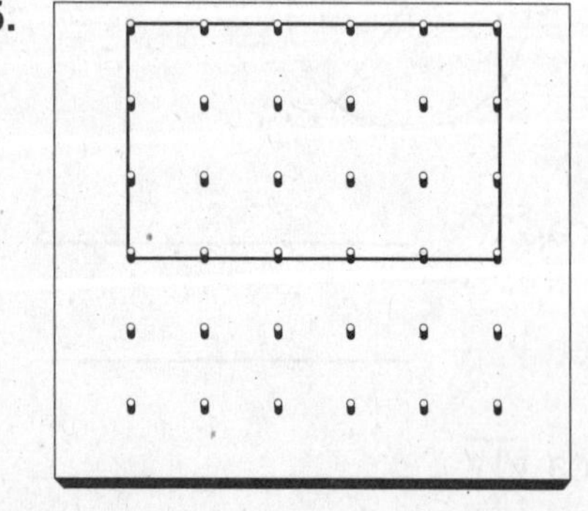

____

Para los ejercicios 7 y 8, usa la siguiente gráfica de doble barra.

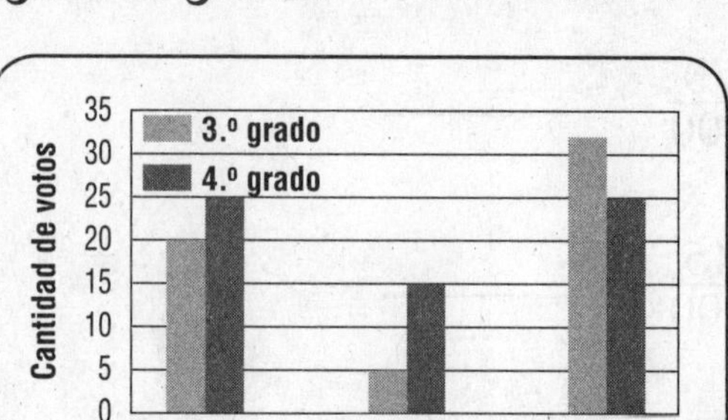

7. ¿Cuál campamento fue el menos popular entre los estudiantes de 3.º grado?

____

8. ¿Cuántos más estudiantes de 3.º que de 4.º grado votaron por el campamento espacial?

____

Para los ejercicios 9 a 11, halla el área usando la fórmula $l \times w = a$.

9.

10 pies

5 pies

____

10.

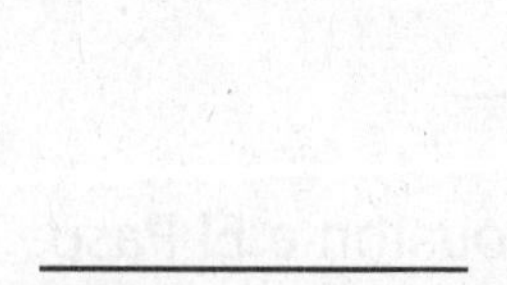

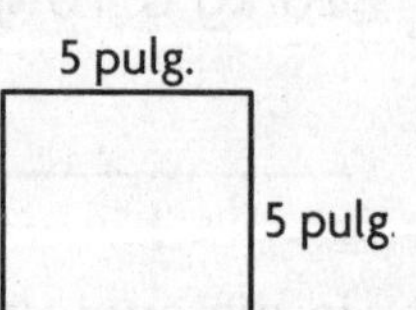

5 pulg.

5 pulg.

____

11.

9 cm

1 cm

____

Repaso en espiral

Para los ejercicios 1 y 2, dibuja conclusiones para resolver el problema.

1. Jill vive a 3.6 millas de la escuela. Gretchen vive a 3.1 millas de la escuela. Henry vive a 3.7 millas de la escuela. ¿Quién vive más cerca a la escuela?

   ____

2. La tienda Pencils Etc. vende mochilas a 2 por $24.00. Office Box vende la misma mochila por $14. ¿Cuál tienda tiene el mejor precio?

   ____

Para los ejercicios 3 a 5, halla el tiempo transcurrido.

3. Principio Fin

   ____

4. Principio Fin

   ____

5. Principio Fin

   ____

Para los ejercicios 6 y 7, usa la siguiente palabra para responder las preguntas.

BALÓN

6. ¿Cuántas combinaciones puedes hacer con 3 letras?

   ____

7. ¿Cuántas combinaciones puedes hacer con 5 letras?

   ____

Para los ejercicios 8 a 11, nombra el polígono. Di si parece *regular* o *no regular*.

8. ________________ 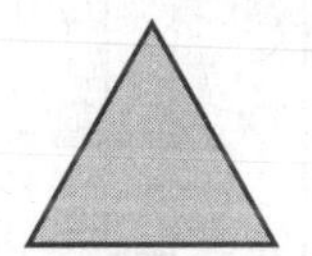

9. ________________ 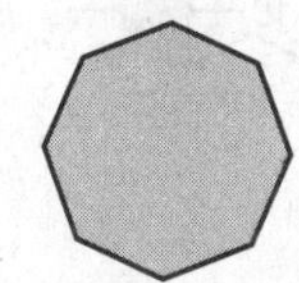

10. ________________ 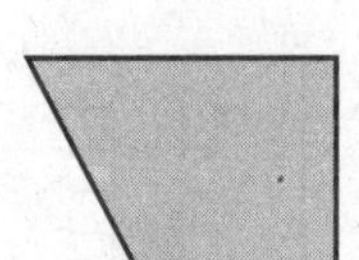

11. ________________ 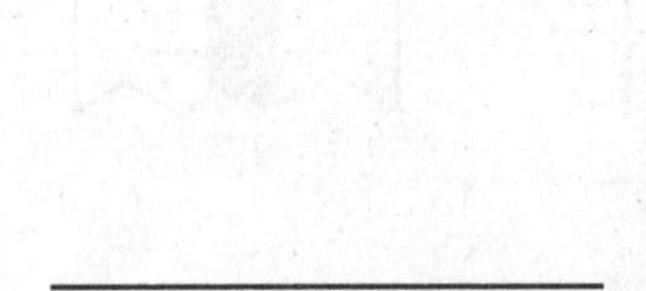 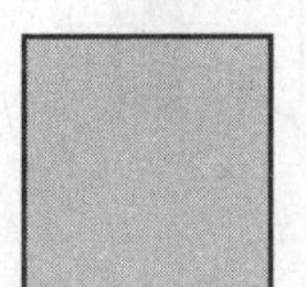

Nombre____ **Semana 35**

Repaso en espiral

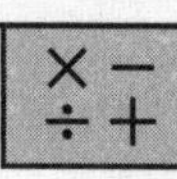

Para los ejercicios 1 a 5, estima el producto. Elige el método.

1. $45 \times 21 =$ ____________

2. $23 \times 11 =$ ____________

3. $30 \times 29 =$ ____________

4. $91 \times 19 =$ ____________

5. $13 \times 13 =$ ____________

Para los ejercicios 6 a 9, usa el termómetro para hallar la temperatura en grados F.

6.

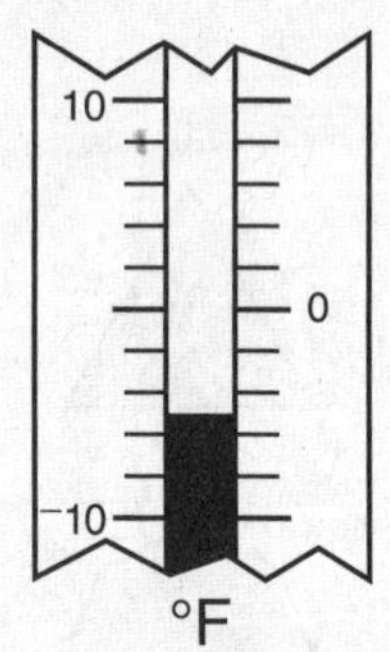

____

7.

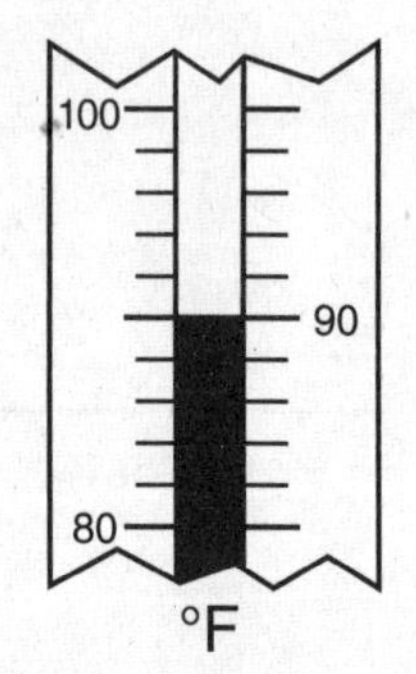

____

8.

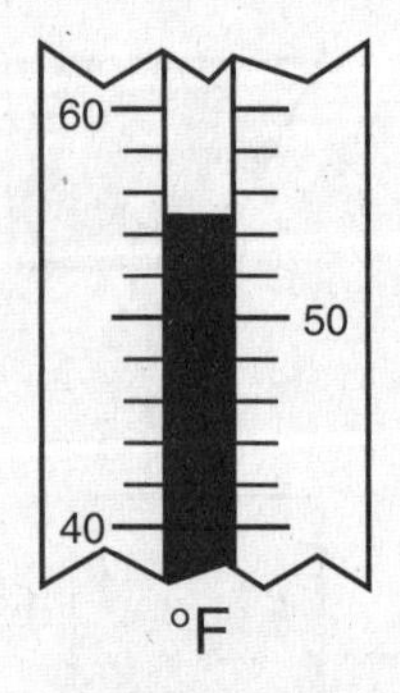

____

9.

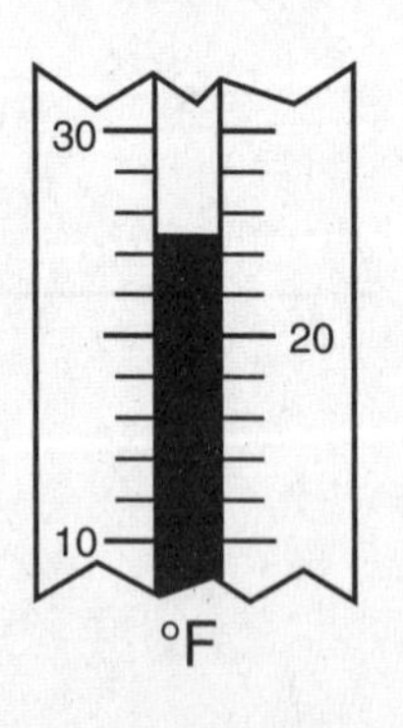

____

Para el ejercicio 10, haz un modelo para hallar todas las combinaciones posibles.

10. Clases de yoga

hora: mañana, tarde

día: lun., mié., vie.

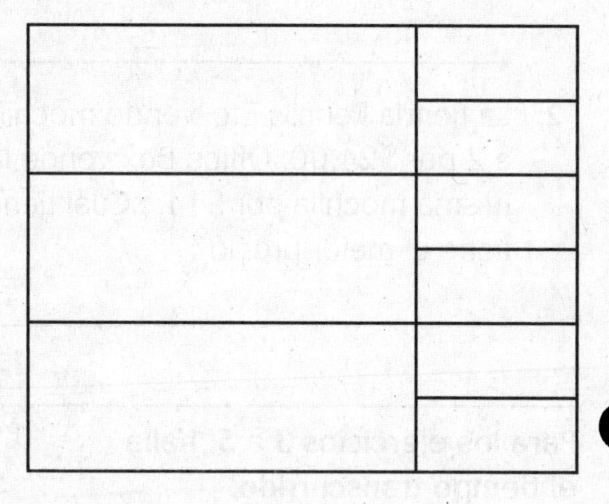

11. ¿Cuántas combinaciones son posibles? ____________

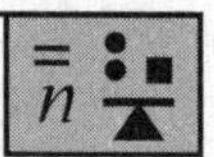

Para los ejercicios 12 a 16, usa el cálculo mental y patrones para hallar el producto.

12. $9 \times 40 =$ ____________

13. $4 \times 400 =$ ____________

14. $7 \times 3,000 =$ ____________

15. $5 \times 6,000 =$ ____________

16. $10 \times 100 =$ ____________

Repaso en espiral

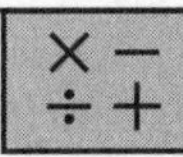

Para los ejercicios 1 a 4, estima. Después halla el producto.

1. $31 \times 3 =$ ____________

2. $91 \times 5 =$ ____________

3. $59 \times 2 =$ ____________

4. $22 \times 7 =$ ____________

Para los ejercicios 5 a 8, usa el termómetro para hallar la temperatura en grados C.

5. 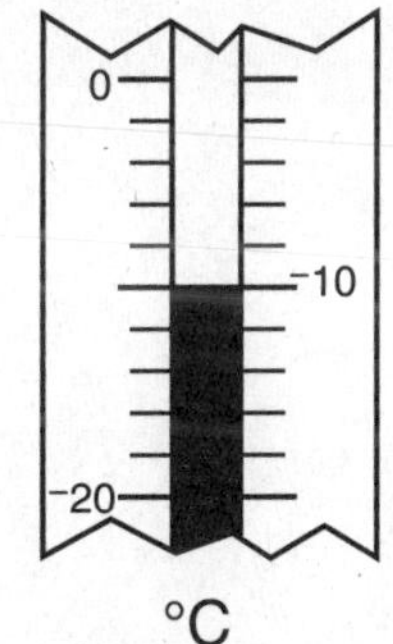

____

6. 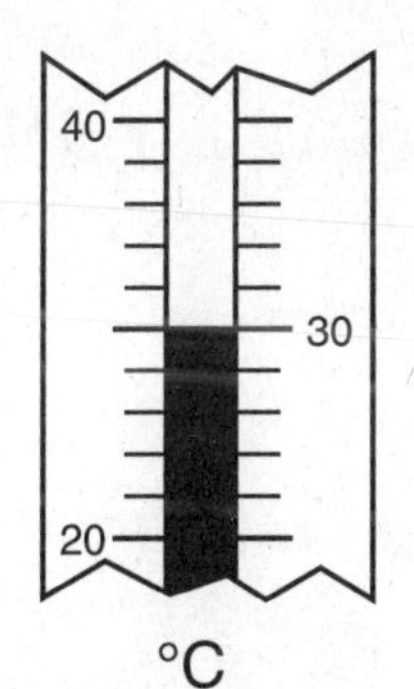

____

7. 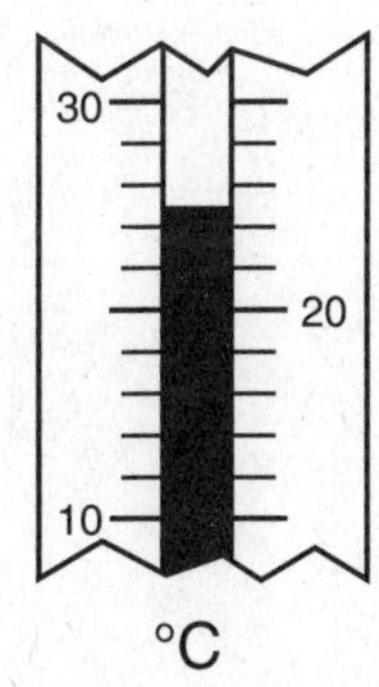

____

8. 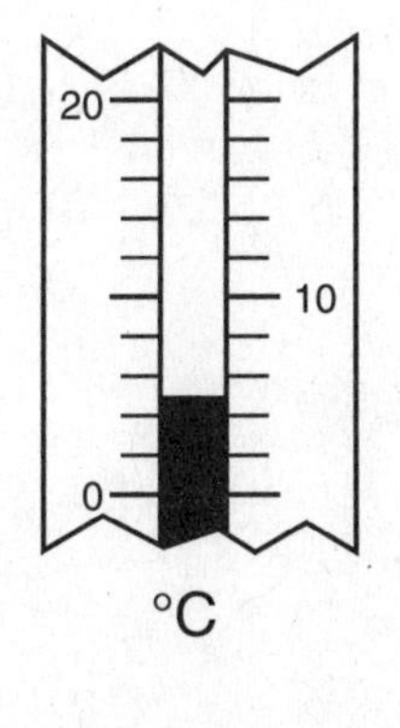

____

Para los ejercicios 9 a 12, elige 5, 10 ó 100 como el intervalo más razonable para cada grupo de datos al dibujar una gráfica de barras.

9. 41, 73, 31, 88, 24 ________

10. 70, 390, 720, 450, 100 ________

11. 20, 35, 40, 10, 5 ________

12. 250, 300, 100, 200, 500 ________

Para los ejercicios 13 a 15, clasifica cada triángulo. Escribe *isósceles, escaleno* o *equilátero*. Después *rectángulo, acutángulo* u *obtuso*.

13. ____________

____

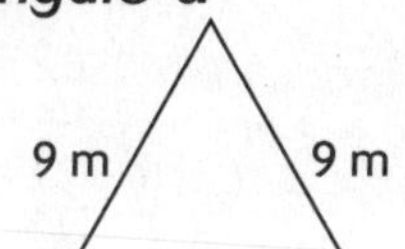

14. ____________

____

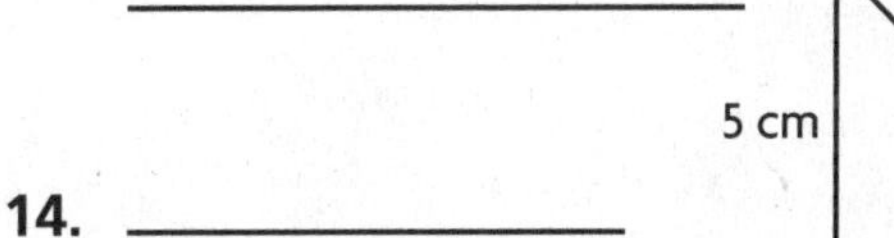

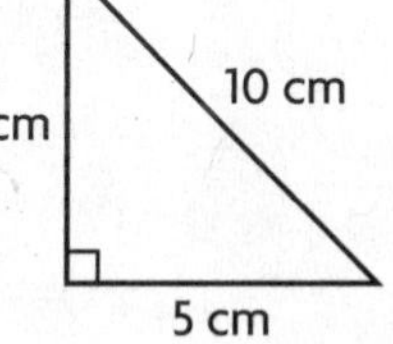

15. ____________

____

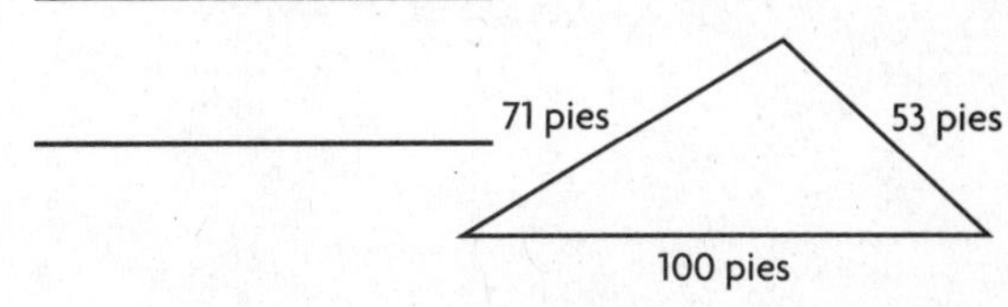